高职高专"十三五"规划教材

江苏高校品牌专业建设工程PPZY 2015 B181建设成果

基础化学实验技术

赵晓波　主编　　刘琼琼　　副主编

柳　峰　主审

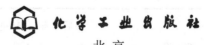

化学工业出版社

·北京·

本书依据高分子材料工程技术专业课程标准要求编写，主要内容有化学实验室基本知识、化学实验基本操作技术、化学实验基本测量技术、混合物的分离与提纯技术、物质的制备技术、高聚物的合成实验技术和高聚物材料分析技术。

全书根据相关岗位需求删繁就简，以必需够用为原则，由易到难，循序渐进，涵盖基本操作、制备实验、滴定分析、常数测定、高聚物合成及测试等内容。编写时充分考虑企业一线岗位技术人员与操作人员对知识、技能的实际需要，突出典型性、显效性，与相关岗位衔接。书中还有丰富的图表、思考题、实验报告实例等，便于师生们学习使用。

本书可作为职业技术院校高分子工程技术专业、化工类专业化学实验基本操作综合实训教材，也可供材料、食品、环保、冶金、轻纺类等专业选用。

图书在版编目（CIP）数据

基础化学实验技术/赵晓波主编 . —北京：化学工业出版社，2019.1（2024.9重印）
ISBN 978-7-122-33222-6

Ⅰ.①基… Ⅱ.①赵… Ⅲ.①化学实验-教材 Ⅳ.①O6-3

中国版本图书馆 CIP 数据核字（2018）第 243857 号

责任编辑：提 岩 于 卉　　　　　　　文字编辑：陈 雨
责任校对：王 静　　　　　　　　　　装帧设计：王晓宇

出版发行：化学工业出版社（北京市东城区青年湖南街 13 号　邮政编码 100011）
印　　装：北京机工印刷厂有限公司
787mm×1092mm　1/16　印张 14¾　字数 392 千字　　2024 年 9 月北京第 1 版第 6 次印刷

购书咨询：010-64518888　　　　　　　售后服务：010-64518899
网　　址：http://www.cip.com.cn
凡购买本书，如有缺损质量问题，本社销售中心负责调换。

定　　价：46.00 元

前言

近年来，随着我国科技和经济发展方式的转变，社会对高校人才培养提出了新的更高的要求。高分子材料工业发展较快，新工艺、新材料、新设备、新仪器、新测试方法不断出现，同时国家、行业实验标准也在不断更新。这些都激发了我们一线教师的深层思考：基础化学实验课程的教学内容和教学方式如何更好地与高校办学理念和人才培养目标相一致？基础化学实验教学如何在培养创新人才的过程中发挥其应有的基础性和关键性作用？

基于这些思考和高分子工程技术专业要求，本书在编写过程中，首先突出了高职教育的职业性、实践性、创新性和学生主体性的特点，即职业特色，教材内容的选择从职业岗位出发，突破了以学科为中心的传统体系。另外，本书将有机化学、分析化学、物理化学、高分子化学的大部分实验的基本内容构筑成一个以技能训练为中心的新体系，突出了以学生职业技能训练为中心的职业素质培养，着力培养学生解决问题的能力。

本书在实验内容的选择上，以高分子工程技术专业群所需为主编制，全书共7章，主要内容有化学实验室基本知识、化学实验基本操作技术、化学实验基本测量技术、混合物的分离与提纯技术、物质的制备技术、高聚物的合成实验技术和高聚物材料分析技术，删繁就简、由易到难、循序渐进，增添了一些新的实验内容，特别重视强调基本操作、基本技能及方法的训练，并选择经典实验实现基本技能的训练。本课程与传统的实验教学不同，对教师、仪器设备及实验室的安排需重新设置与布局，以任务驱动、项目设计引领教学，以技术技能训练为核心进行教学安排和运作。

本书由徐州工业职业技术学院赵晓波主编、刘琼琼副主编，徐州徐轮橡胶有限公司中试所朱令、徐州工业职业技术学院靳玲参编，徐州工业职业技术学院柳峰主审。其中，第1章由赵晓波和靳玲共同编写，第2章、第4章、第5章由赵晓波编写，第3章由赵晓波和朱令共同编写，第6章由刘琼琼编写，第7章由刘琼琼和朱令共同编写，全书由赵晓波统稿。

由于编者水平所限，书中不足之处在所难免，敬请广大读者批评指正！

编者

2018 年 8 月

目录

第1章

化学实验室基本知识

【知识目标】

1. 了解化学实验的任务、目的和学习方法。
2. 了解化学实验室规则、安全与防护常识。
3. 熟悉实验室用水、试纸及化学试剂的一般知识。
4. 了解实验报告的书写格式。

【技能目标】

1. 掌握台秤称量、量筒读数的方法。
2. 掌握液体试剂、固体试样的取样方法以及滴管和试纸的使用方法。

1.1　化学实验技术的任务、目的和学习方法

1.1.1　化学实验技术的任务、目的

　　高水平的化工技术员和化工生产第一线的工作人员必须了解化学实验的类型，具备化学实验常识；能正确选择和使用常见的实验仪器设备，了解它们的构造、性能；熟悉化学实验的原理和操作；能比较全面地观察实验现象，正确测量、记录和处理实验数据，培养实事求是的科学态度和科学的思维方法，培养细致、准确、节约、整洁的良好的工作习惯，培养敬业和一丝不苟的工作精神；能初步使用相关的工具书，查阅文献资料指导实践。也就是说，化学类专业的学生必须具备较高的化学实验素养、操作技能和初步进行化工产品小试的能力，为将来从事生产、科研奠定基础。

1.1.2　化学实验技术的学习方法

　　本课程与传统的实验教学截然不同，必须对教师、仪器设备、实验室的安排重新进行配置和布局，自始至终以技术技能训练为中心进行教学安排和运作。学习本课程时，为了达到预期的效果，除了有正确的学习态度、勤奋刻苦的学习精神外，还要有正确的学习方法。

1.1.2.1　预习

　　为了获得实验的预期效果，实验前必须认真预习，阅读实验教材和教科书中的相关内容，明确实验目的和要求，明确训练的技术技能、方法和过程，了解所用仪器设备的工作原

理、性能和操作注意事项。在预习的基础上，简要列出操作训练的程序和要点。遇到疑难问题，应在课前解决，然后写好实验预习笔记，做到心中有数，有计划地进行实验。预习笔记中每一项实验内容的下面，要留足空位，以便作实验记录，待上课时根据教师的讲解，修正自己的准备工作。

1.1.2.2　实验

① 学生进入实验室后，先擦净桌子、洗净手，然后拿出实验仪器，根据实验教材中的方法、步骤，按照预习笔记，独立进行实验操作。

② 操作训练要根据教材的要求，认真操作，细心观察，如实做好记录。对待实验和操作要持科学的态度，严肃认真，严守规程，一丝不苟。如果发现实验现象和结果与理论不符，应认真检查和分析原因，而后重做实验。

③ 勤于思考，仔细分析，遇到疑难问题时先自己尝试解决，自己难以解决的应及时请教师指导。

④ 在实验中应保持肃静，爱护仪器设备，严格遵守实验室的各项工作守则。如遇突发事故，应沉着冷静、妥善处理，并及时向教师报告。

⑤ 为了获得准确的实验结果，每次实验前后要将所用玻璃仪器洗涤干净，尤其是盛有不易洗净的实验残渣和对玻璃仪器有腐蚀作用的废液的器皿，一定要在实验后立即清洗干净。

1.1.2.3　记录

对每一个实验开始、中间过程及最后结果的现象或数据，都应细心观察、及时记录，养成一边观察一边记录的良好习惯，以便了解实验的全过程。如果发现做错或记错，应用一条细线清楚地划掉，再将重做的或改正的结果写在旁边或下面，切勿在原记录上涂改，更不能弄虚作假，要养成实事求是的优良品德。

1.1.2.4　实验报告

根据实验记录，及时处理实验数据，对实验现象进行分析和解释，对实验结果进行讨论，根据需要对实验数据进行计算、绘图等，最后写出书面报告，交指导教师审阅。若不符合要求应重做实验或重写报告。

1.2　化学实验室常识

1.2.1　实验室规则

实验室规则是人们在长期的实验工作中归纳总结出来的。它是防止意外事故，保证正常的实验环境和工作秩序，做好实验的重要环节。每个实验者都必须遵守。

① 实验前要认真预习，明确实验目的，了解实验原理、方法和步骤。

② 进入实验室，首先检查所需的药品、仪器是否齐全。如果要做规定外的实验，要预先准备并提前报告教师获得许可。

③ 在实验室中遵守纪律，不大声谈笑，不到处乱走，保持实验室安静有序，不许嬉闹恶作剧，不得无故缺席，因故缺席未做的实验应补做。

④ 实验中要遵守操作规程，做好安全措施，保持实验台整洁有序。

⑤ 实验中要集中精力、认真操作、仔细观察、积极思考，如实、详细地做好记录。

⑥ 爱护国家财产，小心使用仪器和设备，注意节约药品、水、电、煤气。不得动用他人的实验仪器、公用仪器和非常用仪器。实验仪器和设备用后应立即洗净送回原处。发现仪

器损坏要追查原因，填写仪器损坏单，登记补领。

⑦ 按规定量取用药品，称取药品后及时盖好原瓶盖；放在指定位置的药品不得擅自拿走。

⑧ 对于精密贵重仪器要特别爱护，细心操作，避免因粗心而损坏仪器。如发现仪器有故障，应立即停止使用，报告教师以及时排除故障。

⑨ 注意保持实验环境的整洁。废纸、碎玻璃等倒入垃圾箱内；废液倒入废液缸中，必要时需经过处理后再倒到指定位置，切不可随便倒入水槽。

⑩ 实验结束应洗净仪器放回原处，清整实验台面，达到仪器药品摆放整齐、台面清洁，然后检查水、电、煤气、门窗是否关闭。每次实验后由同学轮流值日，负责打扫和整理实验室。

⑪ 在实验室中严禁饮食、喝水和抽烟。如遇突发事故应保持冷静，及时报告教师并听从指挥、妥善处理。

1.2.2 实验室的安全和环保常识

化学实验是在一个十分复杂的环境中进行的科学实验，每个实验者都必须高度重视安全工作，严格遵守实验室安全守则，熟悉实验室中水、电、煤气的正确使用方法，熟悉各种仪器设备的性能和化学药品的性质，了解一些救护措施和环保常识。

1.2.2.1 化学实验室安全守则

① 严禁在实验室饮食、吸烟或存放饮食用具。实验完毕，必须洗净双手。

② 严禁随意混合各种化学药品，以免发生意外事故。

③ 熟悉实验室中水、电、煤气的开关和消防器材、安全用具、急救药箱的位置，如遇突发事故，立即采取相应措施。

④ 不能用湿的手、物接触电源。水、电、煤气、高压气瓶使用完毕立即关闭。点燃的火柴杆用后立即熄灭。纸屑等废弃物不能随便扔掉，必须放到指定位置。

⑤ 煤气、高压气瓶、电器设备、精密仪器等使用前必须熟悉使用说明和要求，严格按要求使用。

⑥ 对强腐蚀性、易燃易爆、有刺激性、有毒物质的使用要严格遵守使用要求，防止出现意外。

⑦ 加热试管时，管口不要指向自己和他人。倾倒试剂、开启浓氨水等挥发性药品的试剂瓶和加热液体时，不要俯视容器口，以防液体溅出或气体冲出伤人。

⑧ 实验室内严禁嬉闹喧哗。

⑨ 化学试剂使用完毕应放回原处，剩余的有毒物质必须交给教师。实验室中的药品、器材均不得带出实验室。

1.2.2.2 安全用电常识

实验室中加热、通风、使用有电源的仪器设备、自动控制等都要用电。用电不当极易引起火灾和造成对人体的伤害。电对人体的伤害可以是电外伤（电灼伤、电烙印和皮肤金属化）和电内伤（即电击）。另外，电弧射线也会对眼睛造成伤害。是否触电与电压、电流都有关系。一般交流电比直流电危险，工频交流电（50～60Hz）最危险。通常把10mA以下的工频交流电，或50mA以下的直流电看作是安全电流。所谓安全是相对的而不是绝对的，在电压一定时，电阻越小电流就越大。人体电阻包括表皮电阻和体内电阻。体内电阻基本不受外界因素影响，大约在500Ω。表皮电阻则随外界条件不同而变化很大，皮肤干燥时可达万欧姆，皮肤湿时可降为几百欧姆。电压也是触电的因素，根据环境不同采用相应的"安全电压"，至今其数值在国际上尚未统一，如 GB/T 3805—2008《特低电压（ELV）限值》中规定有 6V、12V、24V、36V、42V 五个等级。在实验室中为了降低通过人体的电流，规定了容易与人接触的交流电压 36V 以下为安全电压，在金属容器内或潮湿处不能超过 12V，直流电压可为 50V。为了保证安全用电，必须注意下列事项。

① 在使用电器设备前，应先阅读产品使用说明书，熟悉设备的操作规则，熟悉设备电源接口标记和电流、电压等指标，核对是否与电源规格相符合，只有在完全吻合下才可正常安装使用。

② 要求接地或接零的电器，应做到可靠的保护接地或保护接零，并定期检查是否正常良好。一切电器线路均应有良好的绝缘。

③ 有些电器设备或仪器，要求加装熔丝或熔断器，它们大多由铅、锡、锌等材料制成，必须按要求选用，严禁用铁、铜、铝等金属丝代替。

④ 初次使用或长期使用的电器设备，必须检查线路、开关、地线是否安全妥当，并且先用试电笔检验是否漏电，不漏电才能正常使用。为防止人体触电，电器应安装"漏电保护器"。不使用电器时，要及时拔掉插头使之与电源脱离。不用电时要拉闸，修理检查电器要切断电源，严禁带电操作。电器发生故障在原因不明之前，切忌随便打开仪器外壳，以免发生危险和损坏电器。

⑤ 不得将湿物放在电器上，更不能将水洒在电器设备或线路上。严禁用铁柄毛刷或湿抹布清刷电器设备和开关。电器设备附近严禁放置食物，以免导电燃烧。

⑥ 电压波动大的地区，电器设备等仪器应加装稳压器，以保证仪器安全和实验在稳定状态下进行。

⑦ 使用直流电源的设备，千万不要把电源正负极接反。

⑧ 设备仪器以及电线的线头都不能裸露，以免造成短路，在不可避免裸露的地方要用绝缘胶带包好。

1.2.2.3　易燃易爆、强腐蚀性和有毒化学品的使用

（1）易燃易爆化学品的使用

燃烧和爆炸在本质上都是可燃性物质在空气中的氧化反应。易燃易爆化学品注意的核心就是防止燃烧和爆炸。爆炸的危险性主要是针对易燃的气体和蒸气而言。可燃气体或蒸气在空气中刚足以使火焰蔓延的最低浓度称为该气体的爆炸下限（或着火下限）；同样刚足以使火焰蔓延的最高浓度称为爆炸上限（或着火上限）。可燃物质浓度在下限以下及上限以上与空气的混合物都不会着火或爆炸。化学物质易爆的危险程度用爆炸危险度表示：

$$爆炸危险度 = \frac{爆炸上限浓度 - 爆炸下限浓度}{爆炸下限浓度}$$

典型气体的爆炸危险度见表 1-1。

表 1-1　典型气体的爆炸危险度

序号	名称	爆炸危险度	序号	名称	爆炸危险度
1	氨	0.87	6	汽油	5.00
2	甲烷	1.83	7	乙烯	9.6
3	乙醇	3.30	8	氢	17.78
4	甲苯	4.8	9	苯	5.7
5	一氧化碳	4.92	10	二硫化碳	59.00

燃烧的危险性是针对易燃液体和固体来说的。闪点是液体易燃性分级的标准，见表 1-2。固体的燃烧危险度一般以燃点高低来区分。一级易燃固体有红磷、五硫化磷、硝化

纤维素、二硝基化合物等；二级易燃固体有硫黄、镁粉、铝粉、萘等。有些液体、固体在低温下能自燃，危险性更大。可燃性物质在没有明火作用的情况下发生燃烧叫自燃，发生自燃的最低温度叫自燃温度，如黄（白）磷的自燃温度为 34～35℃、二硫化碳的自燃温度为 102℃、乙醚的自燃温度为 170℃ 等。

表 1-2　易燃和可燃性液体易燃性分级表

类别	级别	闪点/℃	举例
易燃液体	一级	低于 28	汽油、苯、酒精
	二级	28～45	煤油、松香油
可燃液体	三级	45～120	柴油、硝基苯
	四级	高于 120	润滑油、甘油

使用易燃易爆化学品要十分注意下列事项。

① 实验室内不要存放大量易燃易爆物质。少量的也要存放在阴凉背光和通风处，并远离火源、电源及暖气等。

② 实验室中可燃气体浓度较大时，严禁明火和出现电火花。实验必须在远离火源的地方或通风橱中进行。对易燃液体加热不能直接用明火，必须用水浴、油浴或可调节电压的加热包。

③ 蒸馏、回流可燃液体，须防止局部过热产生暴沸，为此可加入少许沸石、毛细管等，但必须在加热前加入，而不能在加热途中，以免暴沸冲出着火。加热可燃液体量不得超过容器容积的 1/2～2/3。冷凝管中的水流须预先通入并保持畅通。使用干燥管必须畅通，仪器各连接处保证密闭不泄漏，以免蒸气逸出着火。

④ 比空气重的气体或蒸气，如乙醚等，常聚集在工作台面流动，危险性更大，用量较大时应在通风橱中进行。用过和用剩的易燃品不得倒入下水道，必须处理后回收。

⑤ 金属钠、钾、钙等易遇水起火爆炸，故须保存在煤油或液体石蜡中。黄磷保存在盛水的玻璃瓶中。银氨溶液久置后会产生爆炸物质，故不能长期存放，需现用现制备。

⑥ 强氧化剂和过氧化物与有机物接触，极易引起爆炸起火，所以严禁随意混合或放置在一起。混合危险一般发生在强氧化剂和还原剂之间。例如，黑色炸药是由硝酸钾、硫黄、木炭粉组成，高氯酸炸药含有高氯酸铵、硅铁粉、木炭粉、重油，礼花是硝酸钾、硫黄、硫化砷的混合物。浓硫酸与氯酸盐、高氯酸盐、高锰酸盐等混合产生游离酸或无水的 Cl_2O_5、Cl_2O_7、Mn_2O_7，一接触有机物（包括纸、布、木材）都会着火或爆炸。液氯和液氨接触生成很易爆炸的 NCl_3，从而产生大爆炸。

（2）强腐蚀性药品的使用

高浓度的硫酸、盐酸、硝酸、强碱、溴、苯酚、三氯化磷、硫化钠、无水三氯化铝、氟化氢、氨水、浓有机酸等都有极强的腐蚀性，溅到人体皮肤上会造成严重伤害，还会对一些金属材料产生破坏作用，使用时应注意以下几点。

① 使用强腐蚀性药品须戴防护眼镜和防护手套，用吸量管取液时不能用口吸。

② 强腐蚀性药品溅到桌面或地上，可用砂土吸收，然后用大量水冲洗，切不可用纸片、木屑、干草、抹布清除。

③ 熟悉药品的性质，严格按要求操作和使用。如氢氟酸不能用玻璃容器；苛性碱溶于水大量放热，所以配制碱溶液须在烧杯中，决不能在小口瓶或量筒中进行，以防止容器受热破裂造成事故；开启浓氨水瓶前，必须冷却，瓶口朝无人处；对橡胶有腐蚀作用的溶剂不用橡胶塞；稀释硫酸时必须缓慢且充分搅拌，应将浓硫酸注入水中等。

（3）有毒化学品的使用

化学品毒性分级，习惯上以 LD_{50} 或 LC_{50} 作为衡量各种毒物急性毒性大小的指标，见表 1-3。

表 1-3　急性毒性分级表

毒性分级	小鼠一次口服 $LD_{50}/mg \cdot kg^{-1}$	小鼠吸入染毒 2h $LC_{50} \times 10^{-6}$	兔经皮肤染毒 $LD_{50}/mg \cdot kg^{-1}$
剧毒	＜10	＜50	＜10
高毒	11～100	51～500	11～50
中等毒	101～1000	501～5000	51～500
低毒	1001～10000	5001～50000	501～5000
微毒	＞10000	＞50000	＞5000

GBZ 203—2010《职业性接触毒物危害程度分级》中给出了职业性接触毒物危害程度分级和评分依据，见表 1-4。

表 1-4　职业性接触毒物危害程度分级和评分依据

分项指标		极度危害	高度危害	中度危害	轻度危害	轻微危害	权重系数
积分值		4	3	2	1	0	
急性 吸入 LC_{50}	气体① $/cm^3 \cdot m^{-3}$	＜100	≥100～＜500	≥500～ ＜2500	≥2500～ ＜20000	≥20000	5
	蒸气 $/mg \cdot m^{-3}$	＜500	≥500～＜2000	≥2000～ ＜10000	≥10000～ ＜20000	≥20000	
	粉尘和烟雾 $/mg \cdot m^{-3}$	＜50	≥50～＜500	≥500～ ＜1000	≥1000～ ＜5000	≥5000	
急性经口 LD_{50} $/mg \cdot kg^{-1}$		＜5	≥5～＜50	≥50～＜300	≥300～ ＜2000	≥2000	
急性经皮 LD_{50} $/mg \cdot kg^{-1}$		＜50	≥50～＜200	≥200～＜1000	≥1000～ ＜2000	≥2000	1
刺激与腐蚀性		pH≤2 或 pH≥11.5；腐蚀作用或不可逆损伤作用	强刺激作用	中等刺激作用	轻刺激作用	无刺激作用	2
致敏性		有证据表明该物质能引起人类特定的呼吸系统致敏或重要脏器的变态反应性损伤	有证据表明该物质能导致人类皮肤过敏	动物试验证据充分，但无人类相关证据	现有动物试验证据不能对该物质的致敏性做出结论	无致敏性	2
生殖毒性		明确的人类生殖毒性：已确定对人类的生殖能力、生育或发育造成有害效应的毒物，人类母体接触后可引起子代先天性缺陷	推定的人类生殖毒性：动物试验生殖毒性明确，但对人类生殖毒性作用尚未确定因果关系，推定对人的生殖能力或发育产生有害影响	可疑的人类生殖毒性：动物试验生殖毒性明确，但无人类生殖毒性资料	人类生殖毒性未定论；现有证据或资料不足以对毒物的生殖毒性作出结论	无人类生殖毒性：动物试验阴性，人群调查结果未发现生殖毒性	3
致癌性		Ⅰ组，人类致癌物	ⅡA组，近似人类致癌物	ⅡB组，可能人类致癌物	Ⅲ组，未归入人类致癌物	Ⅳ组，非人类致癌物	4
实际危害后果与预后		职业中毒病死率≥10%	职业中毒病死率＜10%；或致残(不可逆损害)	器质性损害(可逆性重要脏器损害)，脱离接触后可治愈	仅有接触反应	无危害后果	5

续表

分项指标	极度危害	高度危害	中度危害	轻度危害	轻微危害	权重系数
积分值	4	3	2	1	0	
扩散性(常温或工业使用时状态)	气态	液态,挥发性高(沸点<50℃);固态,扩散性极高(使用时形成烟或烟尘)	液态,挥发性中(沸点≥50~<150℃);固态,扩散性高(细微而轻的粉末,使用时可见尘雾形成,并在空气中停留数分钟以上)	液态,挥发性低(沸点≥150℃);固态,晶体、粒状固体,扩散性中,使用时能见到粉尘但很快落下,使用后粉尘留在表面	固态,扩散性低[不会破碎的固体小球(块),使用时几乎不产生粉尘]	3
蓄积性(或生物半减期)	蓄积系数(动物实验,下同)<1;生物半减期≥4000h	1≤蓄积系数<3;400h≤生物半减期<4000h	3≤蓄积系数<5;40h≤生物半减期<400h	蓄积系数>5;4h≤生物半减期<40h	生物半减期<4h	1

　　① $1cm^3 \cdot m^{-3}=1ppm$，ppm 与 $mg \cdot m^{-3}$ 在气温为20℃，大气压为101.3kPa（760mmHg）的条件下的换算公式为：$1ppm=24.04/Mr \, mg \cdot m^{-3}$，其中 Mr 为该气体的分子量。

　　注：1. 急性毒性分级指标以急性吸入毒性和急性经皮毒性为分级依据。无急性吸入毒性数据的物质，参照急性经口毒性分级。无急性经皮毒性数据、且不经皮吸收的物质，按轻微危害分级；无急性经皮毒性数据、但可经皮肤吸收的物质，参照急性吸入毒性分级。

　　2. 强、中、轻和无刺激作用的分级依据 GB/T 21604 和 GB/T 21609。

　　3. 缺乏蓄积性、致癌性、致敏性、生殖毒性分级有关数据的物质的分项指标暂按极度危害赋分。

　　4. 工业使用在五年内的新化学品，无实际危害后果资料的，该分项指标暂按极度危害赋分；工业使用在五年以上的物质，无实际危害后果资料的，该分项指标按轻微危害赋分。

　　5. 一般液态物质的吸入毒性按蒸气类划分。

　　有毒化学品的使用要特别注意以下几点。

　　① 剧毒药品应指定专人收发保管。

　　② 取用剧毒药品必须完善个人防护，穿防护服，戴防护眼镜、手套、防毒面具或防毒口罩，穿长胶鞋等。严防毒物从口、呼吸道、皮肤特别是伤口侵入人体。

　　③ 制取、使用有毒气体必须在通风橱中进行。多余的有毒气体应先进行化学吸收，然后再排空。

　　④ 有毒的废液残渣不得乱丢乱放，必须进行妥善处理。

　　⑤ 设备装置尽可能密闭，防止实验中冲、溢、跑、冒事故。尽量避免危险操作，应尽量用最小剂量完成实验。毒物量较大时，应按照工业生产要求采取安全防护措施。

1.2.2.4　实验室废弃物处理

（1）废气的处理

　　实验室废气的特点，一是量少，二是多变。废气处理应满足两点要求：一是保持在实验环境的有害气体不超过规定的空气中有害物质的最高容许浓度；二是排出气不超过居民大气中有害物最高容许浓度。因此，实验室必须有通风、排毒装置。

　　实验室排出的少量有害气体，可直接放空，根据安全要求，放空管不应低于附近房顶3m，放空后有害气体会被空气稀释。废气量较多或毒性大的废气，一般应通过化学处理后再放空。例如，CO_2、NO_2、SO_2、Cl_2、H_2S、HF 等用碱液吸收；NH_3 用酸吸收；CO 可先点燃转变成 CO_2 等。对个别毒性很大或数量较多的废气，可参考工业废气处理方法，用吸附、吸收、氧化、分解等方法进行处理。

（2）废液和废渣处理

对污染环境的废液废渣不应直接倒入垃圾堆，必须先经过处理使其成为无害物。例如，氰化物可用 $Na_2S_2O_3$ 溶液处理使其生成毒性较低的硫氰酸盐，也可用 $FeSO_4$、$KMnO_4$、$NaClO$ 代替 $Na_2S_2O_3$；含硫、磷的有机剧毒农药可用 CaO 处理，继而用碱液处理使其迅速分解、失去毒性；酸碱废物先中和为中性废物再排放；硫酸二甲酯先用氨水处理，继而用漂白粉处理；苯胺可用盐酸或硫酸处理；汞可用硫黄处理生成无毒的 HgS；废铬酸洗液可用 $KMnO_4$ 再生；少量废铬液加入碱或石灰使其生成 $Cr(OH)_3$ 沉淀，之后埋入地下。含汞盐或其他重金属离子的废液加 Na_2S 使其生成难溶的氢氧化物、硫化物、氧化物等，之后埋入地下。

1.2.2.5　实验室中一般伤害的救护

① 玻璃割伤　先清理出伤口里的玻璃碎片，再抹些红药水或紫药水，贴上创可贴，必要时撒些消炎粉并包扎。

② 烫伤　先用大量水冲洗至少 30min，然后涂抹烫伤膏或万花油。

③ 酸蚀　立即用大量水冲洗，然后用饱和碳酸氢钠溶液冲洗，再用水冲净。若酸溅入眼内，先用大量水冲洗，再送医院治疗。

④ 碱蚀　立即用大量水冲洗，再用约 2% 的乙酸溶液或饱和硼酸溶液冲洗，最后用水冲洗。若碱溅入眼内，则先用硼酸溶液洗，再用水洗，再送医院治疗。

⑤ 溴蚀　先用甘油或苯洗，再用水洗。

⑥ 苯酚蚀　用 4 份 20% 的酒精和 1 份 $0.4mol \cdot L^{-1}$ 的 $FeCl_3$ 溶液的混合液洗，再用水洗。

⑦ 白磷灼伤　用 1% 的 $AgNO_3$ 溶液、1% 的 $CuSO_4$ 溶液或浓 $KMnO_4$ 溶液洗后包扎。

⑧ 吸入刺激性或有毒气体　吸入 Cl_2、HCl 时，可吸入少量酒精和乙醚的混合蒸气解毒；吸入 H_2S 而感到不适时，立即到室外呼吸新鲜空气。

⑨ 毒物误入口内　将浓度约为 5% 的 $CuSO_4$ 溶液 5～10mL 加入到一杯温水中，内服后，用手指伸入咽喉部，促使呕吐，然后立即送医院治疗。

⑩ 触电　首先切断电源，必要时进行人工呼吸。

⑪ 起火　既要灭火，又要迅速切断电源，移走旁边的易燃品阻止火势蔓延。一般小火用湿布、石棉布或砂子覆盖，即可灭火。火势较大时，要用灭火器来灭火，灭火器要根据现场情况及起火原因正确选用，如有电器设备在现场，只能用二氧化碳灭火器或四氯化碳灭火器，而不能用泡沫灭火器，以免触电。衣服着火切勿惊乱，赶快脱下衣服或用石棉布覆盖着火处。

对中毒、火灾受伤人员，伤势较重者，应立即送往医院。火情很大时，应立即报告火警。

1.2.2.6　灭火常识

目前国际上根据燃烧物质的性质，统一将火灾分为 A、B、C、D 四类。A 类：木材、纸张、棉布等物质着火。B 类：可燃性液体着火。C 类：可燃性气体着火。D 类：可燃性金属 K、Na、Ca、Mg、Al、Ti 等固体与水反应生成可燃气体着火。

灭火的一切手段基本上是围绕破坏形成燃烧三个条件中的任何一个来进行。

① 隔离法　将火源处或周围的可燃物质撤离或隔开，这是釜底抽薪的办法。所以，一旦起火要将火源附近的可燃、易燃、助燃物搬走；关闭可燃气、液体管道的阀门，切断电源。

② 冷却法　将水或二氧化碳灭火剂直接喷射到燃烧物或附近可燃物质上，使温度降到

燃烧物质燃点以下，燃烧也就停止了。A 类物质着火用隔离法和用水扑灭，既有效，又方便。

③ 窒息法　阻止助燃物质如 O_2 流入燃烧区或冲淡空气使燃烧物质没有足够的氧气而熄灭。如用石棉毯、湿麻袋、湿棉被、泡沫、黄沙等覆盖在燃烧物上，有时用水蒸气、CO_2 或惰性气体等覆盖燃区，阻止新鲜空气进入。窒息法对一般小火灾和 D 类火灾比较有效。

④ 化学中断法　使用灭火剂参与燃烧反应，在高温下分解产生自由基与反应中的 H、OH 活性基团结合生成稳定分子或活性低的自由基，从而使燃烧的连锁反应中断。例如，1211 灭火器中的灭火剂为二氟一氯一溴甲烷 CF_2ClBr，"1211"就是用元素原子个数构成的代号。

$$CF_2ClBr \longrightarrow CF_2Cl \cdot + Br \cdot$$
$$Br \cdot + H \cdot \longrightarrow HBr$$
$$HBr + OH \cdot \longrightarrow H_2O + Br \cdot$$

这种卤代烃类灭火剂，卤素原子量越大，抑制效果越好，对 B、C 类火灾很有效。

用水灭火人们习以为常，既廉价又方便。但是 D 类火灾，比水轻的 B 类火灾，酸、碱类火灾，未切断电源的电器火灾，精密仪器、贵重文献档案等火灾都不能用水扑救。近年来出现一种"轻水"灭火剂，它实际上是在水中加入一种表面活性剂氟化物，密度比水大，由于表面张力低，所以在灭火时能迅速覆盖在液面，故名"轻水"。它有特殊灭火功能，如速度快、效率高、不怕冷、不怕热、保存时间长等。

灭火器是实验室的常备设备，有多种类型，在火势的初起阶段使用灭火器是很有效的。火势到了猛烈阶段，则必须由专业消防队来扑救。几种常见灭火器的性能及使用方法见表 1-5。

表 1-5　常见灭火器的性能及使用方法

灭火器种类	内装药剂	用途	性能	用法
泡沫灭火器	$NaHCO_3$、$Al_2(SO_4)_3$	扑灭油类火灾,电器火灾不适用	10kg 灭火器射程为 8m,喷射时间为 60s	倒过来摇动或打开开关。1.5 年更换一次药剂。用后 15min 内打开盖子
酸碱灭火器	H_2SO_4、$NaHCO_3$	扑灭非油类和电器火灾之外的其他一般火灾	10kg 射程为 10m,喷射时间为 50s	倒过来。1.5 年换一次药剂
二氧化碳灭火器	压缩液体二氧化碳	扑灭贵重仪器、电器火灾,D 类火灾不适用	喷射距离为 1.5～3m,须接近着火点。液态 CO_2 的沸点约为 −70℃,注意防止冻伤	拿好喇叭筒,打开开关。三个月检查一次 CO_2 量
四氯化碳灭火器	液体 CCl_4	扑灭电器火灾,D 类、乙炔、乙烯、CS_2 等火灾不适用	3kg 射程为 3m,喷射时间为 3s。有毒	打开开关
干粉灭火器	$NaHCO_3$ 粉、少量润滑剂、防潮剂。高压 CO_2 或 N_2	扑灭 B 类、电器火灾和 C 类、D 类火灾,不能防止复燃	射程为 5m,喷射时间为 20s	拉动钢瓶开关。储备时不要受潮
1211 灭火器	液体 CF_2ClBr	扑灭除 D 类火灾外的火灾	可燃气体中混进 6%～9.3%的"1211"便不能燃烧。射程为 3～5m,喷射时间为 10～14s	握紧压把开关。一年检查一次"1211"量

思 考 题

1. 用浓硫酸来配制稀硫酸，如何操作才能保证安全？
2. 制备乙醚应当如何进行？
3. 使用剧毒的氰化钠应注意些什么？
4. 不慎将酒精灯中的酒精洒出着火，应怎样扑灭？
5. 做 Na 和水反应的实验时，从煤油中取出的钠块溅水起火爆炸，怎么处理？
6. 有学生将铬酸洗液碰倒洒出，如何妥善处理？
7. 从用电安全的角度看，使用烘箱应注意哪些事项？

1.2.3 化学试剂的一般知识

化学试剂广义的指实现化学反应而使用的化学药品；狭义的指化学分析中为测定物质的成分或组成而使用的纯粹化学药品。化学试剂是生产、科学研究等部门用来检测物质组成、性质及其质量优劣的纯度较高的化学物质，也是制造高纯度产品及特种性能产品的原料或辅助材料。实验室的日常工作经常要接触到化学试剂。

（1）实验室中常见化学试剂的种类

① 基准试剂 这是一类用于滴定分析中标定标准滴定溶液的标准参考物质，可作为滴定分析中的基准物用，也可精确称量后直接配制已知浓度的标准溶液，主成分含量一般在99.95%，杂质含量略低于优级纯或与优级纯相当。

② 优级纯 成分含量高，杂质含量低，主要用于精密的科学研究和测定工作。

③ 分析纯 质量略低于优级纯，杂质含量略高，用于一般的科学研究和重要的分析测定工作。

④ 化学纯 质量低于分析纯，用于工厂、教学实验的一般分析工作。

⑤ 实验试剂 杂质含量较多，但比工业品纯度高，主要用于普通的实验或研究。

（2）化学试剂的等级

化学实验室中有各种各样的试剂，根据用途可分为通用试剂和专用试剂。专用试剂大都只有一个级别，如生物试剂、生化试剂、指示剂等。GB 15346—2012《化学试剂 包装及标志》中规定了不同颜色的标签来标记化学试剂的级别，见表1-6。

表 1-6 不同级别化学试剂的标签颜色

序号	级别		颜色
1	通用试剂	优级纯	深绿色
		分析纯	金光红色
		化学纯	中蓝色
2	基准试剂		深绿色
3	生物染色剂		玫红色

但是，近年来由于化学试剂的品种规格发展繁多，其他规格的试剂包装颜色各异，主要应根据文字或符号来识别化学试剂的等级。文献资料中和进口化学试剂的标签上，各国的等级与我国现行等级不太一致，要注意区分。一些高纯试剂常常还有专门的名称，如光谱试剂、色谱纯试剂等。每种常用试剂都有具体的标准，例如 GB/T 642—1999 中对重铬酸钾的

规定见表1-7。

表 1-7　重铬酸钾的标准

名称	优级纯	分析纯	化学纯
含量($K_2Cr_2O_7$)/%	≥99.8	≥99.8	≥99.5
水不溶物/%	≤0.003	≤0.005	≤0.01
干燥失重/%	≤0.05	≤0.05	—
氯化物(Cl)/%	≤0.001	≤0.002	≤0.005
硫酸盐(SO_4)/%	≤0.005	≤0.01	≤0.02
钠(Na)/%	≤0.02	≤0.05	≤0.1
钙(Ca)/%	≤0.002	≤0.002	≤0.01
铁(Fe)/%	≤0.001	≤0.002	≤0.005
铜(Cu)/%	≤0.001	—	—
铅(Pb)/%	≤0.005	—	—

（3）化学试剂的包装和选用

化学试剂的包装单位是指每个包装容器内盛装化学试剂的净重（固体）或体积（液体）。包装单位的大小根据化学试剂的性质、用途和经济价值决定。

我国规定化学试剂以下列5类包装单位包装。第一类：0.1g、0.25g、0.5g、1g、5g或0.5mL、1mL。第二类：5g、10g、25g或5mL、10mL、25mL。第三类：25g、50g、100g或25mL、50mL、100mL，如以安瓿包装的液体化学试剂增加20mL包装单位。第四类：100g、250g、500g或100mL、250mL、500mL。第五类：500g、1～5kg（每0.5kg为一间隔）或500mL、1L、2.5L、5L。

应根据实验的要求，选用不同级别的化学试剂，纯度高、杂质含量少的试剂因制造或提纯过程复杂，价格较高。在进行痕量分析时要选用高纯或优级纯试剂，以降低空白值和避免杂质干扰；做仲裁分析或试剂检验等工作应选用优级纯、分析纯试剂；一般车间控制分析可选用分析纯和化学纯试剂；某些制备实验，冷却浴或加热浴用的药品可选用实验试剂或工业品。

（4）化学试剂的保管

实验室内应根据药品的性质、周围环境和实验室设备条件，确定药品的存放和保管方式，既要保证不发生火灾、爆炸、中毒、泄漏等事故，又要防止试剂变质失效、标签脱落使试剂混淆等，从而达到保质、保量、保安全的要求，使实验能够顺利进行。一般原则是根据试剂性质和特点分类保管，见表1-8。

表 1-8　化学试剂分类和储存条件

类别	特点	储存条件	试剂举例
易燃类	①可燃气体。遇火、受热、与氧化剂接触能引起燃烧或爆炸的气体 ②可燃液体。易燃且在常温下呈液态的物质。闪点[①]小于45℃的称易燃液体，闪点大于45℃的称可燃液体 ③可燃性固体物质。遇火、受热、撞击、摩擦或与氧化剂接触能燃烧的固体物质。燃点[②]小于300℃的称易燃物质，燃点大于300℃的称可燃物质	气体储存于专门的钢瓶中，放在阴凉通风处，温度不超过30℃；与其他易发生火花的器物和可燃物质隔开存放；有特殊标志，闪点在25℃以下的存放温度理想条件为－4～4℃	①氢气、甲烷、乙炔、乙烯、煤气、液化石油气、氧气、空气、氯气、氟气、氧化亚氮、氧化氮、二氧化氮等 ②乙醚、丙酮、汽油、苯、乙醇、正戊醇、乙二醇、甘油等 ③赤磷、黄磷、三硫化磷、五硫化磷等

类别	特点	储存条件	试剂举例
剧毒类	通过皮肤、消化道和呼吸道侵入人体内可破坏人体正常生理机能的物质称毒物。毒物的毒性指标常用半致死量 $LD_{50}(mg \cdot kg^{-1})$ 或半致死浓度 $LC_{50}(10^{-6})$ 表示。$LD_{50} < 10$ 为剧毒；$LD_{50} = 11 \sim 100$ 为高毒；$LD_{50} = 101 \sim 1000$ 为中等毒，实验室习惯将 $LD_{50} < 50$ 者归入此类	固液体物质与酸类隔开，放在阴凉干燥处，专柜应加锁，应特殊标记	氰化物、三氧化二砷及其他剧毒砷化物、汞及其他剧毒汞盐、硫酸二甲酯、铬酸盐、苯、一氧化碳、氯气等
强腐蚀类	对人体皮肤、黏膜、眼、呼吸器官及金属有极强腐蚀性的液体和固体	放在阴凉通风处，与其他药品隔离放置。选用抗腐蚀材料作存放架，存放架不宜过高以保证存取搬动安全。温度在30℃以下	发烟硫酸、浓硫酸、浓盐酸、硝酸、氢氟酸、苛性碱、乙酐、氯乙酸、浓乙酸、三氯化磷、溴苯酚、溴、硫化钠、氨水等
燃烧爆炸类	①本身是炸药或易爆物 ②遇水反应猛烈，发生燃烧爆炸 ③与空气接触氧化燃烧 ④受热、冲击、摩擦，与氧化剂接触燃烧爆炸	温度在30℃以下，最好在20℃以下保存。与易燃物、氧化剂隔开。用防爆架放置，在放置槽内放砂为垫并加木盖，应特殊标记	①硝化纤维、苦味酸、三硝基甲苯、叠氮和重氮化合物、乙炔银、高氯酸盐、氯酸钾等 ②钠、钾、钙、电石、氢化锂、硼化合物等 ③白磷等 ④硫化磷、红磷、镁粉、锌粉、铝粉、萘、樟脑等
强氧化剂类	过氧化物或强氧化能力的含氧酸盐	放在阴凉、通风、干燥处，室温不超过30℃。与酸类、木屑、炭粉、糖类、硫化物等还原性物质隔开。包装不要过大，注意通风散热	硝酸盐、高氯酸及其盐、重铬酸盐、高锰酸盐、氯酸盐、过硫酸盐、过氧化物等
放射类	具有放射性的物质	远离易燃易爆物，装在磨口玻璃瓶中放入铅罐或塑料罐中保存	乙酸、铀酰、硝酸钍、氧化钍、钴-60 等
低温类	低温才不致聚合变质或发生事故的物质	温度在10℃以下	苯乙烯、丙烯腈、乙烯基乙炔、其他易聚合单体、过氧化氢、浓氨水
贵材类	价格昂贵及特纯的试剂，稀有元素及其化合物	小包装，单独存放	钯黑、铂及其化合物、锗、四氯化钛等
易潮解类	易吸收空气中的水分潮解变质的物质	30℃以下，湿度80%以下，在干燥阴凉处存放，通风良好或密闭封存	三氯化铝、乙酸钠、氧化钙、漂白粉、绿矾等
其他类	除上述9类之外的有机、无机药品	在阴凉通风处，25～30℃保存。可按酸、碱、盐分类保管	

① 液体表面上的蒸气刚足以与空气发生闪燃的最低温度叫闪点。

② 可燃物质开始持续燃烧所需的最低温度称为该物质的着火点或燃点。

思 考 题

1. 化学试剂的标签上包含哪些内容？

2. 分别写出 3～5 种实验室中常用的易燃易爆、强腐蚀性、剧毒的化学药品的名称。

1.2.4　化学实验用水

水是一种使用最广泛的化学试剂，特别是作为最廉价的溶剂和洗涤液，在人们的生活、生产、科学研究中都离不开它。水质的好坏直接影响产品的质量和实验结果。各种天然水由于长期和土壤、空气、矿物质等接触，都不同程度地溶有无机盐、气体和某些有机物等杂质。无机盐主要是钙和镁的酸式碳酸盐、硫酸盐、氯化物等；气体主要是氧气、二氧化碳和低沸点易挥发的有机物等。一般地，水中离子性杂质多少的程度是——盐碱地水＞井水（或泉水）＞自来水＞河水＞塘水＞雨水；有机物杂质多少的顺序是——塘水＞河水＞井水＞泉水＞自来水。因此，天然水、自来水都不宜直接用来做化学实验。我国实验室用水已经有了国家标准，GB/T 6682—2008《分析实验室用水规格和试验方法》中规定的实验用水技术指标见表1-9。

表 1-9　分析实验室用水技术指标

名称	一级	二级	三级
pH 值范围(25℃)	—	—	5.0~7.5
电导率(25℃)/mS·m^{-1}	≤0.01	≤0.10	≤0.50
可氧化物质含量(以 O 计)/mg·L^{-1}	—	≤0.08	≤0.4
吸光度(254nm,1cm 光程)	≤0.001	≤0.01	—
蒸发残渣(105℃±2℃)含量/mg·L^{-1}	—	≤1.0	≤2.0
可溶性硅(以 SiO$_2$ 计)含量/mg·L^{-1}	≤0.01	≤0.02	

注：1. 由于在一级水、二级水的纯度下，难以测定其真实的 pH 值，因此，对一级水、二级水的 pH 值范围不做规定。

2. 由于在一级水的纯度下，难以测定可氧化物质和蒸发残渣，对其限量不做规定，可用其他条件和制备方法来保证一级水的质量。

① 一级水：基本不含有溶解或胶态离子杂质及有机物，可用二级水经进一步处理而制得。例如，可用二级水经过蒸馏、离子交换混合床和 0.2μm 膜过滤方法制备，或用石英蒸馏装置进一步蒸馏制得。

② 二级水：含有微量的无机、有机或胶态杂质，可采用蒸馏、反渗透、去离子等方法后再经蒸馏制备。

③ 三级水：适用于一般实验室，可采用蒸馏、反渗透去离子（离子交换及电渗析）等方法制备。

天然水要达到上述技术标准，必须进行净化处理制备纯水。常用的制备方法有蒸馏法、离子交换法、电渗析法。

（1）蒸馏水的制备

经蒸馏器蒸馏而得的水为蒸馏水，天然水汽化后冷凝就可得到，水中大部无机盐杂质因不挥发而被除去。蒸馏器有多种样式，一般由玻璃、镀锡铜皮、铝、石英等材料制成。蒸馏水较为洁净，但仍含有少量杂质：有蒸馏器材料带入的离子，有二氧化碳及某些低沸点易挥发物随水蒸气带入，少量液态水成雾状飞出直接进入蒸馏水中，也有微量的冷凝管材料成分带入蒸馏水中。故蒸馏水只适用于一般化学实验。

二次蒸馏水又叫重蒸馏水。用硬质玻璃或石英蒸馏器，在蒸馏水中加入少量高锰酸钾的碱性溶液（破坏水中的有机物）重新蒸馏，弃掉最初馏出的 1/4，收集中段和重蒸馏水。如果仍不符合要求，还可再蒸一次得到三次蒸馏水，用于要求较高的实验。但实践证明，更多次的重复蒸馏则无助于水质的进一步提高。

高纯度蒸馏水的制备要用石英、银、铂、聚四氟乙烯蒸馏器，同时采用各种特殊措施，如近年来出现的石英亚沸蒸馏器，它的特点是在液面上加热，使液面始终处于亚沸状态，蒸馏速率较慢，可将水蒸气带出的杂质减至最低。又如蒸馏时头和尾都弃1/4，只收中间段的办法也是很有效的。还可根据具体要求在二次蒸馏中加入适当试剂以达到目的，如加入甘露醇可抑制硼的挥发，加入碱性高锰酸钾可破坏有机物和抑制 CO_2 逸出。煮沸半小时除 CO_2，煮沸12h可除 O_2。一次蒸馏加 NaOH 和 $KMnO_4$，二次蒸馏加 H_3PO_4 除 NH_3，三次蒸馏用石英蒸馏器除痕量碱金属杂质，在整个蒸馏过程中避免与大气接触可制得 $pH \approx 7$ 的高纯水。

（2）去离子水的制备

用离子交换法制取的纯水叫去离子水。天然水经过离子交换树脂处理除去了绝大部分阴、阳离子，但却不能除去大部分有机杂质。

离子交换树脂是由苯酚、甲醛、苯乙烯、二乙烯苯等原料合成的高分子聚合物，通常呈半透明和不透明球状，颜色有浅黄色、黄色、棕色等。离子交换树脂不溶于水，对酸、碱、氧化剂、还原剂、有机溶剂具有一定的稳定性。在离子交换树脂的网状结构骨架上有许多可以与溶液中离子起交换作用的活性基团。根据活性基团不同，阳离子交换树脂又分为强酸性和弱酸性两种；阴离子交换树脂又分为强碱性和弱碱性两种。市售的用来净化水的离子交换树脂一般为强酸性的钠型和强碱性的氯型。钠型树脂用稀盐酸浸泡转变成氢型。阳离子树脂在水中的交换顺序为：$Fe^{3+} > Al^{3+} > Ca^{2+} > Mg^{2+} > K^+ > Na^+ > H^+ > Li^+$。氯型树脂用稀 NaOH 溶液浸泡转变成氢氧型。阴离子树脂在水中交换顺序为：$PO_4^{3-} > SO_4^{2-} > NO_3^- > Cl^- > HCO_3^- > HSiO_3^- > H_2PO_4^- > HCOO^- > OH^- > F^- > CH_3COO^-$。交换出来的 H^+ 和 OH^- 结合成水，水中绝大部分其他阴、阳离子都吸附在树脂上，从而使水得到纯化。交换后的树脂用稀盐酸、稀氢氧化钠处理又恢复原型的过程叫作树脂再生。再生的树脂可继续使用。

用离子交换树脂净化水的过程在离子交换柱中进行，实验室中的柱材料一般采用有机玻璃，内装树脂，净化过程示意见图1-1。图中表示自来水通过阳离子交换柱除去阳离子，再通过阴离子交换柱除去阴离子。

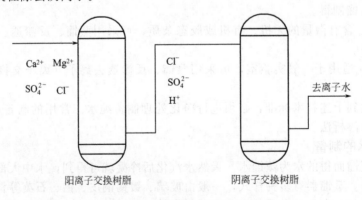

图1-1　离子交换树脂净化水示意图

（3）电渗析法制纯水

电渗析法是把树脂制作成阴、阳离子交换膜，在外加电场的作用下，利用膜对溶液中离子的选择性使杂质分离的方法。

应当说明的是，纯水中不是完全不含离子。纯水不是绝对纯净的水，只是将杂质离子降至一个非常低的水平。

思 考 题

1. 自来水为什么不能用来做定性和定量的化学实验？

2. 将自来水制备成实验室用水有哪些方法？有人说，连续下雪天第三天的雪水可以用来做化学试验，这种说法是否可行？

1.2.5 试纸

试纸是用滤纸浸渍了指示剂或液体试剂制成的，用来定性检验一些溶液的性质或某些物质是否存在，操作简单，使用方便。下面介绍几种实验室常用的试纸。

1.2.5.1 检验溶液酸碱性的试纸

（1）pH 试纸

pH 试纸有商品出售，国产 pH 试纸分为广泛 pH 试纸和精密 pH 试纸两种。广泛 pH 试纸按变色范围分为 pH 值为 $1\sim10$、$1\sim12$、$1\sim14$、$9\sim14$ 四种，最常用的是 pH 值为 $1\sim14$ 的 pH 试纸。精密 pH 试纸按变色范围分类更多，如变色范围在 pH 值为 $2.7\sim4.7$、$3.8\sim5.4$、$5.4\sim7.0$、$6.8\sim8.4$、$8.2\sim10.0$、$9.5\sim13.0$ 等。精密 pH 试纸测定的 pH 值变化值小于 1，很易受空气中酸碱性气体干扰，不易保存。

（2）石蕊试纸

石蕊试纸分红色和蓝色两种，有商品出售。酸性溶液使蓝色试纸变红，碱性溶液使红色试纸变蓝。

（3）其他酸碱试纸

酚酞试纸为白色，遇碱变红。苯胺黄试纸为黄色，遇酸变红。中性红试纸有黄色和红色两种，黄色试纸遇碱变红，遇强酸变蓝；红色试纸遇碱变黄，遇强酸变蓝。

1.2.5.2 特性试纸

（1）淀粉碘化钾试纸

将 3g 可溶性淀粉加入 25mL 水中搅匀，倾入 225mL 沸水中，再加 1g KI 和 1g Na_2CO_3，用水稀释到 500mL。将滤纸浸入浸渍，取出在阴凉处晾干成白色，剪成条状储存于棕色瓶中备用。淀粉碘化钾试纸用来检验 Cl_2、Br_2、NO_2、O_2、$HClO$、H_2O_2 等氧化剂。例如 Cl_2 和试纸上的 I^- 作用：

$$2I^- + Cl_2 = I_2 + 2Cl^-$$

I_2 立即与淀粉作用呈蓝紫色。如果氧化剂氧化性强，浓度又大，可进一步反应：

$$I_2 + 5Cl_2 + 6H_2O = 2HIO_3 + 10HCl$$

I_2 变成了 IO_3^-，结果使最初出现的蓝色又会褪去。

（2）乙酸铅试纸

将滤纸用 3% 的 $Pb(Ac)_2$ 溶液浸泡后，在无 H_2S 的环境中晾干而成。试纸呈无色，用来检验痕量 H_2S 的存在。H_2S 气体与湿试纸上的 $Pb(Ac)_2$ 反应生成 PbS 沉淀：

$$Pb(Ac)_2 + H_2S = PbS\downarrow + 2HAc$$

沉淀呈黑褐色并有金属光泽，有时颜色较浅但一定有金属光泽为特征。若溶液中 S^{2-} 的浓度较低，加酸酸化逸出的 H_2S 太少，用此试纸就不易检出。

（3）硝酸银试纸

将滤纸放入 2.5% 的 $AgNO_3$ 溶液中浸泡后，取出晾干即成，保存在棕色瓶中备用。试纸为黄色，遇 AsH_3 有黑斑形成：

$$AsH_3 + 6AgNO_3 + 3H_2O \Longrightarrow \underset{黑斑}{6Ag} + 6HNO_3 + H_3AsO_3$$

（4）电极试纸

1g 酚酞溶于 100mL 乙醇中，5g NaCl 溶于 100mL 水中，将两溶液等体积混合。取滤纸浸入混合溶液中浸泡后，取出干燥即成。将这种试纸用水润湿，接到电池的两个电极上，电解一段时间，与电池负极相接的地方呈现酚酞与 NaOH 作用的红色。

$$2NaCl + 2H_2O \Longrightarrow 2NaOH + H_2\uparrow + Cl_2\uparrow$$

1.2.5.3 试纸的使用

（1）石蕊试纸和酚酞试纸的使用

用镊子取一小块试纸放在干净的表面皿边缘上或滴板上。用玻璃棒将待测溶液搅拌均匀，然后用棒端蘸少量溶液点在试纸块中部，观察试纸颜色的变化，确定溶液的酸碱性。切勿将试纸投入溶液中，以免污染溶液。

（2）pH 试纸的使用

pH 试纸的用法同石蕊试纸，待试纸变色后与色阶板的标准色阶比较，确定溶液的 pH 值。

（3）淀粉碘化钾试纸的使用

将一小块试纸用蒸馏水润湿后，放在盛待测溶液的试管口上，如有待测气体逸出则试纸变色。必须注意不要使试纸直接接触待测物。

（4）乙酸铅试纸和硝酸银试纸的使用

乙酸铅试纸和硝酸银试纸的用法与淀粉碘化钾试纸基本相同，区别是湿润后的试纸盖在放有反应溶液试管的口上。

使用试纸时，每次用一小块即可。取用时不要直接用手，以免手上不慎沾到的化学物质污染试纸。从容器中取出所需试纸后，要立即盖严容器，使容器内的试纸不受空气中气体的污染。用过的试纸应投入废物缸中。

1.2.6 常用压缩气体钢瓶

在化学实验中，经常要使用一些气体，例如燃烧热的测定实验中要使用氧气，合成氨反应平衡常数的测定实验中要使用氢气和氮气，高聚物合成实验中要用到氮气。为了便于运输、储藏和使用，通常将气体压缩成为压缩气体（如氢气、氮气和氧气等）或液化气体（如液氨和液氯等），灌入耐压钢瓶内。当钢瓶受到撞击或高温时，会有发生爆炸的危险。另外，有一些压缩气体或液化气体有剧毒，一旦泄漏，将造成严重后果，因此在化学实验中，正确、安全地使用各种压缩气体或液化气体钢瓶是十分重要的。

使用钢瓶时，必须注意下列事项。

① 在气体钢瓶使用前，要按照钢瓶外表油漆颜色、字样等正确识别气体种类，切忌误用，以免造成事故。据我国有关部门规定，各种钢瓶必须按照规定进行涂漆、标注气体名称和涂刷横条，见表 1-10。

② 气体钢瓶在运输、储存和使用时，注意勿使气体钢瓶与其他坚硬物体撞击，或暴晒在烈日下以及靠近高温处，以免引起钢瓶爆炸。钢瓶应定期进行安全检查，如进行水压试验、气密性试验和壁厚测定等。

③ 严禁油脂等有机物污染氧气钢瓶。因为油脂遇到逸出的氧气就可能燃烧，如已有油脂污垢，则应立即用四氯化碳洗净。氢气、氧气或可燃气体钢瓶严禁靠近明火。

④ 存放氢气钢瓶或其他可燃性气体钢瓶的房间应注意通风，以免逸出的氢气或可燃性

气体与空气混合后遇火发生爆炸。室内的照明灯及电气通风装置均应防爆。

表 1-10　常见气体钢瓶的标记

钢瓶名称	外表颜色	字样	字样颜色	横条颜色
氧气瓶	天蓝	氧	黑	白
氢气瓶	深绿	氢	红	淡黄
氮气瓶	黑	氮	黄	白
纯氩气瓶	灰	纯氩	绿	白
二氧化碳气瓶	黑	二氧化碳	黄	黑
氨气瓶	黄	氨	黑	—
氯气瓶	草绿	氯	白	白
氟氯烷瓶	铝白	氟氯烷	黑	深绿

注：如钢瓶因使用日久后色标脱落，应及时按以上规定进行涂漆、标注气体名称和涂刷横条。

⑤ 原则上，有毒气体（如液氯等）钢瓶应单独存放，严防有毒气体逸出，注意室内通风，最好在存放有毒气体钢瓶的室内设置毒气鉴定装置。

⑥ 若两种钢瓶中的气体接触后可能引起燃烧或爆炸，则这两种钢瓶不能存放在一起。如氢气瓶和氧气瓶、氢气瓶和氯气瓶等。氧气、液氯、压缩空气等助燃气体钢瓶严禁与易燃物品放置在一起。

⑦ 气体钢瓶存放或使用时要固定好，防止滚动或跌倒。为确保安全，最好在钢瓶外面装置橡胶防震圈。液化气体钢瓶使用时要直立放置，禁止倒置使用。

⑧ 使用钢瓶时，应缓缓打开钢瓶上端的阀门，不能猛开阀门，也不能将钢瓶内的气体全部用完，要留下一些气体，以防止外界空气进入气体钢瓶。

实验 1-1　　参观和练习

一、实验目的

1. 了解实验室的布置和设施。
2. 认识常用仪器和药品。
3. 熟悉量筒、台秤（电子秤）、滴管和试纸的使用方法。

二、仪器和药品

仪器：台秤；量筒；烧杯；滴管；玻璃棒；表面皿；试管。

药品：广泛 pH 试纸；酚酞指示剂；$NaHCO_3$。

三、实验内容

1. 参观实验室

① 观察并记住电源闸、煤气开关、水开关的位置。

② 了解常用仪器和药品的存放位置。

③ 记录一种化学试剂的标签（外观、格式和内容）。

④ 记录常用量具的名称和规格。

⑤ 记录可直接加热的常用玻璃仪器的名称和规格。

2. 台秤（电子秤）称量练习

用表面皿作容器在台秤上称取 1g NaCl 放入烧杯中。

3. 量筒读数练习

用量筒量取 100mL 水倒入放有 1g NaCl 的烧杯中，用玻璃棒搅拌使溶解完全。将溶液定量地转入 100mL 试剂瓶中，并写一个标签贴上。

4. 液体试剂取样练习和滴管使用练习

① 用 10mL 的小量筒从试剂瓶中取出 10mL 溶液，最后几滴用滴管滴加。

② 用小量筒和滴管测试 1mL 大约相当于多少滴。

③ 用试管从试剂瓶中取约 5mL 试液，滴入几滴酚酞指示剂，观察试液呈现的颜色。

5. 试纸的使用

用广泛 pH 试纸测定所配溶液的 pH 值，测三次，看看读数是否相同。再自选一种精密 pH 试纸再测一次，观察与前三次数值是否相同。

6. 倾注法取液体试剂

将试剂瓶中的试液用倾注法倒入烧杯中。

第2章

化学实验基本操作技术

【知识目标】

1. 了解化学实验室常用仪器的名称、规格、用途。
2. 掌握用化学方法提纯氯化钠的原理。
3. 了解皂化反应原理及肥皂的制备方法。
4. 了解煤气灯和酒精喷灯的构造。
5. 掌握粗硫酸铜提纯的原理。

【技能目标】

1. 掌握常用玻璃仪器的种类、用途、洗涤和干燥方法。
2. 掌握固体、液体的取用方法。
3. 掌握托盘天平、量筒（杯）的正确使用方法。
4. 初步掌握溶解和搅拌的基本操作技术，并学会正确使用密度计。
5. 学会用容量瓶配制溶液的方法。
6. 了解温度和压力的测量方法。
7. 掌握 NaCl 饱和溶液、$1+1$ H_2SO_4 溶液、$0.1mol \cdot L^{-1}$ HCl 溶液、$0.1mol \cdot L^{-1}$ $CuSO_4$ 溶液的配制方法。
8. 掌握用化学方法提纯氯化钠、硫酸铜的方法。
9. 初步学会无机物制备的基本操作。
10. 了解中间控制检验和氯化钠纯度检验的方法。
11. 熟悉盐析原理，掌握水浴加热、沉淀的洗涤以及减压过滤等操作技术。
12. 掌握恒温水浴操作和减压过滤、热过滤的操作。
13. 掌握玻璃温度计的使用方法。
14. 熟练掌握称量、加热、溶解、过滤、蒸发、结晶、检验等基本操作。
15. 学会沉淀洗涤、固体物质干燥的方法。
16. 熟悉控制 pH 值进行沉淀分离、除杂质的方法。
17. 了解马弗炉的结构及使用方法。

2.1 化学实验常用器皿的洗涤和干燥

化学实验常用的仪器、器皿、用具种类繁多。成套成台的仪器设备将在实验使用时单独说明，下面仅介绍常用的玻璃仪器及其他简单的器皿和用具。

2.1.1　化学实验常用仪器

实验室常用玻璃仪器的规格、用途、使用注意事项见表2-1，其他器皿、用具见表2-2。

表 2-1　常用玻璃仪器

仪器图示	规格及表示方法	一般用途	使用注意事项
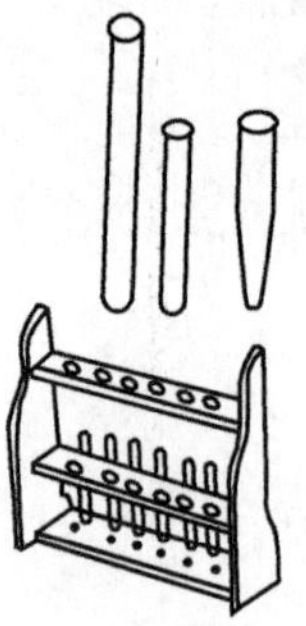 试管与试管架	按材料分硬质、软质试管，又有普通试管和离心试管之分；普通试管有平口、翻口，有刻度、无刻度，有支管、无支管，具塞、无塞等几种(离心试管也有有刻度和无刻度的)；无刻度试管以直径×长度(mm)表示其大小规格，有刻度的试管规格以容积(mL)表示；试管架有木质和金属制品两类	用作少量试剂的反应容器，便于操作和观察；用于收集少量气体；离心试管用于沉淀分离；试管架用于承放试管	①普通试管可直接用火加热，硬质的可加热至高温，但不能骤冷 ②离心试管不能用火直接加热，只能用水浴加热 ③反应液体不超过容积的1/2，加热液体不超过容积的1/3 ④加热前试管外壁要擦干，要用试管夹。加热时管口不要对人，要不断振荡，使试管下部受热均匀 ⑤加热液体时，试管与桌面成45°，加热固体时管口略向下倾斜
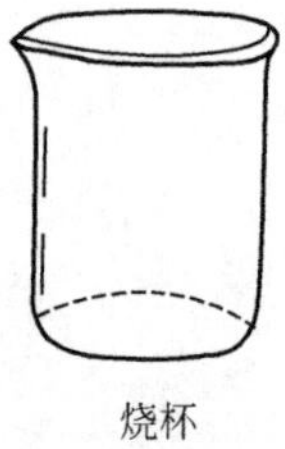 烧杯	有一般型、高型，有刻度、无刻度等几种；规格以容积(mL)表示，还有容积为 1mL、5mL、10mL 的微烧杯	用作反应物量较多的反应容器；配制溶液和溶解固体等；还可作简易水浴	①加热时先将外壁的水擦干，放在石棉网上，不能干烧 ②反应液体不超过容积的2/3，加热液体不超过容积的1/3 ③加热腐蚀性液体时，杯口要盖表面皿
 具塞锥形瓶 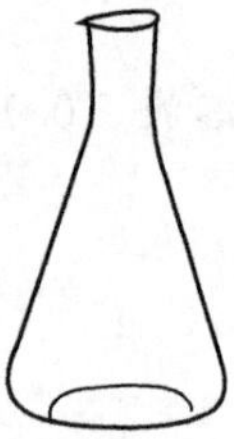　锥形瓶	有具塞、无塞等种类，规格以容积(mL)表示	用作反应、储物容器，可避免液体大量蒸发；用于滴定的容器，方便振荡	①滴定时所盛溶液不超过容积的1/3 ②加热时要垫石棉网，不能干烧 ③磨口具塞锥形瓶加热时要打开塞子 ④非标准磨口的塞子要保持原配
 碘量瓶	具有配套的磨口塞，规格以容积(mL)表示	与锥形瓶相同，可用于防止液体挥发和固体升华的实验	滴定时所盛溶液不超过容积的1/3

续表

仪器图示	规格及表示方法	一般用途	使用注意事项
 烧瓶	有平底、圆底、长颈、短颈、细口、磨口，圆形、茄形、梨形，二口、三口等种类；规格以容积(mL)表示，还有微量烧瓶	在常温和加热条件下作反应容器；作液体蒸馏容器，受热面积大；圆底的耐压，平底的不耐压，不能作减压蒸馏容器；多口的可装配温度计、搅拌器、加料管，与冷凝器连接	①盛放的反应物料或液体不超过容积的2/3，也不宜太少 ②加热要固定在铁架台上，预先将外壁擦干、下面垫石棉网 ③圆底烧瓶放在桌面上，下面要有木环或石棉环，以免翻滚损坏 ④如需安装冷凝器等，应选短颈厚口烧瓶 ⑤多口烧瓶：小瓶宜有斜口，便于安装温度计；大瓶宜用直口，便于安装搅拌器
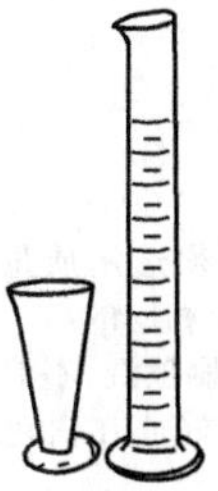 量筒和量杯	上口大、下部小的叫量杯，有具塞、无塞等种类；规格以所能量度的最大容积(mL)表示	量取一定体积的液体	①不能加热 ②不能作反应容器，也不能用作混合液体或稀释液体的容器 ③不能量取热的液体 ④量度亲水溶液的浸润液体，视线与液面水平，读取与弯月面最低点相切的刻度 ⑤要认清分度值和起始分度
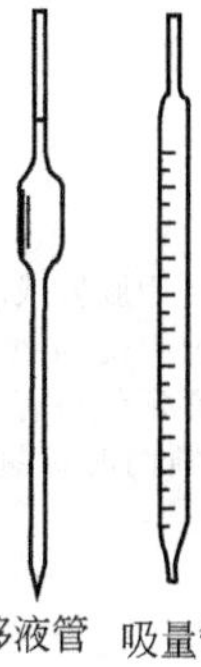 移液管　吸量管	吸量管有分刻度线直管型和单刻度线大肚型两种，还分成完全流出式和不完全流出式，此外还有自动移液管；规格以所能量取的最大容积(mL)表示	滴定分析中的精密量器，用于准确移取一定量体积的液体	①用后立即洗净 ②具有准确刻度线的量器不能放在烘箱中烘干，更不能用火加热烘干 ③读数方法同量筒 ④上端和尖端不能磕破
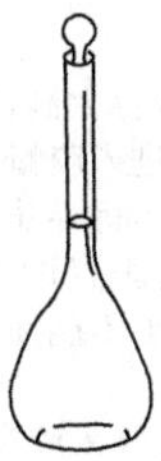 容量瓶	塞子是磨口塞，也有用塑料塞的，有量入式和量出式之分；规格以刻线所示的容积(mL)表示	用于配制准确浓度、体积的标准溶液或被测试液	①非标准的磨口塞要保持原配 ②漏水的不能使用 ③不能在烘箱中烘烤

仪器图示	规格及表示方法	一般用途	使用注意事项
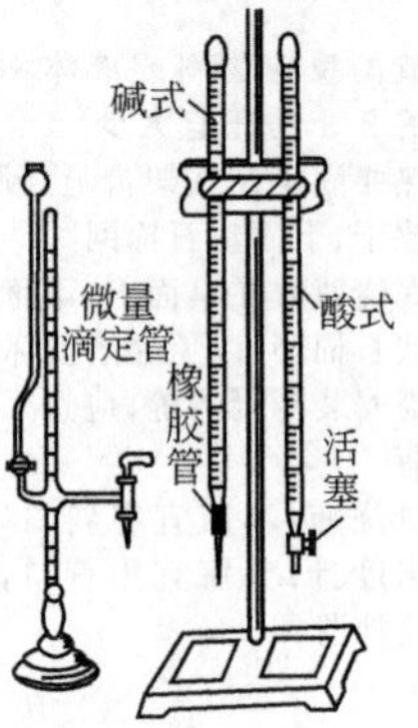 滴定管 （碱式、微量滴定管、橡胶管、酸式、活塞）	具有玻璃活塞的为酸式滴定管,具有橡胶滴头的为碱式滴定管,用聚四氟乙烯制成的则无酸碱式之分;规格以刻度线所示最大容积(mL)表示,还有微量滴定管	用于准确测量液体或溶液的体积和容量分析中的滴定仪器	①活塞要保持原配 ②漏水的不能使用 ③不能加热 ④不能长期存放溶液 ⑤碱式滴定管不能放置与胶管反应的标准溶液
比色管	用无色优质玻璃制成;规格以环线刻度指示容量(mL)表示	盛溶液来比较溶液颜色的深浅	①比色时必须选用质量、口径、厚薄、形状完全相同的 ②不能用毛刷擦洗,不能加热 ③比色时最好放在白色背景的平面上
 试剂瓶	有广口、细口,磨口、非磨口,无色、棕色等种类;规格以容积(mL)表示	广口瓶盛放固体试剂,细口瓶盛放液体试剂或溶液;棕色瓶用于盛放见光易分解和不太稳定的试剂	①不能加热 ②盛碱溶液要用胶塞或软木塞 ③使用中不要弄乱、弄脏塞子 ④试剂瓶上必须保持标签完好,取液体试剂瓶倾倒时标签要对着手心
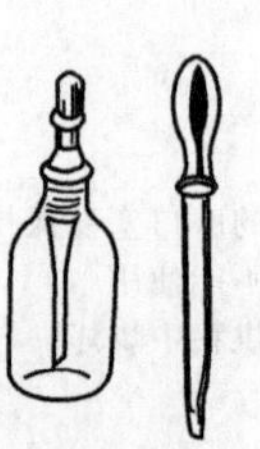 滴瓶 滴管	有无色、棕色两种,滴管上配有橡胶的胶帽;规格以容积(mL)表示	盛放液体或溶液	①滴管不能吸得太满,也不能倒置,保证液体不进入胶帽 ②滴管专用,不得弄乱、弄脏 ③滴管要保持垂直,不能使管端接触容器内壁,更不能插入其他试剂瓶中 ④不要将溶液吸入胶头

续表

仪器图示	规格及表示方法	一般用途	使用注意事项
 称量瓶	分扁形、高形两种;规格以外径×高(cm)表示	用于称量测定物质的水分	①平时要洗净、烘干(但不能盖紧称量瓶烘烤),存放在干燥器中,以备随时使用,不用时洗净,在磨口处垫上纸条 ②磨口塞要保持原配 ③称量时不要用手直接拿取,应用洁净纸带或用棉纱手套
 表面皿	规格以直径(cm)表示	用来盖在蒸发皿上或烧杯上,防止液体溅出或落入灰尘;也可用作称取固体药品的容器	①不能用火直接加热 ②作盖用时直径要比容器口直径大些 ③用作称量试剂时要事先洗净、干燥
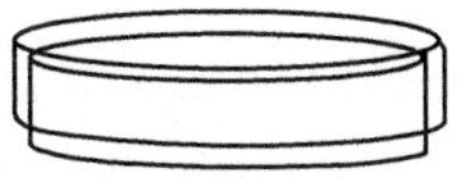 培养皿	规格以玻璃底盖外径(cm)表示	存放固体药品;作菌种培养繁殖用	①固体样品放在培养皿中,可放在干燥器或烘干箱中干燥 ②不能用火直接加热
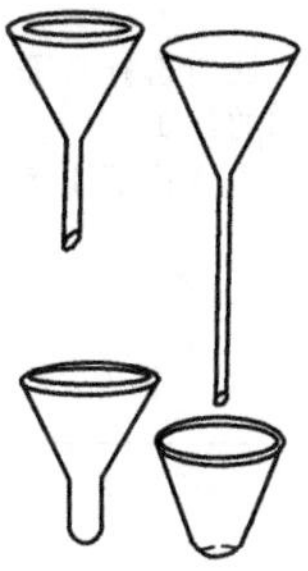 漏斗	有短颈、长颈、粗颈、无颈等种类;规格以斗径(mm)表示	用于过滤,倾注液体导入小口容器中;粗颈漏斗可用来转移固体试剂;长颈漏斗常用于装配气体发生器,作加液用	①不能用火加热,过滤的液体也不能太热 ②过滤时漏斗颈尖端要紧贴承接容器的内壁 ③选择漏斗大小应以沉淀量为依据 ④滤纸铺好后应低于漏斗上边缘5mm ⑤倾入的溶液一般不超过滤纸高度的3/4
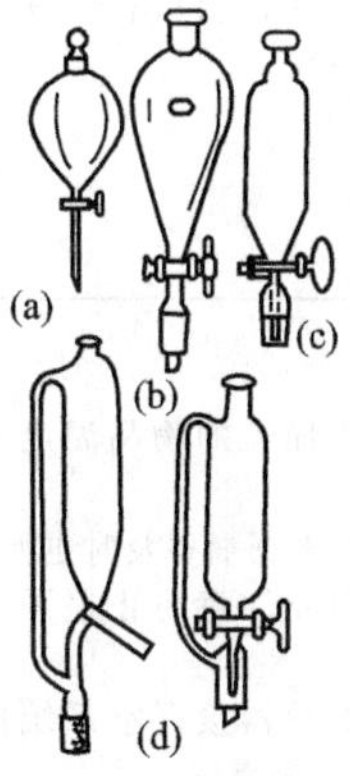 分液、滴液漏斗	有球形、梨形、筒形、锥形等;规格以容积(mL)表示	互不相溶的液-液分离;在气体发生器中作加液用;对液体进行洗涤和萃取,作反应器的加液装置	①不能用火直接加热 ②漏斗活塞不能互换 ③进行萃取时,振荡初期应放气数次 ④滴液加料到反应器中时,下尖端应在反应液面下 ⑤长期不用时,在磨口处需垫一纸条

仪器图示	规格及表示方法	一般用途	使用注意事项
 布氏漏斗及吸滤瓶	布氏漏斗有瓷制或玻璃制品，规格以直径(cm)表示；吸滤瓶以容积(mL)表示大小	连接到水冲泵或真空系统中进行晶体或沉淀的减压过滤	①不能直接用火加热 ②漏斗和吸滤瓶大小要配套，滤纸直径要略小于漏斗内径 ③过滤前，先抽气，结束时，先断开抽气管与滤瓶连接处，再停止抽气，以防止液体倒吸 ④安装时，漏斗颈口离抽气嘴尽量远些
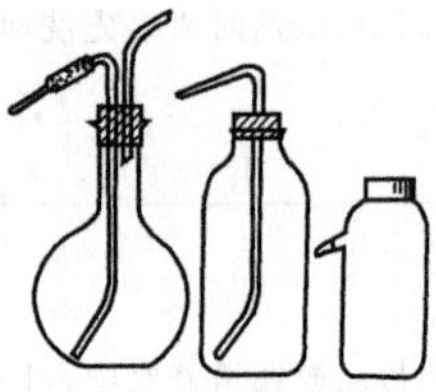 洗瓶	有玻璃和塑料的两种，大小以容积(mL)表示	洗涤沉淀和容器	①不能装自来水 ②塑料的不能加热
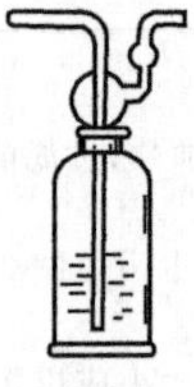 洗气瓶	规格以容积(mL)表示	内装适当试剂用于除去气体中的杂质	①根据气体性质选择洗涤剂，洗涤剂应为容积的约1/2 ②进气管和出气管不能接反
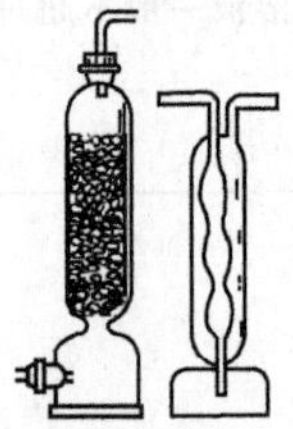 干燥塔	规格以容积(mL)表示	净化和干燥气体	①塔体上室底部放少许玻璃棉，上面放固体干燥剂 ②下口进气，上口出气，球形干燥塔内管进气
 干燥器、真空干燥器	分普通干燥器和真空干燥器两种，以内径(cm)表示大小	存放试剂防止吸潮；在定量分析中将灼烧过的坩埚放在其中冷却	①放入干燥器的物品温度不能过高 ②下室的干燥剂要及时更换 ③使用中要注意防止盖子滑动打碎 ④真空干燥器接真空系统抽去空气，干燥效果更好

续表

仪器图示	规格及表示方法	一般用途	使用注意事项
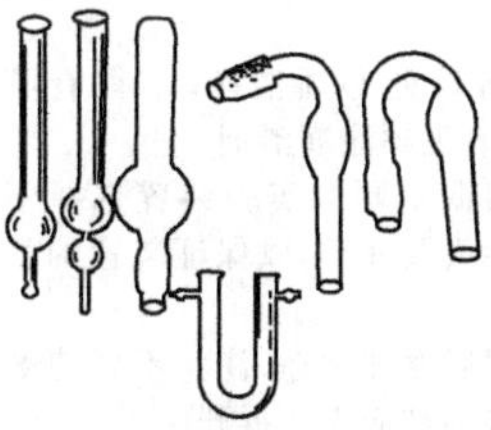 干燥管	有直形、弯形、U形等形状,规格按大小区分	盛干燥剂干燥气体	①干燥剂置于球形部分,U形的置于管中,在干燥剂面上放棉花填充 ②两端大小不同的大头进气,小头出气
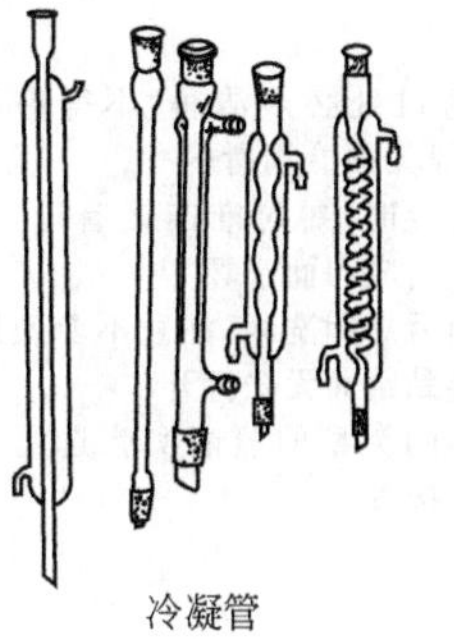 冷凝管	有直形、球形、蛇形、空气冷凝管等种类,还有标准磨口的冷凝管,大小以外套管长(cm)表示	在蒸馏中作冷凝装置;球形的冷却面积大,加热回流最适用;沸点高于140℃的液体蒸馏可用空气冷凝管	①装配仪器时,先装冷却水胶管,再装仪器 ②通常从下支管进水,从上支管出水,开始时进水须缓慢,水流不能太大
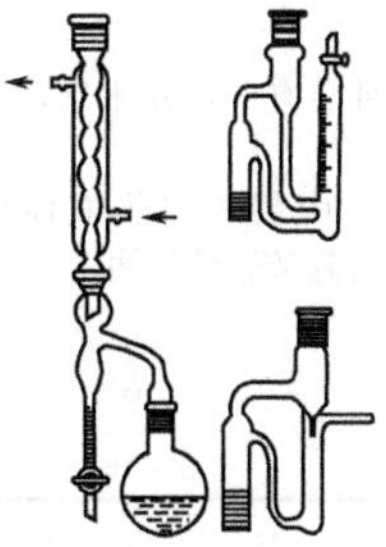 水分离器	磨口仪器;磨口表示方法为上口内径/磨面长度,长颈系列/mm：φ10/19、14.5/23、19/26、24/29、29/32	用于分离不相混溶的液体,在酯化反应中分离微量水	①磨口处必须洁净,不得有脏物,一般无须涂润滑剂,但接触强碱溶液应涂润滑剂 ②安装时,要对准连接磨口,以免受歪斜应力而损坏 ③用后立即洗净,注意不要使磨口连接黏结而无法拆开 ④磨口套管和磨塞尽量保持配套
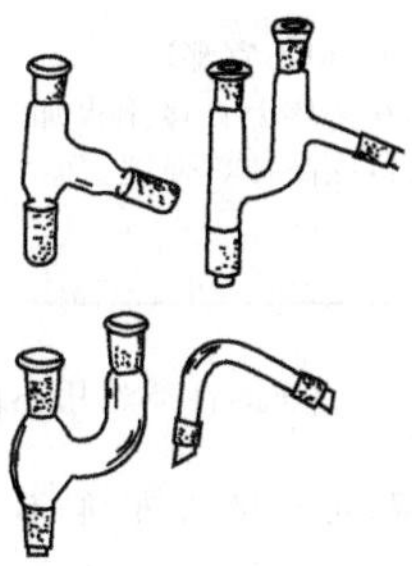 蒸馏头和加料管	磨口仪器;磨口表示方法为上口内径/磨面长度,长颈系列/mm：φ10/19、14.5/23、19/26、24/29、29/32	用于蒸馏,与温度计、蒸馏瓶、冷凝管连接	①磨口处必须洁净,不得有脏物,一般无须涂润滑剂 ②安装时,要对准连接磨口,以免受歪斜应力而损坏 ③用后立即洗净,注意不要使磨口连接黏结而无法拆开 ④保证磨砂接口的密合性,避免磨面的相互磨损

续表

仪器图示	规格及表示方法	一般用途	使用注意事项
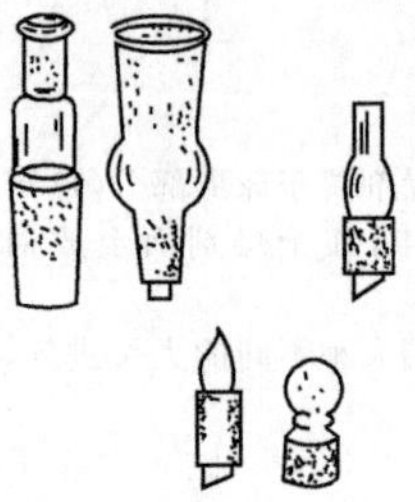 接头和塞子	磨口仪器；磨口表示方法为上口内径/磨面长度，长颈系列/mm：ϕ10/19、14.5/23、19/26、24/29、29/32	连接不同规格的磨口和用作塞子	①磨口处必须洁净，不得有脏物，一般无须涂润滑剂 ②根据不同的实验装置选择不同的接头及塞子，以保证装置的气密性 ③用后立即洗净，注意不要使磨口连接黏结而无法拆开
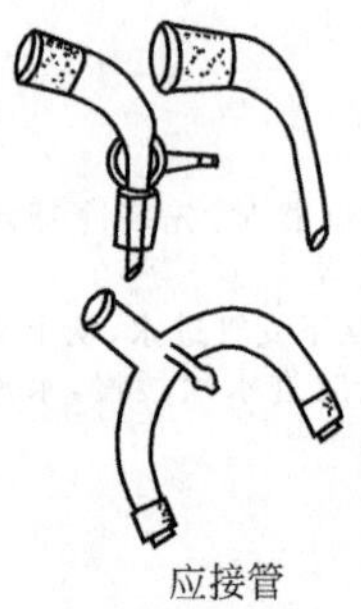 应接管	标准磨口仪器，也有非磨口的，分单尾和双尾两种	承接蒸馏出来的冷凝液体	①磨口处必须洁净，不得有脏物，一般无须涂润滑剂 ②安装时，要对准连接磨口，以免受歪斜应力而损坏 ③用后立即洗净，注意不要使磨口连接黏结而无法拆开 ④不同类型的蒸馏实验选用不同的应接管
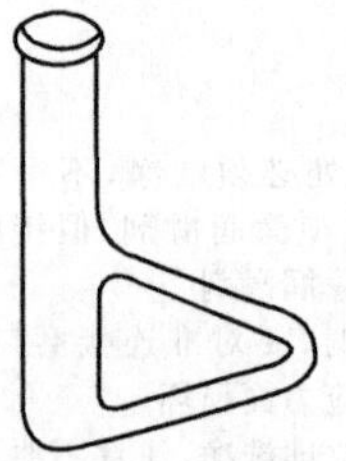 齐列熔点测定管	非磨口仪器	用于微量法测量固体物质的熔点，又称提勒（Thiele）管、b形管	①管口处装有开口软木塞，温度计插入其中 ②b形管中装入加热液体（浴液），高度达到叉管处即可

表 2-2 常用的其他器皿和用具

器皿用具图示	规格及表示方法	一般用途	使用注意事项
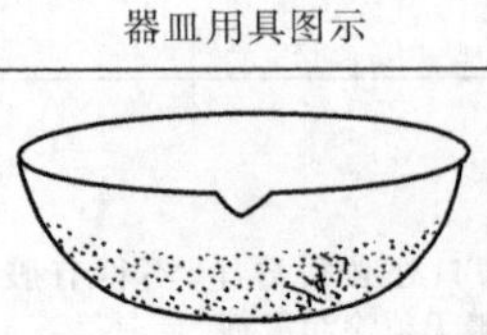 蒸发皿	有瓷、石英、铂等制品，以上口直径（mm）或容积（mL）表示大小	蒸发或浓缩溶液，也可作反应器，还可用于灼烧固体	①能耐高温，但不宜骤冷 ②一般放在铁环上直接用火加热，但要预热后再提高加热强度
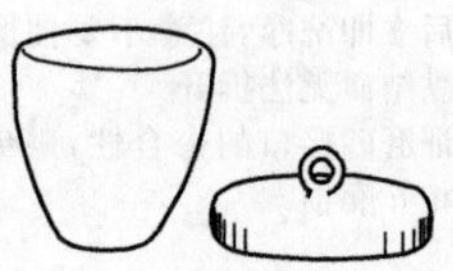 有盖坩埚	有瓷、石墨、铁、镍、铂等材质制品，以容积（mL）表示大小	熔融和灼烧固体	①根据灼烧物质的性质选用不同材质的坩埚 ②耐高温，可直接加热，但不宜骤冷 ③铂制品使用要遵守专门的说明

续表

器皿用具图示	规格及表示方法	一般用途	使用注意事项
 研钵	有玻璃、瓷、铁、玛瑙等材质,以口径(mm)表示大小	混合、研磨固体物质	①不能作反应容器,放入物质量不超过容积的1/3 ②根据物质性质选用不同材质的研钵 ③易爆物质只能轻轻压碎,不能研磨
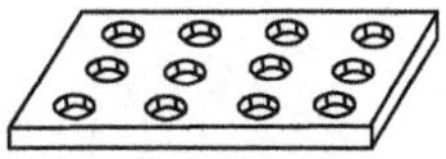 点滴板	上釉瓷板,分黑、白两种	在上面进行点滴反应,观察沉淀生成或颜色变化	白色点滴板用于有色沉淀;黑色点滴板用于白色、浅色沉淀
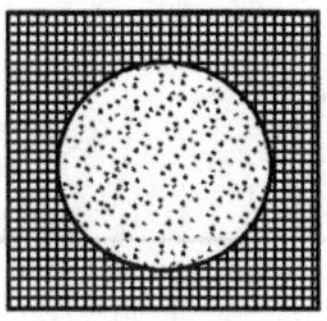 石棉网	由铁丝编成,涂上石棉层,有大小之分	承放受热容器使加热均匀	①不要浸水或扭拉,以免损坏石棉 ②因石棉致癌,已逐渐用高温陶瓷代替
 坩埚钳	铁或铜合金制成,表面镀铬	夹取高温下的坩埚或坩埚盖	必须先预热再夹取
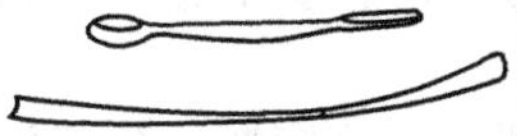 药匙	由骨、塑料、不锈钢等材料制成	取固体试剂	根据实际需要选用大小合适的药匙,取量很少时用小端。用完洗净擦干,才能取另一种药品
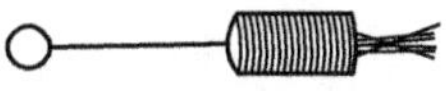 毛刷	规格以大小和用途表示,如试管刷、滴定管刷、烧杯刷等	洗刷仪器	毛刷不耐碱,不能浸在碱溶液中。洗刷仪器时小心顶端戳破仪器
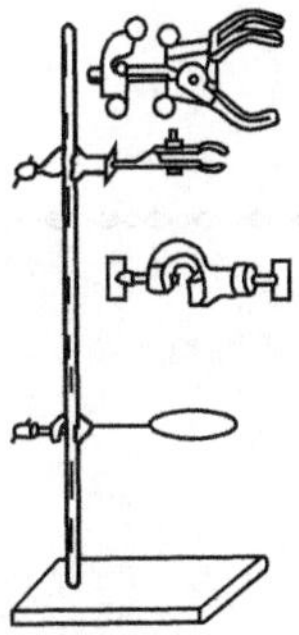 铁架台、铁圈及铁夹	铁架台用高(cm)表示。铁圈以直径(cm)表示。铁夹又称自由夹,有十字夹、双钳、三钳、四钳等类型,也有用铝、铜制品	固定仪器或放容器,铁环可代替漏斗架使用	①固定仪器应使装置重心落在铁架台底座中部,保证稳定 ②夹持仪器不宜过紧或过松,以仪器不转动为宜

续表

器皿用具图示	规格及表示方法	一般用途	使用注意事项
 试管夹	用木、钢丝制成	夹持试管加热	①夹在试管上部 ②手持夹子时不要把拇指按在管夹的活动部位 ③要从试管底部套上或取下
 螺旋夹、弹簧夹	有铁、铜制品,常用的有弹簧夹和螺旋夹两种	夹在胶管上连通、关闭流体通路,或用来调节流量	夹紧胶管,螺旋夹可调松紧程度,以便控制管内物的流量

2.1.2　常用仪器分类

为了正确地选取和使用仪器和用具,现将实验室中常用仪器按用途分类如下。

① 计量类　用来测量物质某种特定性质的仪器,如天平、温度计、吸量管、滴定管、容量瓶、量筒(杯)等。

② 反应类　用来进行化学反应的仪器,如试管、烧杯、锥形瓶、烧瓶等。

③ 加热类　能产生热源来加热的器具,如电炉、电加热套、马弗炉、烘干箱、酒精灯等。

④ 分离类　用于过滤、分馏、蒸发、结晶等物质分离提纯的仪器,如蒸馏瓶、分液漏斗、过滤用的布氏漏斗或普通漏斗等。

⑤ 容器类　盛装药品、试剂的器皿,如试剂瓶、滴瓶、培养皿等。

⑥ 干燥类　用于干燥固体、气体的器皿,如干燥器、干燥塔等。

⑦ 固定夹持类　固定、夹持各种仪器的器具,如各种夹子、铁架台、漏斗架等。

⑧ 配套类　在组装仪器时用来连接的器具,如各种塞子、磨口接头、玻璃管、T形管等。

⑨ 电器类　干电池、蓄电池、开关、导线、电极等。

⑩ 其他类

思 考 题

1. 实验室中用来量取液体体积的仪器有哪些?

2. 实验室中可用酒精灯加热的仪器有哪些?

3. 烧杯有哪些用处?

4. 粗食盐的提纯实验需要用到哪些仪器?

2.1.3　常用玻璃仪器的洗涤

洗涤仪器是一项很重要的操作。仪器洗得是否合格，会直接影响实验结果的可靠性与准确度。必须达到倾去水后器壁不挂水珠的程度。

2.1.3.1　洗涤液的类型

水是最普通、最廉价、最方便的洗涤液。根据仪器的种类和规格，选择合适的刷子，蘸水刷洗，或用水摇动（必要时可加入滤纸碎片），洗去灰尘和可溶性物质。除此之外实验室还常用一些其他的洗涤液。

（1）酸性洗涤液

① 铬酸洗涤液　将重铬酸钾研细成粉末，放置于烧杯中。每 $20g$ $K_2Cr_2O_7$ 加 $40mL$ 蒸馏水加热溶解，冷却后在充分搅拌下缓缓加入 $360mL$ 浓 H_2SO_4 至溶液呈深褐色，置于密闭容器中备用。铬酸洗涤液具有强酸性和强氧化性，适用于洗涤无机物沾污的玻璃器皿和器壁残留的少量油污。用洗液浸泡沾污器皿一段时间，效果更好。洗涤液失效后呈绿色，可用 $KMnO_4$ 再生。

② 工业盐酸和草酸洗涤液　工业浓盐酸或 $1+1$ 盐酸溶液主要用于洗去碱性物质以及大多数无机物残渣。草酸洗液是将 $5\sim10g$ $H_2C_2O_4$ 溶于 $100mL$ 水中，再加少量浓盐酸配成，主要用于洗涤 MnO_2 和三价铁等污垢。

③ 硝酸溶液　浓度为 $6mol \cdot L^{-1}$ 的 HNO_3 溶液也经常用来洗涤某些还原性物质的沾污。玻璃砂芯漏斗耐强酸和强氧化性，故在使用后，常用硝酸溶液浸泡一段时间，再用蒸馏水洗净，抽干。

（2）碱性洗涤液

① 热肥皂液和合成洗涤剂液　将肥皂削成小片用热水溶解配成约 10% 的溶液，也可用洗衣粉等合成洗涤剂配制成热溶液，用于对一般玻璃仪器如烧杯、锥形瓶、试剂瓶、量筒、量杯等的洗涤。其方法是用毛刷蘸取低泡沫的洗涤剂用力摇动或用刷子反复刷洗，然后用自来水冲洗。当倾去水后，如达到器壁上不挂水珠，则用少量蒸馏水或去离子水分多次（最少三次）淋洗，洗去所沾的自来水（或干燥后）即可使用。

② 碱溶液　一般为 20% 左右的碳酸钠溶液，也可用效力相似的 10% 左右的 $NaOH$ 溶液，适用于洗涤油脂沾污的器皿。

③ 碱-乙醇洗涤液　在 $120mL$ 水中溶解 $120g$ 固体 $NaOH$，用 95% 的乙醇稀释成 $1L$，用于铬酸洗液无效的各种油污的洗涤。浓度大的碱液都能侵蚀玻璃，故不要加热和长期与玻璃器皿接触，通常储存于塑料瓶中。

④ 碱性 $KMnO_4$ 溶液　$4g$ $KMnO_4$ 溶于少量水中再加入 $10g$ $NaOH$ 溶解并稀释成 $100mL$，使用时倒入待清洗器皿浸泡 $5\sim10min$ 后倒出，油污和其他有机污垢均能除去，但会留下褐色 MnO_2 痕迹，须用盐酸或草酸洗涤液洗去。

（3）有机溶剂

乙醇、苯、乙醚、丙酮、汽油等有机溶剂均可用来洗各种油污。将酒精和乙醚等体积混合，对洗涤油腻的有机物很有效，用过的废液经蒸馏回收还可再用。有机溶剂易着火，有的还有毒，使用时应注意安全。将 2 份煤油和 1 份油酸的混合液与等体积混合的浓氨水和变性酒精的混合液搅拌混合均匀，用来清洗油漆特别有效，如将油漆刷子浸入洗液过夜，再用温水充分洗涤即可。

（4）特殊洗涤液

这类洗涤液用于对"症"洗涤某些特定污垢，特别是一些难溶污垢。

① 碘-碘化钾溶液　1g I_2 和 2g KI 溶于少量水中，再稀释至 100mL，用来洗去 $AgNO_3$ 的黑褐色污垢。

② 乙醇-浓硝酸溶液　用一般方法很难洗净的有机污垢，先用乙醇润湿后倒去过多的乙醇，留下不到 2mL，向其中加入 10mL 浓 HNO_3 静置片刻，立即发生激烈反应并放出大量热和红棕色气体 NO_2（需小心），反应停止后用水冲洗。这个过程必须在通风条件下完成，还应特别注意，绝不可事先将乙醇和浓硝酸混合。

（5）其他洗涤液

一些污垢用普通洗涤液不能除去，就应当根据附着物的性质，采用适当的药品处理。例如，器壁上沾有硫化物可用王水溶解；沾有硫黄可用 Na_2S 处理；AgCl 沉淀污垢用氨水或 $Na_2S_2O_3$ 处理；MnO_2 棕色斑痕也可用 $FeSO_4$ 和稀 H_2SO_4 溶液洗涤。

2.1.3.2　洗涤方法

玻璃仪器的洗涤应根据实验的目的要求、污物的性质及沾污程度，有针对性地选用洗涤液，分别采用下列洗涤方法。

（1）振荡洗涤

振荡洗涤又叫冲洗法，对于可溶性污物可用水冲洗，利用水把可溶性污物溶解而除去。为了加速溶解，必须振荡。往仪器中加不超过容积 1/3 的自来水，稍用力振荡后倒掉，反复冲洗数次。烧瓶和试管的振荡如图 2-1 和图 2-2 所示。

（2）刷洗法

内壁有不易冲洗掉的污垢，可用毛刷刷洗。准备一些适用于各种容量仪器的毛刷，如试管刷、烧瓶刷、烧杯刷、滴定管刷等。用毛刷蘸水或洗涤液对容器进行刷洗，利用毛刷对器壁的摩擦使污物去掉。用毛刷洗涤试管的步骤如图 2-3～图 2-6 所示。

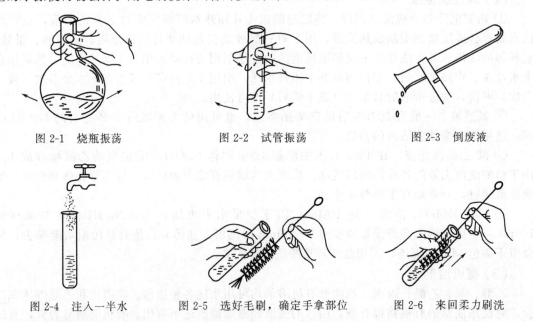

图 2-1　烧瓶振荡　　　　图 2-2　试管振荡　　　　图 2-3　倒废液

图 2-4　注入一半水　　　图 2-5　选好毛刷，确定手拿部位　　　图 2-6　来回柔力刷洗

（3）浸泡洗涤

浸泡洗涤又叫药剂洗涤法，利用药剂与污垢溶解和反应转化成可溶性物质而除去。对于不溶性的，用水刷洗也不能去掉的污物，就要考虑用药剂或洗涤剂来洗涤。例如，用洗液洗涤，先把仪器中的水倒尽，再倒入少量铬酸洗液，使仪器倾斜并慢慢转动，让仪器内壁全部被洗液湿润，转几圈后将洗液倒回原处。用热洗液，或浸泡一段时间效果更好。又如砂芯玻

璃漏斗，对漏斗上的沉淀物选用适当的洗涤液浸泡 4～5h，再用水冲洗，抽干。

2.1.3.3　洗涤中的注意事项

① 刷洗时所选用的毛刷，通常根据所洗仪器的口径大小来选取，过大、过小都不适合；不能使用无直立竖毛（端毛）的试管刷和瓶刷，刷洗不能用力过猛，以免击破仪器底部；手握毛刷的位置不宜太高，以免毛刷柄抖动和弯曲及毛刷端头铁器撞击仪器底部。

② 用肥皂液或合成洗涤剂等刷洗不净，或者仪器因口小、管细，不便用毛刷刷洗时，一般选用洗液洗涤。使用洗液时仪器中不宜有水，以免稀释使洗液失效；储存洗液要密闭，以防吸水失效；洗液中如有浓硫酸，在倒入被洗仪器中时要先少量，以免发生反应过于激烈，溶液溅出伤人；洗液中如含有毒 Cr^{3+} 要注意安全；切忌将毛刷放入洗液中。

③ 洗涤时通常是先用自来水洗，不能奏效再用肥皂液、合成洗涤剂等刷洗，仍不能除去的污垢采用洗液或其他特殊洗涤液洗。洗完后都要用自来水冲洗干净，必要时再用蒸馏水洗。

有时也用去污粉洗涤仪器，去污粉是由碳酸钠、白土、细砂等混合而成。先把仪器用水润湿后，撒入少许去污粉，用毛刷擦洗，再用自来水冲洗至器壁无白色粉末为止。去污粉会磨损玻璃、钙类物质且黏附在器壁上不易冲掉，所以比较适宜刷洗容器外壁，对内壁不太适用，精确量器的内壁严禁使用去污粉。

④ 洗涤中蒸馏水的使用目的在于冲洗经自来水冲洗后留下的某些可溶性物质，所以只是为了洗去自来水才用蒸馏水。使用时应尽量少用，符合少量多次（一般三次）的原则。

⑤ 仪器洗净的标志是把仪器倒转过来，水顺着器壁流下后只留下匀薄的一层水膜，不挂水珠。

注意：各种实验对仪器洁净度的要求不尽相同，定性和定量分析实验，由于杂质的引进会影响实验的准确性，对仪器的洗净度要求比较高。一般的无机制备实验、性质测定实验、有机制备实验，或者药品本身纯度不高，副产物较多的反应实验，对仪器清洗要求不太高，如大多数有机实验除特殊要求外，对仪器一般都不要求用蒸馏水荡洗，也不一定要不挂水珠。

⑥ 已洗净的仪器不能再用布或纸抹拭，因为布和纸的纤维或上面的污物反而将仪器弄得更脏。

玻璃仪器洗涤的一般规则为：①用自来水冲洗；②用洗涤液（剂）洗涤；③再用自来水冲洗；④用少量蒸馏水至少淋洗三次，直至仪器器壁不挂水珠。

2.1.4　玻璃仪器的干燥

有的实验要求无水，这就要求把洗净的仪器进行干燥。干燥除水可采用下列方法。

① 晾干或风干法　将洗净的仪器倒置于沥水木架上或放在干燥的柜中过夜，让其自然干燥。自然干燥最简单也最方便，但要防尘。

② 加热　利用加热能使水分迅速蒸发，使仪器干燥。此法常用于可加热或耐高温的仪器，如试管、烧杯、烧瓶等。加热前先将仪器外壁擦干，然后用小火烤。烧杯等放在石棉网上加热。试管用试管夹夹住，在火焰上来回移动保持试管口低于管底，直至看不见水珠后再将管口向上赶尽水汽，如图 2-7 所示。量器类仪器不得用烘干法。

③ 有机溶剂干燥　又叫快干法，对一些不能加热的厚壁仪器如试剂瓶、比色皿、称量瓶等，或有精密刻度的仪器如容量瓶、滴定管、吸量管等，可加入 3～5mL 易挥发且与水互溶的有机溶剂，转动仪器使溶剂将内壁湿润后，回收溶剂。借残余溶剂的挥发把水分带走，如图 2-8 所示。如同时用电吹风往仪器中吹入热风，更可加速干燥，如图 2-9 所示。

注意：①溶剂要回收；②注意室内通风，防火、防毒。

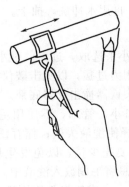

图 2-7   试管烤干

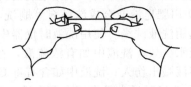

图 2-8   快干（有机溶剂法）

④ 吹干   使用电吹风对小型和局部干燥的仪器比较适用，它常与有机溶剂法并用。电吹风的使用方法是，一般先用热风吹，后用冷风吹。近年来实验室已普遍使用气流烘干器，干燥某些玻璃仪器非常方便，如图 2-10 所示。

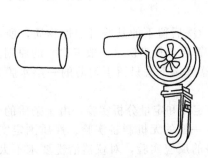

图 2-9   吹风机吹干

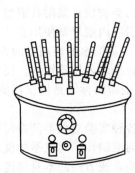

图 2-10   气流烘干器

⑤ 烘干法   烘箱又叫电热鼓风干燥箱，是干燥玻璃仪器的常用设备，也用来干燥化学药品。烘箱适用于需要干燥较多的仪器时使用。一般是将洗净的仪器倒置控水后，放入箱内的搁板上，关好门，将箱内温度控制在 105～110℃，恒温约半小时即可。

2.1.5   电热恒温干燥箱的使用

电热恒温干燥箱又叫电热鼓风干燥箱，简称烘箱。如图 2-11 所示，箱的外壳是由薄钢板制成的方形隔热箱。内腔叫工作室，室内有几层孔状或网状隔板又叫搁板，用来搁放被干燥物品。箱底有进气孔，顶上有可调节孔直径的排气孔达到换气目的。排气孔中央插入温度计以指示箱内温度。箱门有两道，里道是高温而不易破碎的钢化玻璃，外道是具有绝热层的金属隔热门。箱侧装有温度控制器、指示灯、鼓风用的电动机、电热开关及电器线路等部件。

烘箱的热源是外露式电热丝，装在瓷盘中或绕在瓷管上，固定在箱底夹层中。大型烘箱电热丝分两大组，一组为恒温电热丝，由温度控制器控制，是烘箱的主发热体；另一组为辅助电热丝，直接与电源相连，是辅助发热体，是用来短时间升温到 120℃ 以上的辅助加热。两组热丝合并在转换开关旋钮上。常见的是四挡旋钮开关，旋钮指 "0" 时干燥箱断电不工作；指 "1" 和 "2" 时恒温加热系统工作；指 "3" 和 "4" 时恒温系统和辅助系统都在加热工作。有的烘箱只分成 "预热" 和 "恒温" 两挡。

烘箱常用温度是 100～150℃，在 50～300℃ 可任意选定温度。烘箱的型号不同，升温、恒温的操作方法及指示灯的颜色亦有差异，使用前要熟读随箱所带的说明书，按说明书要求进行操作。图 2-11 所示的电热恒温干燥箱使用时，应先接上电源，然后开启两组加热开关，

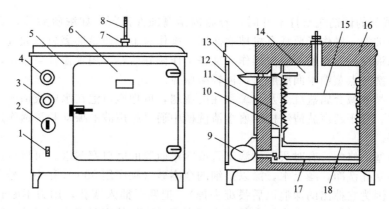

图 2-11 电热恒温干燥箱

1—鼓风开关；2—加热开关；3—指示灯；4—控温器旋钮；5—箱体；6—箱门；7—排气阀；8—温度计；
9—鼓风电动机；10—搁板支架；11—风道；12—侧门；13—温度控制器；14—工作室；
15—试样搁板；16—保温层；17—电热器；18—散热板

将控温器旋钮由"0"位顺时针旋至适当指数（不表示温度）处，箱内开始升温，指示灯发亮，同时开动鼓风机。当温度升至所需工作温度（从箱顶温度计上观察）时，将控温器旋钮逆时针慢慢旋回至指示灯熄灭，再仔细微调至指示灯复亮，指示灯明暗交替处即为所需温度的恒定点。此时再微调至指示灯熄灭，令其恒温。

恒温时可关闭一组加热开关，以免加热功率过大，影响温度控制的灵敏度。

烘箱使用时要注意以下几点。

① 烘箱应安装在室内通风、干燥、水平处，防止震动和腐蚀。

② 根据烘箱的功率、所需电源电压，配置合适的插头、插座和保险丝，并接好地线。

③ 往烘箱中放入欲干燥的玻璃仪器，应先尽量把水沥干，口朝下，自上而下依次放入。在烘箱下层放一搪瓷盘承接从仪器上滴下的水，防止水滴到电热丝上。

④ 先打开箱顶的排气孔，再接上电源。升温、恒温干燥完成后，取出仪器时要防止烫伤，仪器在空气中冷却时，要防止水汽在器壁上冷凝。必要时可移入干燥器中存放。

⑤ 易燃、易挥发、有腐蚀性物质（例如 HCl）不能放入烘箱，以免腐蚀设备，发生火灾和爆炸事故。

⑥ 保持箱内清洁，不得放入其他杂物，更不能放入食物加热或烘烤。

⑦ 升温阶段不能无人照看，以免温度过高，导致水银温度计炸裂。

2.1.6 使用玻璃仪器的一些操作经验

（1）打开瓶塞的方法

当磨口活塞粘住打不开时，如用力拧就会拧碎，可试用以下方法。

① 用木器敲击固着的磨口部件的一方，使固着部位因受震动而渐渐松动脱离。

② 加热磨口塞外层，可用热水、电吹风、小火烤，间以敲击。

③ 在磨口固着的缝隙滴加几滴渗透力强的液体，如石油醚等溶剂或稀表面活性剂等，有时几分钟就能打开，但也有时需几天才见效。

针对不同的情况可采取以下相应的措施。

① 凡士林等油状物质粘住活塞，可以用电吹风或微火慢慢加热使油类黏度降低，或熔化后用木棒轻敲塞子来打开。

② 活塞长时间不用因尘土等粘住，可以把它泡在水中，几小时后可打开。

③ 碱性物质粘住的活塞可将仪器在水中加热至沸，再用木棒轻敲塞子来打开。

④ 内有试剂的试剂瓶塞打不开时，若瓶内是腐蚀性试剂，如浓硫酸等，要在瓶外放好塑料桶以防瓶破裂，操作者要戴有机玻璃面罩，操作时不要使脸部离瓶口太近。打开有毒蒸气的瓶口（如液溴）要在通风橱内操作。准备工作做好后，可用木棒轻敲瓶盖，也可洗净瓶口，用洗瓶吹洗一点蒸馏水润湿磨口，再轻敲瓶盖。

对于因结晶或碱金属盐沉淀及强碱粘住的瓶塞，可把瓶口泡在水中或稀酸中，经过一段时间可能打开。置于超声波清洗机的盛水清洗槽中通过超声波的振动和渗透作用打开粘住的活塞效果很好。

玻璃磨口塞的修配：有时买来的滴定管或容量瓶等的磨口塞漏水，可以自己进行磨口配合。把塞子和塞孔洗净，蘸上水，涂以很细的金刚砂（顺序用 300 号和 400 号金刚砂，禁止用粗颗粒的，因为它擦出的深痕以后很难去掉），把塞子插入塞孔，用力不断转动，使其互相研磨，经过一定时间后，取出检查是否磨配合适。磨好的塞子不涂润滑油也不应漏水，接触处几乎透明。

（2）在玻璃上作永久性编号的方法

成批加工的磨口小瓶应该保持瓶和塞的配套性，可以在瓶和塞上编以相同的号码。在玻璃上写字，一种方法是用氢氟酸腐蚀，另一种方法是扩散着色。

① 用氢氟酸腐蚀（注意安全）　在要写字的玻璃处刷上蜡，适用的蜡是蜂蜡或地蜡，用针写上字，滴上 50%～60% 的氢氟酸或用浸过氢氟酸的纸片敷在刻痕上放置约 10min，也可用下列配方：a. 加少许氟化钙粉末，滴 1 滴浓硫酸；b. 将硫酸钡 10g、氟化铵 10g、氢氟酸 12g 混匀涂于刻痕上，以得出毛玻璃状刻痕。以上刻蚀方法作用几分钟到 20min 即可，然后用水洗去腐蚀剂，除去蜡层。用水玻璃调和一些锌白或软锰矿粉涂上可使刻痕着色易见。

氢氟酸的腐蚀性极大，氟化物遇酸也生成氢氟酸，如不慎侵入皮肤可达骨骼，剧痛难治。因此操作时要戴防护罩及塑料防护手套。若氢氟酸沾到皮肤要立即用大量水冲洗，然后使用一些可溶性钙、镁盐类制剂，使其与氟离子结合形成不溶性氟化钙或氟化镁，从而使氟离子灭活。现场应用石灰水浸泡或湿敷易于推广。

② 扩散着色（铜红法）　铜红扩散配方见表 2-3。

表 2-3　铜红扩散配方

物质	用量	物质	用量
硫酸铜	2g	甘油	0.18g
硝酸银	1g	水	0.76g
锌粉	0.15g	胶水	0.33g
糊精粉	0.45g	纯碱	0.24g

用此配方配制的试剂在玻璃上写字，然后进行热处理，普通料玻璃在 450～480℃，硬料玻璃在 500～550℃烘 20min，使铜红原料扩散到玻璃中，冷却后洗去渣子，呈现出字迹清晰。二氧化锰和水玻璃研磨后在小瓶上写字，然后在煤气灯火上烤至暗红色，慢慢退火后，字永久不掉。

③ 用特种铅笔　还可用特种铅笔编号。

思　考　题

1. 玻璃仪器洗干净的标志是什么？
2. 一只沾有黑色 MnO_2 的锥形瓶，怎样将它洗干净，以用来作滴定分析用？
3. 一只被油污沾污了的烧瓶，怎样将它洗干净，以便用来蒸馏粗乙醇实验用？
4. 使用烘箱要注意哪些事项？

2.1.7 仪器的连接与安装

(1) 一般仪器的连接与安装

一般仪器的安装是指塞子、玻璃管、胶管等仪器的连接安装。首先应该选择合适的仪器和与其配套的胶塞、玻璃管、胶管等,将它们冲洗干净并晾干,然后进行连接与安装,一般仪器的连接与安装是依照装置图,按所用热源的高低,将仪器由下而上、从左到右,依次固定在铁架台上,用铁夹夹仪器时松紧应适度,通常以被夹住的仪器稍微能旋转最好。在用塞子与玻璃管连接时,应该先用水或甘油润湿玻璃管的欲插入一端,然后一手持塞子,一手握住距塞子2~3cm处的玻璃管,慢慢旋转插入,绝不允许玻璃管以顶入的方式插入塞子中。握玻璃管的手与塞子距离不要过远,插入或拔出弯玻璃管时,手指不应捏在弯曲处,以防弯断扎伤。胶管连接也要把玻璃管端润湿后再旋转插入,如图2-12所示。玻璃管与塞子的连接手法正误比较如图2-13所示。

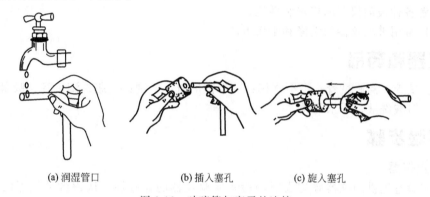

(a) 润湿管口 　　　　(b) 插入塞孔 　　　　(c) 旋入塞孔

图 2-12　玻璃管与塞子的连接

仪器连接安装完以后,首先要认真检查胶塞、胶管等连接部位的密封性、完好性,应使整套仪器装置做到横平竖直,紧密稳妥,以保证实验正常进行。

拆除仪器装置时应以安装时相反的顺序进行,拆除后的仪器用水刷洗干净、晾干,按类别妥善保管。

(2) 磨口仪器的装配

磨口仪器的装配与一般仪器的连接安装程序基本相同,使用前先将仪器、器件清洗干净,晾干,按装置图依次固定。使用磨口仪器,在实验中可省去塞子钻孔等多项操作,比普通玻璃仪器安装方便,密闭性好,并能防止实验中的污染现象。

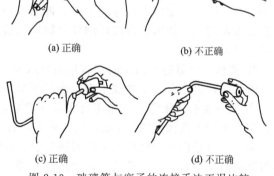

(a) 正确 　　　　　　　(b) 不正确

(c) 正确 　　　　　　　(d) 不正确

图 2-13　玻璃管与塞子的连接手法正误比较

标准磨口仪器的磨口,是采用国际通用1/10锥度,即磨口每长10个单位,小端直径比大端直径就缩小一个单位。由于磨口的标准化、通用化,凡属于相同号码的接口可任意互换使用,并能按需要组合成各类实验装置。不同编号的内外磨口则不能直接相连,但可以借助不同编号的变径磨口插头而相互连接。

常用的标准磨口有10、14、19、24、34等多种。如"14"表示磨口的大端直径为14mm。

使用磨口仪器连接安装应注意以下几点。

① 内外磨口必须保持清洁,不能带有灰尘和砂粒。磨口不能用去污粉擦洗,以免影响

精密度。

② 一般使用时，磨口处不必涂润滑脂，以防磨口连接处因碱性腐蚀而粘连，用磨口仪器连接时，应直接插入或拔出，不能强顶旋转，以防损伤磨口，拆卸困难。

③ 安装实验装置时，要求紧密、整齐、端正、美观。

④ 实验完毕后，立即拆卸、洗净、晾干，并分类保存，由于标准磨口仪器价格较贵，在使用和保管上一定要加倍小心仔细。

实验 2-1　　常用玻璃仪器的领用和洗涤

一、实验目的

1. 认识化学实验中的常用仪器名称。
2. 了解各种玻璃仪器的规格和性能。
3. 掌握常用玻璃仪器的洗涤和干燥方法。

二、仪器和药品

仪器：试管；离心试管；一个烧杯；一个锥形瓶；毛刷；洗瓶；滴定管；吸量管。

药品：铬酸洗液；无水乙醇。

三、实验步骤

1. 检查仪器

根据实验室提供的仪器登记表对照检查实验仪器的完好性，认识各种仪器的名称和规格，然后分类摆放整齐。

2. 玻璃仪器的洗涤

① 按下列步骤洗涤一个普通试管，一个离心试管，一个烧杯，一个锥形瓶。

洗涤时先外后里，先用自来水冲洗，选用适当的毛刷；蘸取洗涤液（肥皂水、洗衣粉水或去污粉）刷洗，用自来水冲洗干净后再用蒸馏水冲洗 2~3 次，然后检查是否洗净，加少量蒸馏水振荡几下倒出，将仪器倒置，如果仪器透明不挂水珠而是附着一层均匀的水膜就说明仪器已经洗净。

② 选择一个带有重污垢的烧瓶用自来水冲洗后，用适量的铬酸洗液浸泡 5~10min（铬酸洗液回收）再用自来水冲洗干净，最后用少量蒸馏水冲洗 2~3 次。

③ 洗一支酸式滴定管，先用自来水冲洗后，左手持酸式滴定管上端，使滴定管自然垂直，用右手倒入洗涤液约 10mL，然后换手，右手持滴定管上端，左手持下端稍倾斜，两手手心向上，拇指向上，食指向下旋转滴定管，使滴定管边倾斜边慢慢转动，将滴定管内壁全部被洗涤液润湿后，再转动几圈，放出洗涤液，用自来水把滴定管中的残液冲洗干净，再用少量蒸馏水冲洗 2~3 次。如果未洗干净也可选用铬酸洗液浸泡洗涤。

碱式滴定管的洗涤方法基本同上，但应该注意铬酸洗液不能直接接触乳胶管，否则会使乳胶管氧化变硬或破裂，洗涤时可先取下胶管部分倒置，用吸耳球吸入铬酸洗液进行浸洗。

④ 洗一支吸量管，洗涤时通常用右手的大拇指和中指拿住管颈标线以上近管口处，把吸量管插入洗涤液液面以下 15~20mm 深度（用烧杯盛洗涤液），不要插入过深也不要插入过浅以免吸量管外壁带液过多或液面下降时吸空。左手拿吸耳球，先把球内空气排出，把球尖端按住吸量管管口，慢慢松开手指，此时洗涤液逐渐吸入管内，并注意观察，当洗涤液吸入管内容积的 1/3 左右时，迅速移离吸耳球，右手食指快速按住管口，将吸量管倾斜，左手扶住管下

端，右手食指慢慢松开管口，边转动边降低管口端，使吸量管内壁全部被洗涤液润湿，然后从吸量管下口把洗涤液放出，再以同样的操作用自来水把吸量管中的残留液冲洗干净。

洗净后的玻璃仪器，稍静置待水流尽后，器壁上应不挂水珠为宜。至此再用蒸馏水洗涤2～3次，除去自来水中带入的杂质。

3. 玻璃仪器的干燥

① 将洗净的离心试管、烧瓶、锥形瓶放入烘箱中，温度控制在105℃左右，恒温半小时即可，也可倒插在气流干燥器上干燥。

② 将洗好的滴定管倒夹在滴定台上自然晾干。

③ 将洗净的普通试管用酒精灯烤干。

④ 将洗净的烧杯用电吹风机吹干，必要时可事先注入5～10mL无水乙醇后转动烧杯使溶剂沿内壁流动，待烧杯内壁全部被乙醇润湿后倒出（回收），再吹干。

四、注意事项

1. 用毛刷刷洗玻璃仪器时用力不要过猛，以免损坏仪器、扎伤皮肤。

2. 准确量度溶液体积的仪器如滴定管、容量瓶、吸量管等不能用毛刷和去污粉刷洗，以免降低其准确度。

3. 铬酸洗液具有强酸性、强氧化性，毒性较大，对皮肤、衣物等都有较强的腐蚀性，使用时应格外仔细，小心操作以免溅出造成损伤，使用前应先倾干仪器中的水分，使用后应倒回原瓶保存。

思 考 题

1. 实验室中洗涤常用玻璃仪器时为什么要求首先使用洗涤剂而不首先使用铬酸洗液？使用铬酸洗液应注意哪些问题？

2. 如何使用烘箱干燥玻璃仪器？

3. 精密玻璃量具能否用去污粉和毛刷刷洗，为什么？

2.2　化学试剂的取用

固体试剂装在广口瓶中。液体试剂和配制的溶液则盛在细口瓶中或带有滴管的滴瓶中。见光易分解的试剂如硝酸银、高锰酸钾等盛放在棕色瓶中。每一个试剂瓶上都必须保持标签完好，注明试剂名称、规格、制备日期、浓度等，可以在标签外面涂上一层薄蜡来保护。

取用药品应先核对标签上说明，看其与欲取试剂是否一致。取用时打开瓶塞将它反放在桌面上，如果瓶塞顶不是平顶而是扁平的则用食指和中指夹住瓶塞（或放在清洁的表面皿上），绝不可将它横置于桌上以防沾污。不得用手直接接触化学试剂。取量要合适，既能节约药品又能得到良好的实验结果。取完药品后一定要把瓶塞盖好，将试剂瓶放回原处，标签朝外。

2.2.1　固体试剂的取用

① 取固体试剂要用洁净干燥的药匙，它的两端分别是大、小两个匙，取较多试剂用大匙，取少量试剂或所取试剂要加入到小口径试管中时，则用小匙。应专匙专用，用过的药匙必须洗净擦干后才能再使用，以免沾污试剂，最好每种试剂专用一个药匙。

② 不要超过指定用量取药，多取的不能倒回原瓶，可以放到指定的容器中供他人用。

③ 取用一定质量的试剂时，把固体试剂放在称量纸上称量。具有腐蚀性或易潮解的固体应放在表面皿上或玻璃容器内称量。

④ 往试管特别是湿试管中加入固体试剂，用药匙或将药品放在由干净光滑的纸对折成的纸槽中，伸进试管约 2/3 处，如图 2-14 和图 2-15 所示。加入块状固体应将试管倾斜，使其沿管壁慢慢滑下（图 2-16），以免碰破管底。

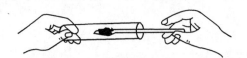
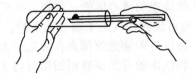

图 2-14　用药匙往试管里送入固体试剂　　　　图 2-15　用纸槽往试管里送入固体试剂

⑤ 固体颗粒较大需要粉碎时，放入洁净而干燥的研钵中研磨，放入的固体量不得超过研钵容量的 1/3，如图 2-17 所示。

⑥ 有毒药品要在教师指导、监督下取用。

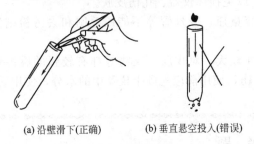

(a) 沿壁滑下(正确)　　(b) 垂直悬空投入(错误)

图 2-16　块状固体加入法　　　　　　　图 2-17　块状固体研磨

2.2.2　液体试剂的取用

① 从滴瓶中取用液体试剂时滴管不能充有试剂放置在滴瓶中，也不能盛液倒置或管口向上倾斜放置，避免试液被胶帽污染，如图 2-18～图 2-20 所示。

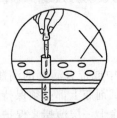

图 2-18　滴管伸入试管　　　　图 2-19　滴管盛液倒置　　　　图 2-20　滴管充有试液放置

取用试液时，提取滴管使管口离开液面。用手指紧捏胶帽排出管中空气，然后插入试液中，放松手指吸入试液。再提取滴管垂直地放在试管口或承接容器上方将试剂逐滴滴下，如图 2-21 所示。切不可将滴管伸入试管中（不可触碰试管内壁）。用毕将滴管中剩余试液挤回原滴瓶，随即放回原处。滴管只能专用。

有些实验试剂用量不必十分准确，要学会估计液体量，一般滴管 15～20 滴约为 1mL。10mL 试管中试液约占 1/5，则试液约为 2mL。

② 从细口瓶中取用试剂时用倾注法将塞子取下反放在桌面上或用食指与中指夹住，手心握持贴有标签的一面，逐渐倾斜试剂瓶让试剂沿着洁净的试管内壁流下，或者沿着洁净的玻璃棒注入烧杯中，如图 2-22 所示。取出所需量后，应将试剂瓶口在容器口边或玻璃棒上

靠一下，再逐渐竖起瓶子以免遗留在瓶口的液滴流到瓶的外壁，如图 2-23 所示。悬空而倒和瓶塞底部沾桌都是错误的，如图 2-24 所示。若用滴管从细口瓶中取用液体，滴管一定要洁净、干燥。

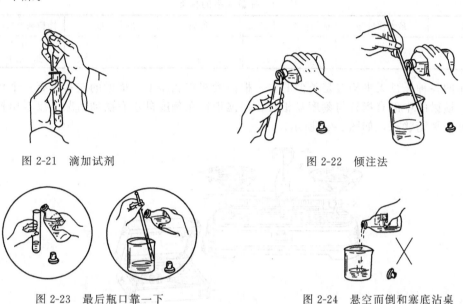

图 2-21　滴加试剂　　　　　　　　　　图 2-22　倾注法

图 2-23　最后瓶口靠一下　　　　　　图 2-24　悬空而倒和塞底沾桌

③ 在试管中进行某些实验时，取试剂一般不要求准确计量，只要学会估计取用量即可。例如用滴管取用液体，应了解 1mL 相当于多少滴，2mL 液体占一个试管的几分之几等。加入试管中溶液的总量一般不超过其容积的 1/3。

④ 用量筒（杯）定量取用试剂时选用容量适当的量筒（杯）按图 2-25 和图 2-26 的要求量取。量筒用于量度一定体积的液体，可根据需要选用不同容积的量筒。

对于浸润玻璃的透明液体（如水溶液），视线与量筒（杯）内液体凹液面最低点水平相切；对浸润玻璃的有色不透明液体或不浸润玻璃的液体，如水银则要看凹液面上部或凸液面的上部。

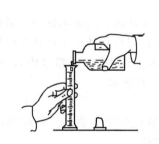

图 2-25　用量筒倾注法量取液体

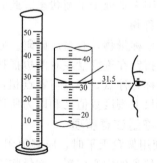

图 2-26　量筒内液体的读数

2.3　托盘天平（台秤）的使用

2.3.1　托盘天平

托盘天平又称台秤，是化学实验室中常用的称量仪器。用于精度不高的称量，一般能精确至 0.1g，也有能精确到 0.01g 的托盘天平。托盘天平形状和规格种类很多，常用的按最大称量分为四种，见表 2-4。

表 2-4 托盘天平的种类

种类	最大称量/g	能精确至最小量/g	种类	最大称量/g	能精确至最小量/g
1	1000	1	3	200	0.2
2	500	0.5	4	100	0.1

常用的各种托盘天平构造是类似的。一根横梁架在底座上，横梁的左右各有一个秤盘构成杠杆。横梁的中部有指针与刻度盘相对，根据指针在刻度盘左右摆动情况可以看出托盘天平是否处于平衡状态，如图 2-27 所示。

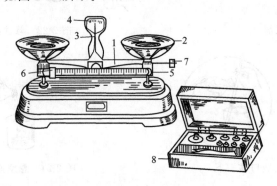

图 2-27　游码托盘天平

1—横梁；2—秤盘；3—指针；4—刻度盘；5—游码标尺；6—游码；7—调零螺钉；8—砝码盒

2.3.2　托盘天平的使用方法

（1）调整零点

将游码拨到游码标 R 的"0"位处，检查天平的指针是否停在刻度盘的中间位置。如果不在中间位置，调节托盘下侧的平衡调节螺母，使指针在离刻度盘的中间位置左右摆动大致相等时，则天平处于平衡状态。此时指针指向刻度盘的中间位置即为天平的零点。

（2）称量

左盘放称量物，右盘放砝码。砝码用镊子夹取，先加大砝码，后加小砝码，最后用游码调节，使指针在刻度盘左右两边摇摆的距离几乎相等为止，当台秤处于平衡状态时指针所停指的位置称为停点。停点与零点相符时（停点与零点之间允许偏差 1 小格以内），砝码值和游码在标尺上刻度数值之和即为所称量物的质量，如图 2-28 所示。

（3）称量注意事项

① 使用架盘天平时，应避免阳光直射，不能称量过热或过冷的物品。被称物品和砝码均应放在秤盘的中心位置，称量物不得超过天平的最大载荷。

② 称量物不能直接放在秤盘上，对于纯度要求不高、不吸湿、无腐蚀性的称量物可放在光滑的称量纸上，易潮解、具有腐蚀性的固体药品或液体药品必须盛入在表面皿或其他玻璃容器内称量。

③ 砝码只允许放在天平盘和砝码盒里，必须用镊子夹取。

④ 保持台秤整洁。

（4）常见称量时错误操作

常见称量时错误操作如图 2-29 所示。

(a) 调零点　　(b) 左盘放称物，右盘放砝码　　(c) 用镊子夹取砝码　　(d) 用容器或称量纸称量物品　　(e) 用完将双盘放在一起

图 2-28　托盘天平称量的操作步骤

(a) 称热的物品　　(b) 盘上直接放药品　　(c) 手拿药品　　(d) 手拿砝码　　(e) 药品撒落托盘上

图 2-29　常见错误操作

目前实验室称量药品多采用电子秤，使用方法参见"7.2　电子天平的使用"。

2.4　加热和冷却

2.4.1　热源

2.4.1.1　灯焰热源

实验中说的明火指的主要就是灯焰，实验室常用的有酒精灯、酒精喷灯、煤气灯等。

（1）酒精灯

酒精灯构造简单，如图 2-30 所示。酒精灯灯焰可分为焰心、内焰、外焰，如图 2-31 所示。

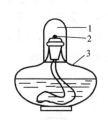

图 2-30　酒精灯的构造
1—灯帽；2—灯芯；3—灯壶

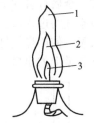

图 2-31　酒精灯的灯焰
1—外焰；2—内焰；3—焰心

酒精灯的使用注意事项如图 2-32～图 2-34 所示。

（2）酒精喷灯

常见的酒精喷灯有座式和挂式两种，如图 2-35 和图 2-36 所示。

使用挂式酒精喷灯时，在酒精储罐中加入适量工业酒精，挂到距喷灯约 1.5m 的上方。在预热盆中注入少量酒精，点燃以加热灯管。待盆内酒精接近烧完时，小心开启开关，使酒精进入灯管后受热汽化上升，或用火柴在管口上方点燃。调节酒精进入量和空气孔的大小，

  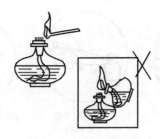 

图 2-32　添加酒精　　　图 2-33　点燃（不能用其他酒精灯对火）　　　图 2-34　熄灭

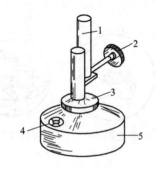

图 2-35　座式酒精喷灯
1—灯管；2—空气调节器；3—预热盘；
4—铜帽；5—酒精壶

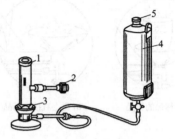

图 2-36　挂式酒精喷灯
1—灯管；2—空气调节器；3—预热盘；
4—酒精储罐；5—盖子

即可得到理想的火焰。座式喷灯酒精储在壶中，用法与挂式相似，但是座式喷灯因酒精储量少，连续使用不能超过半小时，如需较长时间使用，应先熄灭、冷却、添加酒精后再用。

挂式喷灯用毕，必须立即先将酒精储罐的下口关闭。当灯管没有充分预热好，或室温低且火焰小时，酒精在灯管内不能完全汽化，会有液体酒精从灯管口喷出形成"火雨"，此时最易引起火灾，必须立即关闭，重新预热成为正常状态方可使用。

座式酒精喷灯加入酒精的量为壶容积的 $1/2 \sim 1/3$。

（3）煤气灯

煤气灯式样很多，但构造原理基本相同，最常见的煤气灯如图 2-37 所示。它由灯座和金属管两部分组成。金属灯管的下部有螺旋与灯座相接。灯管下部有几个圆孔是空气的进口，旋动灯管可以调节空气的进入量。灯座侧面有煤气的进口，另一侧（或下方）有一螺旋针，用来调节煤气的进入量。使用煤气灯时先旋转金属灯管将灯上的空气入口关闭，用橡胶管连接灯的煤气进口和煤气管道上的出口，开启煤气灯旋塞并将灯点燃，如图 2-38 和图 2-39 所示。

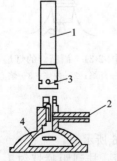

图 2-37　煤气灯的构造
1—灯管；2—煤气入口；3—空气入口；
4—螺旋形针阀

图 2-38　煤气灯的点燃

刚点燃的火焰温度不高，呈黄色。旋转金属灯管逐渐加大空气的进入量，煤气的燃烧逐渐完全，产生出正常的火焰，如图 2-40 所示。正常火焰是无光的，可分成三个锥形区域，内层为焰心，煤气与空气混合，火焰呈黑色，温度约为 300℃；中层为还原焰，煤气没有完全燃烧，部分分解为含碳产物，故这一区域的火焰具有还原性，火焰呈淡蓝色，温度较高；外层是氧化焰，过剩的空气使这部分火焰具有氧化性，火焰呈紫色，温度最高达 900～1000℃。实验中都用氧化焰加热。

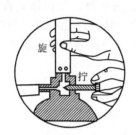

图 2-39　煤气灯的点燃调节

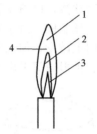

图 2-40　煤气灯的正常灯焰

1—氧化焰；2—还原焰；3—焰心；4—最高温度处

当空气和煤气的进入量调节得不适当，会产生不正常的火焰。当煤气和空气量进入量都过大，就会临空燃烧，产生"临空火焰"；当煤气量进入过少，而空气量很大，煤气就在灯管内燃烧，还会产生特殊的"嘶嘶"声和一根细长的火焰叫作"侵入火焰"，如图 2-41 和图 2-42 所示。有时在使用过程中，煤气量因某种原因而减少，这时就会产生侵入火焰，这种现象叫"回火"。当遇到临空火焰和侵入火焰时，应关闭煤气开关，重新点燃和调节。

图 2-41　临空火焰

（煤气、空气量都过大）

图 2-42　侵入火焰

（煤气量大，空气量少）

一般煤气中都含有 CO 等有毒成分，在使用过程中绝不可把煤气逸到室内。煤气中一般都含有带特殊臭味的杂质，漏气时容易发现，一旦觉察漏气，立即停止实验，及时查清漏气原因并排除。

2.4.1.2　电设备热源

（1）电炉、电热板、电热包

① 电炉　电炉是能将电能转变成热能的设备，是实验室最常用的热源之一。电炉由电阻丝、炉盘、金属盘座组成。电阻丝电阻越大产生的热量就越大，按发热量不同有 500W、800W、1000W、1500W、2000W 等规格，瓦数（W 表示）大小代表了电炉功率。

电炉按结构不同，又有暗式电炉、球形电炉、加热套（包）等种类，最简单的盘式电炉如图 2-43 所示。

图 2-43　盘式电炉

使用电炉时最好与自耦变压器配套使用，自耦变压器也叫调压器，如图 2-44 所示。它输入电压 220V，输出电压可在 0～240V 间任意调节，将电炉接到输出端，调节输出电压，就可控制电炉的温度。调压器常见的规格有 0.5kW、1kW、1.5kW、2kW 等，选用时功率必须大于用电器功率。

使用电炉时，加热的金属容器不能触及炉丝，否则会造成短路，会烧坏炉丝甚至发生触电事故。电炉的耐火砖炉盘不耐碱性物质，切勿把碱类物质散落其上，要及时清除炉盘面上的灼烧焦糊物质，保护炉丝传热良好，延长使用寿命。电炉的连续使用时间不应过长，以免缩短使用寿命。在受热容器与电炉间根据具体实验及设备决定是否使用石棉网，保证受热均匀，又能避免炉丝受到化学品的侵蚀。

② 电热板   电热板本质是封闭型的电炉，如图 2-45 所示，外壳用薄钢板和铸铁制成，表面涂有高温皱纹漆，以防止氧化。外壳具有夹层，内装绝热材料，发热体装在壳体内部，由镍铬合金电炉丝制成。由于发热体底部和四周都充有玻璃纤维等绝热材料，故热量全部由铸铁平板热面向上散发，加上电炉丝排列均匀，更能较好地达到均匀加热的目的。电热板特别适用于烧杯、锥形瓶等平底容器加热。

图 2-44　自耦变压器

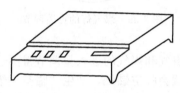

图 2-45　电热板

③ 电加热套（电热包）   电热套是专为加热圆底容器而设计的，本质上也是封闭型电炉，如图 2-46 所示，电热面为凹的半球面，按容积大小有 50mL、100mL、250mL 等规格，用来代替油浴、沙浴对圆底容器加热。电热套使用时，受热容器悬置在加热套的中央，不得接触内壁，形成一个均匀加热的空气浴，适当保温，温度可达 450～500℃。切勿将液体注入或溅入套内，也不能加热空容器。

图 2-46　电热包

（2）管式电炉和箱式电炉

管式电炉和箱式电炉都是高温热源。高温炉的型号规格很多，但结构基本相似，一般由炉体、温度控制器、电阻或热电偶三部分组成。

① 管式炉   其炉膛为管状，内插一根瓷管或石英管，瓷管中可放盛有反应物的瓷反应舟，面上可通过空气或其他气流，造成反应要求的气氛，从而实现某些高温固相反应。炉内的发热体可以是电热丝或硅碳棒，如图 2-47 和图 2-48 所示。温度控制一般为电子温度自动控制器，亦可用调压器通过调节输入电压来控制。

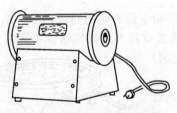

图 2-47　管式炉（电热丝加热）

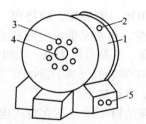

图 2-48　管式炉（硅碳棒加热）

1—炉体；2—插热电偶孔；3—安装硅碳棒孔；
4—炉膛；5—电源接线柱

② 箱式高温炉   又叫马弗炉，其外形如图 2-49 所示。马弗炉是实验用箱式高温电炉，有电阻丝式、硅碳棒式和高频感应式等。电阻丝式马弗炉发热元件是炉内的电阻丝，最高使

用温度为1000℃，常用工作温度为950℃，它和温度控制器及热电偶配套使用，以达到指示、调节和控制炉温的目的。一般产品型号上注明了企业代号、产品类别、最高工作温度、工作区尺寸（宽×长×高，cm）。例如：产品型号为RX9-60-90-40-TL，其中，RX9指的最高工作温度为900～1000℃箱式电阻炉；60-90-40指的是工作区尺寸；TL是企业代号。

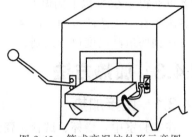

图2-49 箱式高温炉外形示意图

以前多采用动圈式温度显示调节仪来显示、调节温度，目前已开始采用数字温度显示仪，该仪表将显示、控制、变送和闪光报警四大功能集于一体，因而具有一机多用的功能。

（3）高温炉使用注意事项

① 高温炉安装在平整、稳固的水泥台上。温度控制器的位置与高温炉不宜太近，防止过热使电子元件工作不正常。

② 按高温炉的额定电压，配置功率合适的插头、插座、保险丝等。外壳和控制器都应接好地线。地面上最好垫一块厚橡胶板，以确保安全。

③ 高温炉第一次使用或长期停用后再使用必须烘炉，不同规格型号的高温炉烘炉温度和时间不同，按说明书要求进行。

④ 使用前核对电源电压、热电偶与测量温度是否相符。热电偶正负极不要接反。

⑤ 使用时先合上电源开关，温度控制器上指示灯亮，调节温控器旋钮，设定相应数据，使指针指到所需温度，开始升温。升温阶段不要一次调到最大，逐步从低温、中温到高温分段进行，每段15～30min。待炉温升到所需温度，控制器另一指示灯亮，可进行实验样品的灼烧和熔融。

⑥ 炉周围不要存放易燃易爆物品。炉内不宜放入酸性、碱性的化学品或强氧化剂，防止损坏炉膛和发生事故。

⑦ 放入或取出灼烧物时，最好先切断电源，以防触电。取出灼烧物应先开一个缝而不要立即打开炉门，以免炉膛骤然受冷碎裂。取灼烧物品用长柄坩埚钳，先放到石棉板上，待温度降低后，再移放至干燥器中。

⑧ 水分大的物质应先烘干后，再放入炉内灼烧。

⑨ 勿使电炉激烈震动，因为电炉丝一经红热后就会被氧化，极易脆断。同时也要避免电炉受潮，以免漏电。

⑩ 停止使用后，立即切断电源。

2.4.2 实验室常见热源的最高温度

实验室常见热源的最高温度见表2-5。

表2-5 实验室常见热源最高温度

热源	最高温度	热源	最高温度
酒精灯	400～500℃	硅碳棒	1300～1350℃
酒精喷灯	800～1000℃	高温炉	1100～1600℃
煤气灯	700～1200℃	镍铬丝	900℃
电炉	900℃左右	铂丝	1300℃
电热包	450～500℃	管式电炉	1000～1600℃
电热丝	900℃左右		

实验室常用的电加热法按形成热的方式可分为电阻加热法、感应加热法、电弧加热法，

后者可获得3000℃以上的温度。上述最高温度的说法是比较粗糙的，主要是为了便于在选择热源先有个大致的范围。严格地讲，只能以设备说明书为准，因为随着材料、条件等的差异可达到的最高温度也有差别。

2.4.3　加热方法

2.4.3.1　直接加热

在实验室中，烧杯、试管、瓷蒸发皿等常作为加热的容器，它们可以承受一定的温度，但不能骤热和骤冷，因此，加热前必须将器皿外壁的水擦干，加热后，不能突然与水或潮湿物局部接触。

只有热稳定性好的液体或溶液、固体才可加热。加热液体时一般不宜超过容量的1/3～1/2。

（1）加热烧杯、烧瓶中的液体

必须将盛液玻璃器皿放在石棉网上加热，否则容易因受热不均匀而破裂，如图2-50所示。

（2）加热试管中的液体

试管加热是最普通、最基本、最常用的操作，如图2-51所示，一些不规范和错误的操作如图2-52所示。

图2-50　加热烧杯中的液体

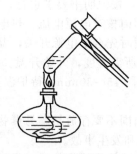

图2-51　加热试管中的液体

(a) 手拿试管加热

(b) 夹持中部并直立加热

(c) 试管朝人加热

(d) 局部过热使液体冲出

图2-52　加热试管中液体的错误操作

试管加热，受热液体量不得超过试管高度的1/3，用试管夹夹持在中上部大约距试管口的1/4处。加热时试管不能直立应稍微倾斜，管口不要对着自己和别人。为使其受热均匀，先加热液体的中上部，再慢慢往下移动并不时地移动和振荡，以防止局部过热产生的蒸气带液冲出。

（3）加热试管中的固体

将固体在试管底部铺匀，这是因为药品集中在底部容易形成硬壳阻止内部药品反应，若同时有气体生成就会带药品冲出。块状或大颗粒固体一般应先研细。加热和夹持位置与加热液体相同。试管要固定在铁架台上，试管口稍微向下倾斜，如图2-53所示。加热试管中固体的常见错误操作如图 2-54 所示。

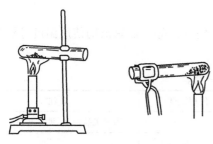

图 2-53 加热试管中的固体

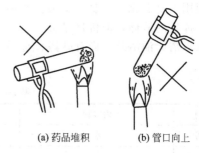

(a) 药品堆积 (b) 管口向上

图 2-54 加热试管中固体的常见错误操作

（4）高温灼烧固体

将欲灼烧固体放在坩埚中，坩埚用泥三角支承，如图 2-55 所示，先用小火预热，受热均匀后再慢慢加大火焰。用氧化焰将坩埚灼烧至红热，再维持片刻后，停止加热，稍冷后用预热的坩埚钳夹持取下放入干燥器中冷却。也可先在电炉上干燥后放入高温炉中灼烧。

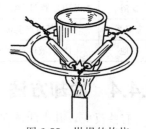

图 2-55 坩埚的灼烧

2.4.3.2 间接加热

为了避免直接加热的缺点，在实验室中常用水浴、油浴等方法加热，这种间接加热的方法不仅使被加热容器或物质受热均匀，而且也是恒温加热和蒸发的基本方法。

（1）水浴

水浴常用铜质水浴锅，也可以用大烧杯作水浴来进行某些试管实验。锅内盛放约 2/3 容积的水，选择大小适当的水浴锅铜圈来支承被加热器皿，如图 2-56 所示。受热的水或产生的蒸汽对受热器皿和物质进行加热。

电热恒温的水浴锅有两孔、四孔及六孔等式样。一般每孔有四圈一盖，孔最大直径为 120mm。加热器位于水浴锅的底部。正面板上装有自动恒温控制器。水箱后上方插温度计以指示水浴的温度，后下方或左下方装有放水阀，外形示意如图 2-57 所示。使用时必须先加好水后再通电，可在 37～100℃ 范围内选择恒定温度，温差为 ±1℃。箱内水位应保持在 2/3 高度处，严禁水位低于电热管。

图 2-56 油浴（水浴）加热

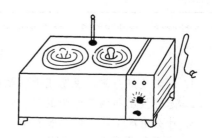

图 2-57 电热恒温水浴锅

（2）油浴

油浴所用油有花生油、豆油、菜籽油、亚麻油、甘油、硅油等。加热时必须将受热容器浸入油中，如图 2-56 所示。使用植物油的缺点是温度升高有油烟逸出，容易引起火灾。植物油使用后易老化、变黏、变黑。所用硅油是一种硅的有机化合物，一般是无色、无味、无毒、难挥发的液体，但价格昂贵。

除水浴、油浴外，尚有砂浴、金属（合金）浴、空气浴等。加热浴的使用温度等资料见表 2-6。

表 2-6　常见加热浴一览表

类别	内容物	容器材质	使用温度/℃	备注
水浴	水	铜、铝等	约 95	用无机盐饱和，沸点升高
水蒸气浴	水	铜、铝等	约 95	
油浴	各种植物油	铜、铝等	约 250	加热到 250℃ 以上冒烟易着火，油中勿溅水，高温被氧化
砂浴	砂	铁盘	约 400	
盐浴	如 KNO_3 和 $NaNO_3$ 等质量混合	铁锅	220～680	浴中切勿溅水，盐要干燥
金属浴	各种低熔点金属、合金等	铁锅	因金属不同而异	300℃ 以上渐渐被氧化
其他	甘油、液体石蜡、硅油等	铁、铝、烧杯等	因物而异	

2.4.4　冷却方法

有些反应，其中间体在室温下是不稳定的，必须在低温下进行，如重氮化反应等；有的放热反应，常产生大量的热，使反应难以控制，并引起易挥发化合物的损失，或导致化合物的分解或增加副反应。所以在化学实验中，有时需采用一定的冷却剂进行冷却操作，进行反应、分离、提纯等。

将反应物冷却的最简单的方法，就是把盛有反应物的容器浸入冷水中冷却。有些反应必须在室温以下的低温进行，这时最常用的冷却剂是冰-水混合物。

如需要更低的温度（0℃以下）则可采用冰-盐混合物。不同的盐和水，按一定比例可制成制冷范围不同的冷却剂，见表 2-7。

表 2-7　常用冰-盐冷却剂及其冷浴的最低温度

冷却剂	盐的质量分数/%	冷浴的最低温度/℃	冷却剂	盐的质量分数/%	冷浴的最低温度/℃
NaCl＋冰	10 15 23	−6.56 −10.89 −21.13	$CaCl_2$＋冰	22.5 29.8	−7.8 −55
			KCl＋冰	19.75	−11.1
$NaNO_3$＋冰	42	−36.5	NH_4Cl＋冰	18.6	−15.8

思　考　题

1. 以煤气灯为例，说明正常火焰的三个区域的性质。
2. 怎样控制和调节电炉的温度？
3. 什么情况下使用电热包？有什么优点？
4. 使用高温炉要注意些什么？
5. 直接加热必须满足什么条件才能采用？
6. 什么情况下使用恒温水浴？

2.5　干燥与干燥剂

　　有的化学品必须除去水分，有的化学反应必须在无水条件下进行，有的化学品必须在干燥条件下储存，有些精密仪器如分析天平也要求防潮。干燥是除去固体、气体或液体中含有少量水分或少量有机溶剂的物理、化学过程。在分析测定中，经常要用到基准物，基准物在烘干水分后使用，在放置或保存时仍能吸收水分。如何防止水分再次侵入基准物中，是必须要注意的问题。使用干燥器保存烘干后的基准物是最佳的选择。

　　干燥的方法大致可分为两类：一类是物理方法，通常用吸附、分馏、恒沸蒸馏、冷冻、加热等方法脱水，达到干燥的目的；另一类是化学方法，所选用的是能与水可逆地结合成水合物的干燥剂，或是与水起化学反应生成新化合物的干燥剂。

2.5.1　干燥剂

　　能吸收水分脱除气态和液态物质中游离水分的物质称干燥剂。化学实验室中常用的干燥剂见表 2-8。

表 2-8　常用干燥剂

干燥剂	酸碱性	与水作用的产物	适用范围	备注
$CaCl_2$	中性	$CaCl_2 \cdot nH_2O$，$n=1$、2、6，30℃以上失水	烃、卤代烃、烯、酮、醚、硝基化合物、中性气体、氯化氢	①吸水量大，作用快，效力不高 ②含有碱性杂质 CaO ③不适用于醇、胺、氨、酚、酸等
Na_2SO_4	中性	$Na_2SO_4 \cdot nH_2O$，$n=7$，10，33℃以上失水	烃、卤代烃、烯、酮、醚、硝基化合物、中性气体、氯化氢，$CaCl_2$ 不适用的也适用	吸水量大，作用慢，效力低
$MgSO_4$	中性	$MgSO_4 \cdot nH_2O$，$n=1$、7，48℃以上失水	烃、卤代烃、烯、酮、醚、硝基化合物、中性气体、氯化氢，$CaCl_2$ 不适用的也适用	较 Na_2SO_4 作用快，效力高
$CaSO_4$	中性	$CaSO_4 + 1/2H_2O$，加热 2~3h 失水	烷、醇、醚、醛、酮、芳香烃等	吸水量小，作用快，效力高
K_2CO_3	强碱性	$K_2CO_3 \cdot nH_2O$，$n=0$、5，2	醇、酮、酯、胺、杂环等碱性物质	不适用于酚、酸类化合物
NaOH、KOH	强碱性	吸收溶解	胺、杂环等碱性物质	①快速有效 ②不适用于酸性物质
CaO、BaO	碱性	$Ca(OH)_2$、$Ba(OH)_2$	低级醇、胺	效力高、作用慢、干燥后液体需蒸馏
金属 Na	强碱性	$H_2 + NaOH$	醚、三级胺、烃中痕量水	①快速有效 ②不适用于醇、卤代烃等对碱敏感的物质
CaH_2	碱性	$H_2 + Ca(OH)_2$	碱性、中性、弱酸性化合物	①效力高，作用慢，干燥后液体需蒸馏 ②不适用于对碱敏感物质
浓 H_2SO_4	强酸性	$H_2SO_4 \cdot H_2O$	脂肪烃、烷基卤代物	①效力高 ②不适用于烯、醚、醇及碱性化合物
P_2O_5	酸性	HPO_3 $H_4P_2O_7$ H_3PO_4	醚、烃、卤代烃、腈中痕量水，酸性物质、CO_2 等	①效力高，吸收后需蒸馏分离 ②不适用于醇、酮、碱性化合物、HCl、HF 等

续表

干燥剂	酸碱性	与水作用的产物	适用范围	备注
3A分子筛、4A分子筛		物理吸附	有机物	快速、高效,可再生使用
硅胶		物理吸附	吸潮保干	不适用于HF

2.5.2　气体、固体、液体的干燥

（1）气体的干燥

实验室制备的气体常常带有酸雾和水汽,通常用洗气瓶、干燥塔、U形管、干燥管等仪器进行净化和干燥,如图2-58所示。例如洗气瓶中盛浓硫酸,气体经过,大部分水分被吸收;再经过内装氯化钙、硅胶、分子筛等干燥剂的干燥塔。在实际操作中要根据被干燥气体的具体条件,来选择适当的干燥剂和干燥流程。

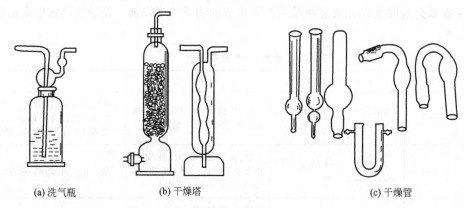

(a) 洗气瓶　　(b) 干燥塔　　(c) 干燥管

图 2-58　气体干燥器皿

（2）有机液体的干燥

有机液体中的水分均可用合适的干燥剂干燥。干燥剂选择首先考虑是否与被干燥物在性质上相近,即不反应、不互溶、无催化作用;其次要从含水量及需要干燥的程度出发,对含水量大、干燥要求高的物质,应先用吸水量大,价格低廉的干燥剂初步干燥。一般情况下,根据经验,1g干燥剂约可干燥25mL液体。当出现浑浊液体变澄清、干燥剂不再黏附在容器壁上,摇振容器液体可自由飘移等现象时,可判断干燥已基本完成。然后过滤分离,干燥后的液体无论是进行蒸馏分离或其他处理,都应按无水操作要求进行。液体的干燥,实验室中通常是将其与干燥剂放在一起,配上塞子,不时地振摇,摇振后长时间放置最后分离。若干燥剂与水发生反应生成气体,还应配装出口干燥管,如图2-59所示。

无水氯化钙

脱脂棉

图 2-59　液体干燥

（3）固体的干燥

① 遇热易分解或含有易燃易挥发溶剂的固体应置于空气中自然干燥。

② 可将欲烘干固体或结晶体放在表面皿中,再将表面皿放入烘箱中烘干。有时把含水固体放在蒸发皿中,在水浴或石棉网先直接加热干燥后,再送入烘箱中烘干。

③ 普通干燥器是具有磨口盖子的密闭厚壁玻璃器皿,用来保存经烘干或灼烧过的物质和器皿(如保存烘干的基准物、试样、干燥的坩埚、称量瓶等),保持这些物质和器皿的干

燥，也可用来干燥少量制备的产品。在干燥器中干燥含水量极小的固体可将其置于培养皿或表面皿中，然后放在干燥器的上室中，靠下室干燥剂吸收湿气而干燥。这种方法对于痕量水或干燥保存化学品很有效。干燥器的操作如图 2-60 所示。干燥器是磨口的厚玻璃器皿，磨口上涂有凡士林，使其更好地密合，底部放适量的干燥剂，其中有一带孔的瓷板。打开干燥器时，不能往上掀盖，应用左手扶住干燥器的外侧，右手握住盖上的圆顶，小心地将盖子往左前方边缘慢慢推开（左手应同时向右后方用力，稳住干燥器，等空气进入后，才能完全推开），不能用力拨开或揭开，盖子必须抑放在桌子上。取出物品，取出所需的器皿、试剂或试样后，及时盖上盖子，防止存放的物品吸水。

④ 真空干燥器与普通干燥器基本相同，仅在盖上有一玻璃活塞，可用来接在水冲泵上抽气减压，从而使干燥效果更好，速度更快。

真空恒温干燥器俗称干燥枪，如图 2-61 所示，适用于少量物质的干燥。将欲干燥的固体置于夹层干燥筒中，吸湿瓶中放置干燥剂 P_2O_5，锥形瓶中放置有机溶剂，它的沸点要低于被干燥固体的熔点。通过活塞抽真空，加热回流锥形瓶中的溶剂，利用蒸气加热夹套，从而使试样在恒定温度下得到干燥。

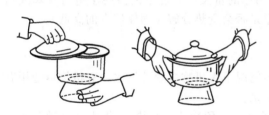

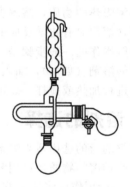

图 2-60 干燥器的开启与挪动　　　　图 2-61 真空恒温干燥器

⑤ 红外线干燥灯用于低沸点易燃液体的加热，也用于固体的干燥，红外线穿透能力很强，能使溶剂从固体内部各个部位都蒸发出来，加热和干燥有速度快、安全等优点。

思 考 题

1. 要干燥氨、乙酸乙酯、氯化氢、苯分别选择何种干燥剂？
2. 用干燥剂干燥有机液体中的水分，完成干燥的标志是什么？
3. 天平中为什么要放置干燥剂？
4. 有些化工产品要测定水分含量，要完成这项任务，要用到些什么仪器和器皿？要有些什么操作或手续？

2.6 溶解与搅拌技术

2.6.1 固体的溶解

溶解是溶质在溶剂中分散形成溶液的过程。其中溶剂在液体的溶解过程最为重要。溶解过程是一个物理化学过程，既有溶质分子在溶剂分子间的扩散过程，又有溶质粒子（分子或离子）与溶剂分子结合的溶剂化过程，对于水为溶剂的又称水化过程。前者是需要能量的吸热过程，后者是释放热量的放热过程。所以溶解过程总是伴随着热效应——溶解热。有的情况更为复杂，如 HCl 气体溶于水还有电离过程；CO_2 溶于水还有化学反应和电离过程；$CuSO_4$ 溶于水会结晶生成 $CuSO_4 \cdot 5H_2O$，也说明发生了 H_2O 配合 Cu^{2+} 的配合物生成反应。

物质的溶解是一个笼统的概念，溶解量的多少用溶解度来表示。溶解度大小跟溶质和溶剂的性质有关，至今还没有找到一个普遍适用的规律，只是从大量实验事实中粗略地归纳出一个经验规律：相似相溶，即物质在同它结构相似的溶剂中较易溶解。极性化合物一般易溶于水、醇、酮、液氨等极性溶剂中，而在苯、四氯化碳等非极性溶剂中则溶解很少。NaCl 溶于水而不溶于苯，但苯和水都溶于乙醇，而苯是非极性分子易溶于非极性有机溶剂，和水互相溶解很少。

溶解度指在一定温度和压力下，物质在一定量溶剂中溶解的最高限量（即饱和溶液）。固体和液体溶质一般用每 100g 溶剂中所能溶解的最多克数表示。难溶物质用 1L 溶剂中所能溶解的溶质的克数、物质的量表示。气体溶质一般用 1 体积溶剂里可溶解的气体标准体积数表示。溶解吸热的物质，溶解度随温度升高而增大；溶解放热的物质；溶解度随温度升高而减小（不含溶解时有化学反应的物质）。

固体溶解操作的一般步骤是：先用研钵将固体研细成为粉末，放入烧杯等容器中，再选择加入适当的溶剂（如水），加入的数量可根据固体的量及该温度下的溶解度进行计算或估算。然后可进行加热或搅拌，以加速溶解（注意是否会受热分解及固体熔点的高低）。

2.6.2　溶剂的选择

根据溶解的目的选用适当溶剂。对于大多数情况下无机物多数选用水，有机物可选用有机溶剂。一些难溶的物质还可用酸、碱或混合溶剂。

① 水　一般可作可溶性盐类（如硝酸盐、乙酸盐、硫酸盐、铵盐）、绝大部分碱金属化合物、大部分氯化物等的溶剂。

② 酸溶剂　利用酸性物质的酸性、氧化还原性或所形成配合物溶解钢铁、合金、部分金属的硫化物、氧化物、碳酸盐、磷酸盐等。经常使用的有盐酸、硝酸、硫酸、磷酸、高氯酸、氢氟酸、混合酸（如王水）等。

③ 碱溶剂　用 NaOH 或 KOH 来溶解两性金属铝、锌及它们的合金或它们的氧化物、氢氧化物等。

对一些难溶于水的物质，实验室还常常先在高温下熔融使其转化成可溶于水的物质后再溶解。如用 $K_2S_2O_7$ 与 TiO_2 熔融转化成可溶性的 $Ti(SO_4)_2$；用 K_2CO_3、Na_2CO_3 等熔融长石（$Al_2O_3 \cdot 2SiO_2$）、重晶石（$BaSO_4$）、锡石（SnO_2）等。

2.6.3　搅拌器的种类和使用

搅拌方法除用于物质溶解外，也常用于物质加热、冷却、化学反应等场合，可使溶液的温度均匀。常用的几种搅拌方法如下。

（1）用玻璃棒搅拌

搅拌液体时，应手持玻璃棒并转动手腕，用微力使玻璃棒在容器中部的液体中均匀转动，使溶质与溶剂充分混合并逐渐溶解，如图 2-62 所示。用玻璃棒搅拌液体时不能将玻璃棒沿器壁划动，不能将液体乱搅溅出，也不要用力过猛，以防碰破器壁。

用玻璃棒在烧杯或烧瓶中搅拌溶液时，容易碰破器壁，也可用两端封死的玻璃管代替。

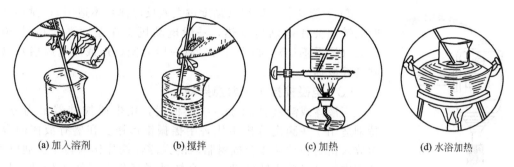

(a) 加入溶剂　　(b) 搅拌　　(c) 加热　　(d) 水浴加热

图 2-62　搅拌溶解

（2）用电动搅拌器搅拌

快速或长时间的搅拌一般都使用电动搅拌器，如图 2-63 所示。它是由微型电动机、搅拌器扎头、大烧瓶夹、底座、十字双凹夹、转速调节器和支柱组成。所用的搅拌叶由玻璃棒或金属加工而成。搅拌叶有各种不同形状，如图 2-64 所示，供在搅拌不同物料或在不同容器中进行时选择。搅拌叶与搅拌扎头连接时，先在扎头中插入一段 3～4cm 长的玻璃棒或金属棒，然后再用合适的胶管与搅拌叶相连，如图 2-65 所示。为了控制和调节搅拌速率，搅拌器的电源由调压变压器提供，通过调节电压来控制搅拌速率。

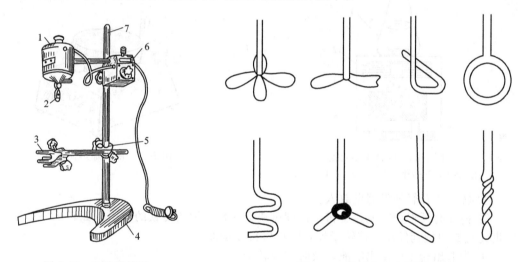

图 2-63　电动搅拌器
1—微型电动机；2—搅拌器扎头；
3—大烧瓶夹；4—底座；5—十字
双凹夹；6—转速调节器；7—支柱

图 2-64　常用的几种搅拌叶

使用电动搅拌器应注意以下几点。

① 搅拌烧瓶中的物料时，需要在瓶中装一个能插进长 3～5cm 玻璃管的胶塞。搅拌叶穿过玻璃孔与扎头相连。搅拌烧杯中的物料时，插玻璃管的胶塞夹在大烧瓶夹上，使搅拌稳定。

② 搅拌叶要装正，装结实，不应与容器壁接触。启动前，用手转动搅拌叶，观察是否符合安装要求。

③ 使用时，慢速起动，然后再调至正常转速。搅拌速率不要太快，以免液体飞溅。停用时，也应逐步减速。

④ 电动搅拌器运转中，实验人员不得远离，以防电压不稳或其他原因造成仪器损坏。

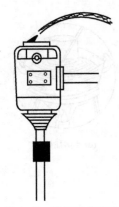

图 2-65　搅拌叶的连接

⑤ 不能超负荷运转（黏度过大的反应体系不适用），搅拌器长时间转动会使电动机发热，一般电动机工作温度不能超过 50～60℃（烫手感觉）。必要时可停歇一段时间再用或用电风扇吹以达到良好散热。

（3）电磁搅拌（磁力搅拌器）

当液体或溶液体积小、黏度低时，用电磁搅拌器最为方便，特别适用于在滴定分析中代替手摇振锥形瓶。在盛有液体的容器内放入密封在玻璃或合成树脂内的强磁性铁片作为转子。通电后，底座中电动机使磁铁转动，这个转动磁场使转子跟着转动，从而完成搅拌作用，如图 2-66 所示。有的电磁搅拌器内部还装有加热装置，这种磁力加热搅拌器，既可加热又能搅拌，使用方便，如图 2-67 所示，加热温度可达 80℃，磁子有大、中、小三种规格，可根据器皿大小、溶液多少选择。

使用电磁搅拌应注意以下几点。

① 电磁搅拌器工作时必须接地。

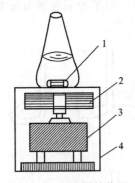

图 2-66　电磁搅拌装置

1—转子；2—磁铁；3—电动机；4—外壳

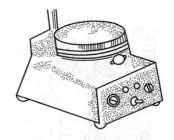

图 2-67　磁力加热搅拌器

② 转子要轻轻地沿器壁放入。

③ 搅拌时缓慢调节调速旋钮，速度过快会使转子脱离磁铁的吸引。如转子不停跳动时，应迅速将旋钮旋到停位，待转子停止跳动后再逐步加速。

④ 先取出转子再倒出溶液，及时洗净转子。

2.7　密度计的使用

某物质单位体积的质量称为该物质的密度。测量物质密度的方法有多种，使用的测量仪器也各不相同，本节重点介绍用玻璃密度计测定液体密度的方法。

2.7.1　通用密度计的使用

通用密度计是用于测量液体密度的通用浮计。浮计是一种在液体中能垂直自由漂浮，由它浸没于液体中的深度来直接测量液体密度或溶液浓度的仪器（本术语仅指质量固定式玻璃浮计，简称为"浮计"）。

玻璃浮计由躯体、压载物、干管组成（图 2-68）。

躯体：为浮计主体部分，是底部圆锥形或半球形（以免附着气泡）的圆柱体。

压载物：为调节浮计质量及其垂直稳定漂浮而装在躯体最底部的材料（水银或铅粒）。

干管：熔接于躯体的上部，顶端密封的细长圆管。

固定在干管内一组有序地指示不同量值的刻线标记，称为浮计的刻度。浮计的刻度值自上而下增大，一般可读准小数点后面第三位数。

使用浮计时应注意：

① 待测液体深度要够；

② 放平稳后再放手，否则易碰器壁而损坏浮计；

③ 不要甩动浮计，用后洗净擦干放好；

④ 根据液体密度不同，选用不同量程的密度计，每支密度计只能测定一定范围的密度。

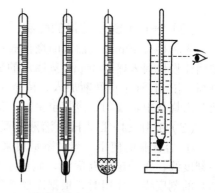

(a) 不同量程的密度计　　(b) 密度计的使用

图 2-68　液体密度的测定

2.7.2 浓硫酸和浓盐酸密度的测定

取 100mL 量筒，注入浓硫酸，选择合适的干燥的浮计，慢慢放入液体中，用手扶住浮计的上端，等它完全稳定时再放手。从液体凹面处的水平方向，读出浮计的读数，即相当于硫酸的密度。另取 100mL 量筒，注入浓盐酸，按上法测定浓盐酸的密度。

实验 2-2　溶液的配制

一、实验目的

1. 掌握固体、液体的取用方法。

2. 掌握托盘天平、量筒（杯）的正确使用方法。

3. 初步掌握溶解和搅拌的基本操作技术，并学会正确使用密度计。

4. 学会容量瓶的使用方法。

5. 掌握 NaCl 饱和溶液、1＋1 H_2SO_4 溶液、0.1mol·L^{-1} HCl 溶液、0.1mol·L^{-1} $CuSO_4$ 溶液的配制方法。

二、仪器和药品

仪器：玻璃密度计；托盘天平；量筒（10mL，50mL，250mL）；试剂瓶（500mL）；烧杯（250mL）；容量瓶。

药品：固体 NaCl；乙醇；浓 H_2SO_4；浓 HCl。

三、实验步骤

1. 浓硫酸和乙醇密度的测定

取 250mL 的量筒，注入浓硫酸溶液，左手扶住量筒底座，用右手的拇指和食指拿住密度计上端，慢慢插入硫酸溶液中，试探至密度计完全漂浮稳定后，将手松开，然后从流体凹面处的水平方向读出密度计上的数据，即为浓硫酸的密度值。查表也可知道浓硫酸的密度。

另取一个 250mL 的量筒，注入乙醇，按同样操作方法测定其密度值。

2. 溶液的配制

（1）NaCl 饱和溶液的配制

用托盘天平称取固体 NaCl 36g，置于 250mL 的洁净烧杯中，用量筒量取并加入蒸馏水 100mL，加热并用玻璃棒不断搅拌，使固体 NaCl 全部溶解后，冷却至室温，倒入试剂瓶中保存。

（2）1+1 H_2SO_4 溶液的配制

先将盛有 40mL 蒸馏水的烧杯放在冷水浴中，用较干燥的量筒量取浓 H_2SO_4 50mL，沿玻璃棒慢慢倒入盛有 40mL 蒸馏水的烧杯中，并不时用玻璃棒搅拌，如果烧杯中溶液的温度过高，浓 H_2SO_4 可间断加入，待浓 H_2SO_4 加完后，再用 10mL 蒸馏水洗涤量筒两次，洗液并入烧杯中，搅匀、冷却至室温，倒入试剂瓶中保存。

（3）0.1mol·L^{-1} HCl 溶液的配制

① 容量瓶的使用　容量瓶是用来配制一定体积和一定浓度的溶液的量具。它的颈部有一刻度线，在一定的温度时，瓶内达到刻度线的液体的体积是一定的，一般容量瓶都注有 20℃的刻度线。使用时，根据需要选用不同体积的容量瓶。

容量瓶使用前，必须先试漏 [图 2-69（a）]，先将容量瓶洗净，将一定量的固体溶质放在烧杯中，加少量蒸馏水溶解。将此溶液沿玻璃棒小心注入容量瓶中 [图 2-69（b）]，再用少量蒸馏水洗涤烧杯和玻璃棒数次，洗液也注入容量瓶中，然后继续加水，当液面接近刻度时，应用滴管小心地逐滴将蒸馏水加到刻度处，塞紧瓶塞，右手食指按住瓶塞，左手手指托住瓶底，将容量瓶反复倒置，并加以振荡，以保证溶液的浓度完全均匀 [图 2-69（c）]。

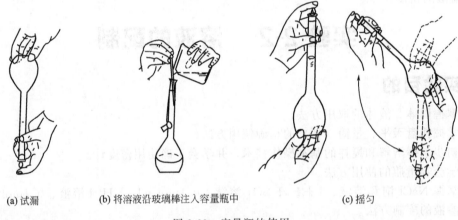

(a) 试漏　　　(b) 将溶液沿玻璃棒注入容量瓶中　　　(c) 摇匀

图 2-69　容量瓶的使用

② 计算　计算配制 0.1mol·L^{-1} HCl 溶液 100mL，需量取浓 HCl 溶液多少毫升（浓 HCl 按 12mol·L^{-1} 计算）。根据计算结果，量取浓盐酸，注入含有 20～30mL 蒸馏水的烧杯中，用少量蒸馏水洗涤量筒 2～3 次，洗液也倒入烧杯中。然后将溶液移入 100mL 的容量瓶中，加少量蒸馏水洗涤烧杯 2～3 次，洗液也倒入容量瓶中。再加蒸馏水稀释至刻度，把容量瓶塞盖紧，摇匀，即得到 0.1mol·L^{-1} HCl 溶液。

③ 配制 100mL 0.1mol·L^{-1} $CuSO_4$ 溶液

a. 计算配制 100mL 0.1mol·L^{-1} $CuSO_4$ 溶液所需 $CuSO_4·5H_2O$ 的克数。

b. 在台秤上用表面皿称取所需的 $CuSO_4·5H_2O$ 放入烧杯中。

c. 往盛有 $CuSO_4·5H_2O$ 的烧杯中，加入 50mL 蒸馏水，用玻璃棒搅动，使其溶解，移入 100mL 容量瓶中，用少量蒸馏水洗涤烧杯 2～3 次，洗液也注入容量瓶中，再用蒸馏水稀释到刻度，摇匀即可。

四、注意事项

1. 正确使用密度计。

2. 浓硫酸在稀释时，应先将盛有蒸馏水的烧杯放在冷水浴中，用较干燥的量筒量取浓

H_2SO_4，沿玻璃棒慢慢倒入盛有蒸馏水的烧杯中，并不时用玻璃棒搅拌。

思 考 题

1. 使用玻璃密度计时，应注意哪些问题？

2. 配制 H_2SO_4 溶液时，能否将蒸馏水倒入浓 H_2SO_4 中？试说明原因。

3. 配制 1000mL 0.1mol·L^{-1} NaOH 溶液时，写出选择的仪器种类和规格及配制步骤。

2.8 蒸发和结晶

2.8.1 溶液的蒸发

含不挥发溶质的溶液，其溶剂在液体表面发生的汽化现象叫蒸发。从现象上看，蒸发就是用加热方法使溶液中一部分溶剂汽化，从而提高溶液浓度或析出固体溶质的过程。溶液的表面积大、温度高，溶剂的蒸气压大，则易蒸发。所以蒸发通常都在敞口容器中进行。

加热方式根据溶质对热的稳定性和溶剂的性质来选择。对热稳定的水溶液可直接用明火加热蒸发；易分解或可燃的溶质及溶剂，要在水浴上加热蒸发或让其在室温下蒸发。

在实验室中，水溶液的蒸发浓缩通常在蒸发皿中进行。它的表面积大、蒸发速率快。蒸发皿中蒸发的液体量不得超过蒸发皿容积的 2/3，以防液体溅出。液体过多，一次容纳不下，可随水分的不断蒸发而不断续加，或改用大烧杯来完成。溶液很稀时，可先放在石棉网或泥三角上直接用明火或电炉蒸发（溶液沸腾后改用小火），然后再放在水（蒸汽）浴上蒸发。

蒸发有机溶剂常在锥形瓶或烧杯中进行。视溶剂的沸点、易燃性选用合适的热浴加热，最常用的是水浴。有机溶剂蒸发浓缩要在通风橱中进行，并要加入沸石等，防止暴沸。大量有机液体蒸发应考虑使用蒸馏方法。

在蒸发液体表面缓缓导入空气流或其他惰性气流，除去与溶液平衡的蒸气可加快蒸发速率。也可用水泵或真空泵抽吸液体表面蒸气，进行减压蒸发，既能降低蒸发温度又能达到快速蒸发的目的。

蒸发程度取决于溶质的溶解度、结晶对浓度的要求。当溶质的溶解度较大时，应蒸发至溶液表面出现晶膜；若溶质的溶解度较小或随温度的变化较大时，则蒸发到一定程度即可停止。如希望得到较大晶体，则不宜蒸发到浓度过大。强碱的蒸发浓缩不宜用陶瓷、玻璃等制品，应选用耐碱的容器。

用旋转蒸发器（又叫薄膜蒸发器）进行蒸发浓缩，方便、快速，其构造如图 2-70 所示。烧瓶在减压下一边旋转，一边受热。由于溶液的蒸发过程主要在烧瓶内壁的液膜上进行，因而大大增加了溶剂蒸发面积。提高了蒸发效率。又因为溶液不断旋转，不会产生暴沸现象，不必装沸石或毛细管，使得在实验室中进行浓缩、干燥、回收溶剂等操作极为简单。

2.8.2 结晶

物质从液态或气态形成晶体的过程叫结晶。结晶的条件从溶解度曲线上（图 2-71）分析可知，溶解度曲线上任何一点（如 A）都表示溶质（固相）与溶液（液相）处于平衡状态，这时溶液是饱和溶液。曲线下方区域为不饱和溶液，曲线上方区域为过饱和溶液。如

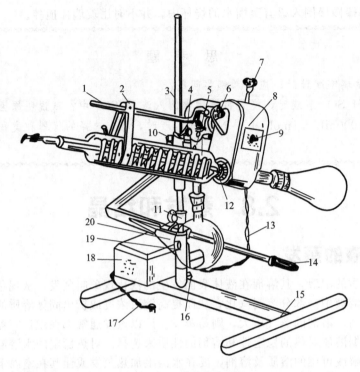

图 2-70　旋转蒸发器

1—夹子杆；2—夹子；3—座杆；4—转动部分固定旋钮；5—连接支架；6—夹子杆调正旋钮；
7—转动部分角度调节旋钮；8—转动部分；9—调速旋钮；10—水平旋转旋钮；11—升降固定套；
12—联轴节螺母；13—转动部分电源线；14—升降调节手柄；15—底座；16—座杆固定旋钮

A_0 代表的不饱和溶液恒温（t_1）蒸发溶剂，溶液的浓度变大，成为 A_1 所表示的不稳定的过饱和状态，即可自发析出晶体使溶液浓度变成 A_0 点所示的溶液。A 所示的溶液从 t_1 降低温度至 t_2，因溶解度减小，使溶液成为饱和溶液如 B 点所示，再降温至 t_3，溶液成为 B_1 所示的不稳定过饱和溶液，自发析出晶体使溶液浓度成为 C 所示的饱和溶液。

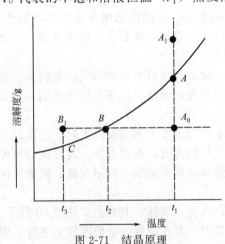

图 2-71　结晶原理

以上就是结晶的两种方法，一种是恒温或加热蒸发，减少溶剂，使溶液达到过饱和而析出结晶，一般适用于溶解度随温度变化不大的物质如 $NaCl$、KCl 等。另一种是通过降低温度使溶液达到过饱和而析出晶体，这种方法主要适用于溶解度随温度下降而显著减小的物质，如 KNO_3、$NaNO_3$ 等。如果溶液中同时含有几种物质，原则上可利用不同物质溶解度的差异，通过分步结晶将其分离，$NaCl$ 和 KNO_3 混合物分离则是一个例子。

从溶液中析出晶体的纯度与结晶颗粒大小有直接关系。结晶生长快速，晶体中不易裹入母液或其他杂质，有利于提高结晶的纯度。大晶体慢速生成，则不利于提高纯度。但是，颗粒过细或参差不齐的晶体能形成稠厚的糊状物，不易过滤和洗涤，也会影响产品纯度。因此通常要求结晶颗粒大小要适宜和均匀。

结晶颗粒大小与结晶条件有关。溶液浓度高、溶质溶解度小、冷却速率快、某些诱导因素（如搅拌、投放晶体）等，容易析出细小的结晶，反之可得较大的晶体。有时，某些物质的溶液已达到一定的过饱和程度，仍不析出晶体，此时可用搅拌、摩擦器壁、投入"晶种"等方法促使结晶。

为了得到纯度较高的结晶，将第一次所得的粗晶体，重新加溶剂加热溶解后再结晶，这就是重结晶。重结晶是固体纯化的重要技巧之一，为了得到纯粹的预期产品，一般重结晶的原料物中的杂质含量不得高于 5%，溶解粗晶体的溶剂量一般是先加入计算量加热至沸，再添加已加入量的 20% 左右。

对有机化合物来说，冷却温度与结晶速率有一个经验规律：体系温度大约比待结晶物质的熔点低 100℃ 时，晶核形成最多；体系温度低于待结晶物质的熔点 50℃ 时，结晶速率最快。

2.9　沉淀与过滤

2.9.1　沉淀

沉淀是指利用化学反应生成难溶性物质的过程。生成的难溶性沉淀物质通常也简称沉淀。沉淀有时是所需要的产品，有时是欲除去的杂质。在化学分析中，可利用沉淀反应，使待测组分生成难溶化合物沉淀析出，以进行定量测量。在物质的制备中，可通过选用适当的沉淀剂，将可溶性杂质转变成难溶性物质再加以除去的方法来精制粗产物。

无论出于何种目的产生的沉淀，都需与母液分离开来，并加以洗涤。

根据沉淀过程的目的和生成物的性质不同，可采用不同的沉淀条件和操作方式。例如，有些沉淀反应要求在热溶液中进行；为使沉淀完全，多数沉淀反应需要加入过量的沉淀剂等。

沉淀操作通常在烧杯中进行，为了得到颗粒较大、便于分离的沉淀，应在不断搅拌下慢慢滴加沉淀剂。操作时，一手持玻璃棒充分搅拌，另一手用滴管滴加沉淀剂，滴管口要接近溶液的液面，以免溶液溅出。

检查是否沉淀完全时，需将溶液静置，待沉淀下沉后，沿杯壁向上层清液中滴加 1 滴沉淀剂，观察滴落处是否出现混浊。如不出现混浊即表示沉淀完全，否则应补加沉淀剂至检查沉淀完全为止。

2.9.2　过滤与过滤方法

过滤是分离沉淀物和溶液的最常用操作。当溶液和沉淀的混合物通过滤器（如滤纸）时，沉淀物留在滤器上，溶液则通过滤器，所得溶液称为滤液。溶液过滤速率快慢与溶液温度、黏度、过滤时的压力以及滤器孔隙大小、沉淀物的性质有关。一般来说热溶液比冷溶液易过滤，溶液黏度愈大过滤愈难。抽滤或减压过滤比常压过滤快。滤器的孔隙愈大过滤愈快。沉淀的颗粒细小容易通过滤器，但滤器孔隙过小，易在滤器表面形成一层密实滤层，堵塞孔隙使过滤难以进行。胶状沉淀的颗粒很小，能够穿过滤器，一般都要设法事先破坏胶体的生成。在进行过滤时必须考虑到上述因素。

滤纸是实验室中最常用的滤器，它有各种规格和类型。国产滤纸从用途上分定性滤纸和定量滤纸。定量滤纸已经用盐酸、氢氟酸、蒸馏水洗涤处理过，它的灰分很少，故又称无灰滤纸，用于精密的定量分析中。定性滤纸的灰分较多，只能用于定性分析和分离之用。滤纸按孔隙大小分为"快速""中速""慢速"三种，按直径大小又有 7cm、9cm、11cm 等几种。

国产滤纸的规格见表2-9。

表 2-9　国产滤纸的规格

编号	102	103	105	120	127	209	211	214
类别	定 量 滤 纸				定 性 滤 纸			
灰分	每张 0.02mg				每张 0.2mg			
滤速/s·100mL^{-1}	60~100	100~160	160~200	200~240	60~100	100~160	160~200	200~240
滤速区别	快速	中速	慢速	慢速	快速	中速	慢速	慢速
盒上色带标志色	白	蓝	红	橙	白	蓝	红	橙

2.9.2.1　固液分离方法

固液分离应用十分广泛，在化工生产中占有重要地位。实验室中固液分离有三种方法。

（1）倾析法分离沉淀

当沉淀的颗粒或密度大，静置后能沉降至容器底时，可以利用倾析方法将沉淀与溶液进行快速分离。具体说就是先将溶液与沉淀的混合物静置，不要搅动，使沉淀沉降完全后，将沉淀上层的清液小心地沿玻璃棒倾出，而让沉淀留在容器内，如图 2-72 所示。

（2）离心分离沉淀

在离心试管中进行反应时，生成的沉淀量很少，用离心分离方法最为方便。离心分离使用离心机。如图 2-73 所示，使用时，把盛有混合物的离心管（或小试管）放入离心机的套管内，对面放一支同样大小的试管，试管内装有与混合物等体积的水，以保持平衡。然后慢慢启动离心机，逐渐加速。离心时间根据沉淀性状而定，结晶形沉淀转速大约为 1000r·min^{-1}，离心时间为 1~2min；无定形沉淀转速约为 2000r·min^{-1}，离心时间为 3~4min。

图 2-72　倾析法分离沉淀

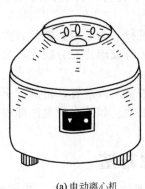

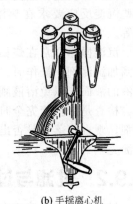

(a)电动离心机　　(b)手摇离心机

图 2-73　离心机

由于离心作用，沉淀紧密地聚集于离心试管的尖端，上面的溶液是澄清的，可用滴管小心地吸出上方清液，如图 2-74 所示，也可将其倾出。如果沉淀需要洗涤可加入少量洗涤剂，用玻璃棒充分搅动，再进行离心分离，如此反复操作两三遍即可。

使用离心机必须注意以下几点。

① 为了防止旋转中碰破离心试管，离心机的套管底部应垫棉花或海绵。

② 保持旋转中对称和平衡。

③ 启动要慢。

④ 关闭离心机电源开关，使离心机自然停止。在任何情况下，不得用外力强制停止。

⑤ 电动离心机转速很高，应注意安全。

2.9.2.2 过滤方法

过滤一般分为常压过滤、减压过滤、热过滤。

（1）常压过滤

实验室常压过滤使用玻璃漏斗。漏斗中内衬滤纸，主要用于对沉淀进行分离，是重量分析和分离操作中常用的玻璃仪器。漏斗主要有长颈漏斗、短颈漏斗和波纹漏斗三种。长颈漏斗主要用于重量分析中的分离，短颈漏斗主要用于一般沉淀的过滤和分离，波纹漏斗一般用于胶体的过滤和分离。

滤纸按其用途分为定性滤纸和定量滤纸两类。定量滤纸又名无灰滤纸，用稀盐酸和氢氟酸处理过，其中大部分无机杂质都可以被除去，每张滤纸灼烧后的灰分常小于 0.1mg，在对沉淀进行高温灼烧后称量时，滤纸灰分的质量对沉淀质量的影响可忽略不计，用于重量分析中。定性滤纸则不然，主要用于对一般沉淀的分离，不能用于重量分析。滤纸按滤速的大小可分为快速型、中速型和慢速型三类。根据直径大小，滤纸的规格有 7cm、9cm、11cm、12.5cm。

图 2-75 是标准的长颈漏斗。过滤前选取一张滤纸对折两次（如滤纸是正方形的，此时将它剪成扇形），拨开一层即成内角为 60°的圆锥体（与漏斗吻合），并在三层一边撕去一个小角，使其与漏斗紧密贴合，如图 2-76 所示。放入漏斗的滤纸，其边缘应低于漏斗边沿 0.3～0.5cm。然后左手拿漏斗并用食指按住滤纸，右手拿塑料洗瓶，挤出少量蒸馏水将滤纸润湿，并用洁净的手指轻压，挤尽漏斗与滤纸间的气泡，以使过滤通畅。

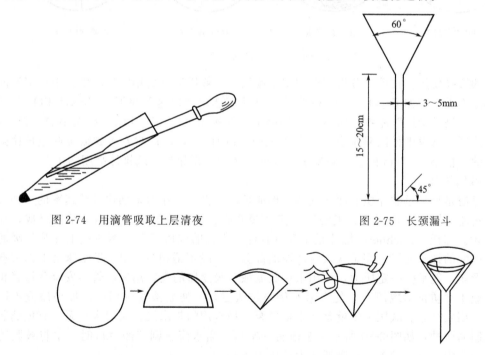

图 2-74 用滴管吸取上层清夜

图 2-75 长颈漏斗

图 2-76 滤纸的折叠与装入漏斗

将贴好滤纸的漏斗放在漏斗架上，并使漏斗颈下部尖端紧靠于接收容器的内壁。然后即可用倾析法过滤，如图 2-77 所示。过滤时，将静置沉降完全的上层清液沿玻璃棒倾入漏斗中（倾析法过滤），液面应低于滤纸边缘 1cm。待溶液滤至接近完成再将沉淀转移到滤纸上过滤。这样就不会因沉淀物堵塞滤纸孔隙而减慢过滤速率。沉淀转移完毕，从洗瓶中挤出少量蒸馏水，淋洗盛放沉淀的容器和玻璃棒，洗涤液全部转入漏斗中。图 2-78 列出了一些常见的错误操作。

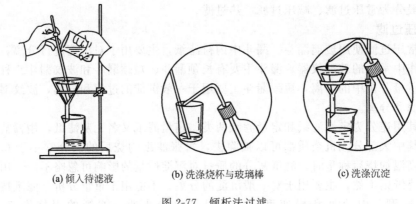

(a) 倾入待滤液　　　　　(b) 洗涤烧杯与玻璃棒　　　　　(c) 洗涤沉淀

图 2-77　倾析法过滤

(a) 手拿漏斗　　　　(b) 漏斗高悬　　　　(c) 直接倒入　　　　(d) 玻璃棒位置误

图 2-78　列出了一些常见的错误操作

滤纸的选择使用：在重量分析中选用定量滤纸，一般固液分离用定性滤纸。根据沉淀的性质选择滤纸类型，如 $Fe_2O_3 \cdot nH_2O$ 为胶状沉淀需选用"快速"滤纸；$MgNH_4PO_4$ 为粗晶形沉淀，选用"中速"滤纸；$BaSO_4$ 为细晶形沉淀选用"慢速"滤纸。在大小的选择上，对于圆形滤纸，选取半径比漏斗边高度小 0.5～1cm 的恰好合适；对方形滤纸应取边长比漏斗边高度的二倍小 1～2cm 的。一般要求沉淀的总体积不得超过滤纸锥体高度的 1/3。

（2）减压过滤

减压过滤是抽走过滤介质上面的气体，形成负压，借大气压力来加快过滤速率的一种方法。减压过滤装置由布氏漏斗、吸滤瓶、安全缓冲瓶、真空抽气泵（或抽水泵）组成，如图 2-79 所示。布氏（Buchner）漏斗是中间具有许多小孔的瓷质滤器，漏斗颈上配装与吸滤瓶口径相匹配的橡胶塞子，塞子塞入吸滤瓶的部分，一般不得超过 1/2。吸滤瓶是上部带有支管的锥形瓶，能承受一定压力，可用来接收滤液。吸滤瓶的支管用橡胶管与安全瓶短管相连。安全瓶用来防止出现压力差使自来水倒吸进吸滤瓶，使滤液受到污染。如果滤液不回收，也可不用安全瓶。减压系统就是真空抽气泵，最常用的是水泵，又叫水冲泵，有玻璃制品和金属制品两种，如图 2-80 所示。泵内有一窄口，当水流急剧流经窄口时，水将被胶管连接的吸滤瓶中的空气带走，使吸滤瓶内的压力减小。

减压过滤的操作：将滤纸剪得比布氏漏斗直径略小，但又能把全部瓷孔都盖住；把滤纸平放入漏斗，用少量蒸馏水或所用溶剂润湿滤纸，微开水龙头，关闭安全瓶活塞，滤纸便紧吸在漏斗上（同样可用倾析法将滤液和沉淀转移到漏斗内）；开大水龙头进行抽滤，注意沉淀和溶液加入量不得超过漏斗总容量的 2/3，一直抽至滤饼比较干燥为止，必要时可用干净的瓶塞、玻璃钉等紧压沉淀，尽可能除去溶剂。过滤完毕，先打开安全瓶活塞，再关水龙头。

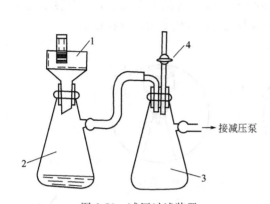

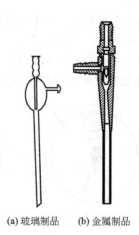

图 2-79 减压过滤装置
1—布氏漏斗；2—吸滤瓶；3—安全瓶；4—减压阀

(a) 玻璃制品 (b) 金属制品

图 2-80 水泵

减压过滤装置不用水泵，直接与真空水阀连接，更为方便。在某些实验中，要求有较高的真空度，通常用真空泵来抽取气体，使装置减压或成真空状态。真空泵的种类很多，实验室多用比较简单的机械真空泵（简称机械泵），它是旋片式油泵，如图 2-81 所示。整个机件浸没在饱和蒸气压很低的真空泵油中，真空泵油起封闭和润滑作用。

真空泵使用注意事项如下。

① 开始抽气时，要断续启动电机，观察转动方向是否正确，在明确无误时才能正式连续运转。

② 泵正常工作温度须在 75℃ 以下，超过 75℃ 要采取降温措施，如用风扇吹风。

③ 运转中应注意有无噪声。正常情况下，应有轻微的阀片起闭声。

④ 停泵时，先将泵与真空系统断开，打开进气活塞，然后停机。

⑤ 使用真空泵的过程中，操作人员不能离开。如泵突然停止工作或突然停电，要迅速将真空系统封闭并打开进气活塞。

⑥ 机械泵不能用于抽有腐蚀性、对泵油起化学反应或含有颗粒尘埃的气体，也不能直接抽含有可凝性蒸气（如水蒸气）的气体，若要抽出这些气体，要在泵进口前安装吸收瓶。

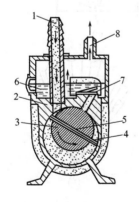

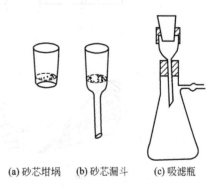

图 2-81 旋片式机械真空泵结构示意图
1—进气管；2—泵体；3—转子；4—旋片；5—弹簧；
6—真空泵油；7—排气阀门；8—排气管

(a) 砂芯坩埚 (b) 砂芯漏斗 (c) 吸滤瓶

图 2-82 过滤器

减压过滤速率较快，沉淀抽吸得比较干，但不宜用于过滤胶状沉淀或颗粒很细的沉淀。具有强氧化性、缓酸性、强碱性溶液的过滤，会与滤纸作用而破坏滤纸，因此常用石棉纤维、玻璃布、的确良布等代替。对于非强碱性溶液也可用玻璃坩埚或砂芯漏斗过滤。玻璃坩埚（又称砂芯坩埚）和砂芯漏斗的滤片都是用玻璃砂在 600℃左右烧结成的多孔玻璃片，如图 2-82 所示，根据孔径大小有 G1、G2、G3、G4、G5、G6 六种规格，号码愈大，孔径愈小。

减压过滤常见的错误操作如图 2-83 所示。

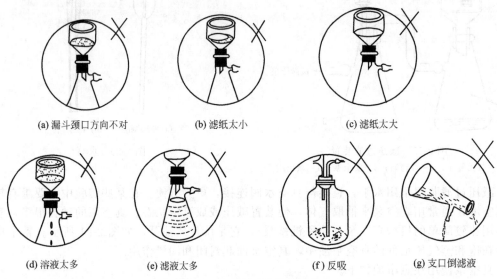

(a) 漏斗颈口方向不对　　　　(b) 滤纸太小　　　　(c) 滤纸太大

(d) 溶液太多　　(e) 滤液太多　　(f) 反吸　　(g) 支口倒滤液

图 2-83　减压过滤错误操作

（3）热过滤

当需要除去热浓溶液中的不溶性杂质，而在过滤时又不致析出溶质晶体时，常采用热过滤法。这种情况一般选用短颈漏斗或无颈漏斗，先将漏斗放在热水、热溶剂或烘箱中预热后，再将溶液倒入漏斗中进行过滤。为了达到最大的过滤速率常采用褶纹滤纸，折叠方法如图 2-84 所示。

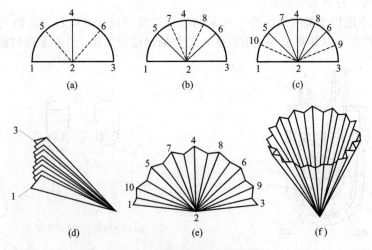

图 2-84　褶纹滤纸的折叠方法

从图 2-84(a) 折到图 2-84(c) 将已折成半圆形的滤纸分成八个等份，再如图 2-84(d) 将每份的中线处来回对折（注意折痕不要集中在顶端的一个点上）。

如果过滤的溶液量较多，或溶质的溶解度对温度极为敏感易析出结晶时，可用保温（热滤）漏斗过滤，其装置如图 2-85 所示。它是把玻璃漏斗放在金属制成的外套中，底部用橡胶塞连接并密封，也有用钢制的夹套热漏斗，使用时夹套内充水约 2/3，水太多，加热后可能溢出。

（4）洗涤

晶体或沉淀过滤后，为了除去固体颗粒表面的母液和杂质就必须洗涤。

洗涤一般都是结晶和沉淀的后续操作，颗粒大或密度大的沉淀或结晶容易沉降，一般用倾析法洗涤。具体做法是将沉降好的沉淀和溶液用倾析法将溶液倾入过滤器之后，向沉淀中加入少量洗涤液（一般是蒸馏水），用玻璃棒充分搅拌，然后静置，待沉降完全后，将清液用倾析法倾出（视需要倾入过滤器中，或弃之），沉淀仍留在烧杯内，重复以上操作 3～4 次，即可将沉淀洗净。

有时也直接在过滤漏斗中洗涤。当用玻璃漏斗过滤时，从滤纸边缘稍下部位开始，螺旋形向下移动，用洗涤液将附着在滤纸的沉淀冲洗下来集中在滤纸的锥体底部，反复多次直至将沉淀洗净，如图 2-86 所示。洗涤时对于水中溶解度大或易于水解的沉淀，不宜用水而应用与沉淀具有同离子的溶液洗涤，这样可以减少沉淀的损失。在非水为洗涤剂的操作中，要根据实际情况选择恰当的洗涤液。

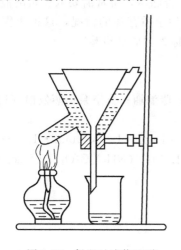

图 2-85　保温过滤装置图

2-86　沉淀的洗涤

沉淀洗涤所使用洗涤剂的量应本着少量多次的原则。洗涤次数要视要求和沉淀性质而定，在进行定量分析时，有时需要洗十几遍。洗涤是否达到要求，可通过检查滤液中有无杂质离子为依据。

实验 2-3　粗食盐的提纯

一、实验目的

1. 掌握用化学方法提纯氯化钠的原理和方法。
2. 正确使用普通漏斗、布氏漏斗、抽滤瓶、抽气泵；规范进行沉淀分离操作。
3. 了解中间控制检验和氯化钠纯度检验的方法。

二、实验原理

粗食盐中含有不溶性杂质（如泥沙等）和可溶性杂质（主要是 Ca^{2+}、Mg^{2+} 和 SO_4^{2-} 等的盐），不溶性杂质可用溶解、过滤的方法除去、可溶性杂质可用化学方法除去，其中对于

SO_4^{2-}，可加入稍过量的 $BaCl_2$ 溶液，生成 $BaSO_4$ 沉淀，再用过滤法除去，即：

$$Ba^{2+} + SO_4^{2-} =\!=\!= BaSO_4 \downarrow$$

由于 $BaSO_4$ 不易形成晶形沉淀，所以要加热粗食盐溶液并在不断搅拌下缓慢滴加 $BaCl_2$ 的稀溶液，沉淀出现后，继续加热并放置一段时间，进行陈化，以利于晶体的生成和长大。

粗食盐中的 Mg^{2+}、Ca^{2+} 以及为沉淀 SO_4^{2-} 而带入的 Ba^{2+}，在加入 $NaOH$ 溶液和 Na_2CO_3 溶液后，可生成沉淀再过滤除去。

$$Mg^{2+} + 2OH^- =\!=\!= Mg(OH)_2 \downarrow$$
$$Ba^{2+} + CO_3^{2-} =\!=\!= BaCO_3 \downarrow$$
$$Ca^{2+} + CO_3^{2-} =\!=\!= CaCO_3 \downarrow$$

过量的 $NaOH$ 和 Na_2CO_3 可通过加 HCl 除去。

对于很少量的可溶性杂质如氯化钾等，在后面的蒸发、浓缩、结晶过程中，绝大部分会仍然留在母液之中，从而可与氯化钠分离。

生产上，在物质提纯过程中，为了检查某种杂质是否除尽，常常需要取少量溶液（称为取样），在其中加入适当的试剂，从反应现象来判断某种杂质存在的情况，这种步骤通常称为"中间控制检验"，而对产品纯度和含量的测定，则称为"成品检验"。

三、仪器和药品

仪器：台秤；烧杯；普通漏斗；漏斗架；布氏漏斗；吸滤瓶；真空泵；蒸发皿（100mL）；石棉网；酒精灯；玻璃棒。

药品：固体粗食盐；HCl（$2mol \cdot L^{-1}$）；$NaOH$（$1mol \cdot L^{-1}$，$2mol \cdot L^{-1}$）；$BaCl_2$（$1mol \cdot L^{-1}$）；Na_2CO_3（$1mol \cdot L^{-1}$）；Na_2SO_4（$2mol \cdot L^{-1}$）；$(NH_4)_2C_2O_4$（$0.5mol \cdot L^{-1}$）；镁试剂；pH试纸；滤纸。

四、实验步骤

1. 粗食盐的提纯

① 在台秤上称取 8g 粗食盐，放入小烧杯中，加入 30mL 蒸馏水，用玻璃棒搅拌，并加热使其溶解。继续加热至沸时，在不断搅拌下缓慢逐滴加入 $1mol \cdot L^{-1}$ 的 $BaCl_2$ 溶液至沉淀完全（约 2mL），陈化半小时。

为了检测沉淀是否彻底，可取上层清液少许，加入 1～2 滴 $BaCl_2$ 溶液，观察是否有浑浊现象。若没有浑浊，说明 SO_4^{2-} 已沉淀完全。反之，则说明 SO_4^{2-} 还存在于溶液中，需再滴加 $BaCl_2$ 溶液，直到沉淀完全。继续加热保温 5～10min，放置一会儿后用普通漏斗过滤。

② 在上述滤液中加入 1mL $2mol \cdot L^{-1}$ 的 $NaOH$ 溶液和 3mL $1mol \cdot L^{-1}$ 的 Na_2CO_3 溶液，加热至沸腾。待沉淀稍沉降后，吸取上层清液约 1mL 进行离心分离，取分离出的清液加入 $2mol \cdot L^{-1}$ Na_2SO_4 溶液 1～2 滴，振荡试管，观察有无浑浊产生。若无白色浑浊，表明上面所加过量的 Ba^{2+} 已沉淀完全，弃去试液（为什么不能倒回烧杯中？）；若有白色浑浊现象，则在溶液中再加 0.5～1mL Na_2CO_3 溶液（视浑浊程度而定），加热至沸，然后再取样检验，直至 Ba^{2+} 沉淀完全。静置片刻，用普通漏斗过滤。

③ 在滤液中逐滴加入 $2mol \cdot L^{-1}$ HCl，并使滤液呈微酸性（pH＝3～4）。

④ 将调好酸度的滤液置于蒸发皿中，用小火加热蒸发，浓缩至稀糊状，但切不可将溶液蒸干。

⑤ 适当冷却后，用布氏漏斗抽滤，要使结晶尽量抽干，并用少许水洗涤两次，每次洗涤也应尽量抽干。

⑥ 将结晶重新置于干净的蒸发皿中，在石棉网上用小火加热烘干。

⑦ 冷却至室温，称量并计算产率。

2.产品纯度的检验

各取少量（1g）提纯前后的粗食盐和精食盐，分别用 5mL 蒸馏水溶解，然后各分装于三支试管中，形成三个对照组。

（1）SO_4^{2-} 的检验

在第一组的两溶液中分别加入 2 滴 $1mol \cdot L^{-1}$ $BaCl_2$ 溶液，比较二者沉淀产生的情况。

（2）Ca^{2+} 的检验

在第二组的两溶液中各加入 2 滴 $0.5mol \cdot L^{-1}$ 的 $(NH_4)_2C_2O_4$ 溶液，分别观察有无白色沉淀产生。

（3）Mg^{2+} 的检验

在第三组的两溶液中，各加入 2～3 滴 $1mol \cdot L^{-1}$ NaOH 溶液，使溶液呈微碱性（用 pH 试纸试验），再加入 2～3 滴镁试剂，比较两溶液产生蓝色沉淀的情况。

镁试剂是一种有机染料，它在酸性溶液中呈黄色，在碱性溶液中呈红色或紫色，但被 $Mg(OH)_2$ 沉淀吸附后，则呈蓝色，因此可以用来检验 Mg^{2+} 的存在。

思 考 题

1. 中和过量的 NaOH 和 Na_2CO_3 为什么只选 HCl 溶液，取其他酸是否可以？

2. 提纯后的食盐溶液在浓缩时为什么不能蒸干？且在浓缩时为什么不能采用高温？

3. 如何除去粗食盐中 SO_4^{2-}、Ca^{2+}、Mg^{2+} 和 K^+ 等杂质离子？哪种离子的除去是采用化学法？

4. 怎样检查杂质离子是否沉淀完全？

5. "陈化"过程是化学法提纯 NaCl 所必需的，为什么？

2.10 温度的测量与控制

温度是物体冷热程度的物理量。温度是确定物质状态的一个基本参量，物质的许多特征参数与温度有着密切关系。在化学实验中，准确测量和控制温度是一项十分重要的技能。

2.10.1 测温计（温度计）

温度计的种类、型号多种多样，常用的温度计有玻璃液体温度计、热电偶温度计、热电阻温度计等。实验时可根据不同的需要选用不同的温度计。

2.10.1.1 玻璃液体温度计

（1）玻璃液体温度计的构造及测温原理

玻璃液体温度计是将液体装入一根下端带有玻璃泡的均匀毛细管中，液体上方抽成真空或充以某种气体。为了防止温度过高时液体胀裂玻璃管，在毛细管顶部一般都留有一膨胀室，如图 2-87 所示。由于液体的膨胀系数远大于玻璃的膨胀系数，毛细管又是均匀的，故

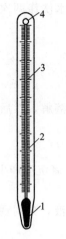

图 2-87　玻璃液体温度计
1—感温泡；2—毛细管；
3—刻度标尺；4—膨胀室

温度的变化可反映在液柱长度的变化上。根据玻璃管外部的分度标尺，可直接读出被测液体的温度。

玻璃液体温度计中所充液体不同，测温范围也不同：充水银称水银温度计，测温范围为−30～750℃；充酒精称酒精温度计，测温范围为−65～165℃。

（2）水银温度计的校正及使用

水银温度计是最常用的一种玻璃液体温度计，尽管水银膨胀系数小于其他感温液体的膨胀系数，但它有许多优点：易提纯、热导率大、膨胀均匀、不易氧化、不沾玻璃、不透明、便于读数等。普通水银温度计的测量范围在−30～300℃之间，如果在水银柱上方的空间充以一定的保护气体（常用氮气、氩气、氢气，防止水银氧化和蒸发），并采用石英玻璃管，可使测量上限达 750℃。若在水银中加入 8.5％的铊，可测到−601℃的低温。

① 水银温度计的校正　水银温度计分全浸式和局浸式两种。前者是将温度计全部浸入恒定温度的介质中与标准温度计比较来进行分度的；后者是只浸到水银球上某一位置，其余部分暴露在规定温度的环境之中进行分度的。如果全浸式作局浸式温度计使用，或局浸式使用时与制作时的露茎温度不同，都会使温度示值产生误差。另外，温度计毛细管内径不均匀、毛细管现象、视差、温度计与介质间是否达到热平衡等许多因素都会引起温度计读数误差。

a. 零点校正（冰点校正）　玻璃是一种过冷液体，属于热力学不稳定体系，体系随时间有所改变；玻璃受到暂时加热后，玻璃球不能立即回到原来的体积。这两种因素都会引起零点的改变。检定零点的恒温槽称为冰点器，如图 2-88 所示。容器为真空杜瓦瓶，起绝热保温作用，在容器中盛以冰（纯净的冰）水（纯水）混合物。最简单的冰点仪是颈部接一橡胶管的漏斗，如图 2-89 所示。漏斗内盛有纯水制成的冰与少量纯水，冰要经粉碎、压紧，被纯水淹没，并从橡胶管放出多余的水。检定时，将事先预冷到−3～−2℃的待测温度计，垂直插入冰中，使零线高出冰表面 5mm，10min 后开始读数，每隔 1～2min 读一次，直到温度计水银柱的可见移动停止为止。由三次顺序读数的相同数据得出零点校正值±Δt。

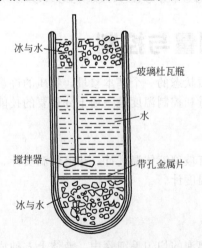

图 2-88　冰点器

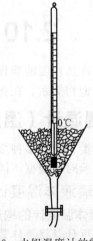

图 2-89　水银温度计的零点校正

b. 示值校正　水银温度计的刻度是按定点（水的冰点及正常沸点）将毛细管等分刻度

的。由于毛细管内径、截面不可能绝对均匀及水银和玻璃膨胀系数的非线性关系，可能造成水银温度计的刻度与国际实用温标存在差异，所以必须进行示值校正。校正的方法是用一支同样量程的标准温度计与待校正温度计同置于恒温槽中进行比较，得出相应的校正值，调节恒温槽使处于一系列恒定温度，得出一系列相应的校正值，作出校正曲线，如图2-90所示。

其余没有检定到的温度示值可由相邻两个检定点的校正值线性内插而得，也可以纯物质的熔点或沸点作为标准。

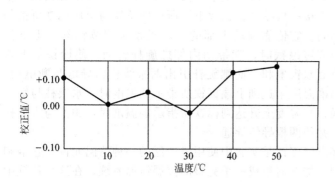

图 2-90　水银温度计示值校正曲线

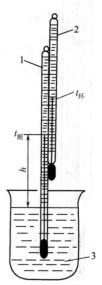

图 2-91　水银温度计的露茎校正
1—测量温度计；2—辅助
温度计；3—被测体系

c. 露茎校正　利用全浸式水银温度计进行测温时，如其不能全部浸没在被测体系（介质）中，则因露出部分与被测体系温度不同，必然存在读数误差。温度不同导致了水银和玻璃的膨胀情况也不同，对露出部分引起的误差进行的校正称为露茎校正，校正方法如图2-91所示。校正值按下式计算：

$$\Delta t = kl(t_{观} - t_{环}) \tag{2-1}$$

式中　Δt——温度校正值；

k——水银对玻璃的相对膨胀系数，$k=0.000157$；

l——测量温度计水银柱露在空气中的长度（以刻度数表示）；

$t_{观}$——测量温度计上的读数（指示被测介质的温度）；

$t_{环}$——附在测量温度计上辅助温度计的读数。

露茎校正后的温度为：

$$t_{校} = t_{观} + \Delta t \tag{2-2}$$

② 水银温度计使用注意事项

a. 根据实验需要对温度计进行零点校正、示值校正及露茎校正。

b. 先将温度计冲洗干净，将温度计尽可能垂直浸在被测体系内（玻璃泡全部浸没），禁止倒装或倾斜安装。

c. 水银温度计应安装在振动不大，不易碰的地方，注意感温包应离开容器壁一定距离。

d. 为防止水银在毛细管上附着，读数前应用手指轻轻弹动温度计。

e. 读数时视线应与水银柱凸面位于同一水平面上。

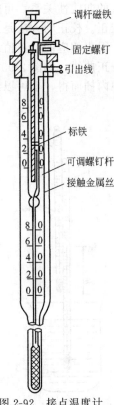

图 2-92　接点温度计

（图中标注，从上到下）
调杆磁铁
固定螺钉
引出线
标铁
可调螺钉杆
接触金属丝

f. 防止骤冷骤热，以免引起温度计破裂和变形；防止强光、辐射和直接照射水银球。

g. 水银温度计是易碎玻璃仪器，且毛细管中的水银有毒，所以绝不允许作搅拌、支柱等它用，要避免与硬物相碰。如温度计需插在塞孔中，孔的大小要合适，以防脱落或折断。

h. 温度计用完后，冲洗干净，保存好。

2.10.1.2　接点温度计

接点温度计也是一种玻璃水银温度计，其构造与普通水银温度计不同，如图 2-92 所示。在毛细管水银上面悬有一根可上下移动的铂丝（触针），并利用磁铁的旋转来调节触针的位置。另外，接点温度计上下两段均有刻度，上段由标铁指示温度，它焊接一根铂丝，铂丝下段所指的位置与上段标铁所指的温度相同。它依靠顶端上部的一块磁铁来调节铂丝的上下位置。当旋转磁铁时，就带动内部螺旋杆转动，使标铁上下移动，下面水银槽和上面螺旋杆引出两根线作为导电与断电用。当恒温槽温度未达到上端标铁所指示的温度时，水银柱与触针不接触；当温度上升达到标铁所指示的温度时，铂丝与水银柱接触，并使两根导线导通。

接点温度计是实验中使用最广泛的一种感温元件。它常和继电器、加热器组成一个完整的控温恒温系统。在这个系统中接点温度计的主要作用是探测恒温介质的温度，并能随时把温度信息送给继电器，从而控制加热开关的通断。它是恒温槽的感觉中枢，是提高恒温槽精度的关键所在。接点温度计的使用方法如下。

① 将接点温度计垂直插入恒温槽中，并将两根导线接在继电器接线柱上。

② 旋松接点温度计调节帽上的固定螺钉，旋转调节帽，将标铁调到稍低于欲恒定的温度。

③ 接通电源，恒温槽指示灯亮（表示开始加热），打开搅拌器中速搅拌。当加热到水银与铂丝接触时，指示灯灭（表示停止加热），此时读取 1/10℃ 温度计上的读数。如低于欲恒定温度，则慢慢调节使标铁上升，直至达到欲恒定温度为止。然后固定调节帽。

接点温度计使用注意事项如下。

① 接点温度计只能作为温度的触感器，不能作为温度的指示器（因接点温度计的温度刻度很粗糙）。恒温槽的温度必须由 1/10℃ 温度计指示。

② 接点温度计不用时应将温度调至常温以上保管。

③ 防止骤冷骤热，以防破裂。

2.10.1.3　热电偶温度计

由 A、B 两种不同材料的金属导体组成的闭合回路中，如果使两个接点 I 和 II 处在不同温度（图 2-93），回路中就产生接触电动势，这叫热电势，这一现象称为热电现象。热电现象是热电偶测温的基础。接点 I 是焊接的，放置在被测温度为 t 的介质中，称为工作端（或热端）；另一接点 II 称为参比端，在使用时这端不焊接，而是接入测量仪表（直流毫伏计或高温计）。参比端的温度为 t_0，通常就是室温或某个恒定温度（0℃），故参比端又常称为冷端。连接测量仪表处，有第三种金属导线 C 的引入，如图 2-94 所示，但这对整个线路的热电势没有影响。

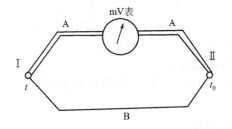

图 2-93 热电现象示意图

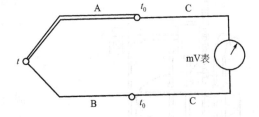

图 2-94 热电偶回路

实验指出，在一定温度范围内，热电势的大小只与两端的温差（$t-t_0$）成正比，而与导线的长短、粗细，导线本身的温度分布无关。由于冷端温度是恒定的，因此只要知道热端温度与热电势的依赖关系，便可由测得的热电势推算出热端温度。利用这种原理设计而成的温度计称为热电偶温度计。

热电偶的使用方法及注意事项如下。

① 正确选择热电偶：根据体系的具体情况来选择热电偶。例如：易受还原的铂-铂铑热电偶，不应在还原气氛中使用；在测量温度高的体系时，不能使用低量程的热电偶。

② 使用热电偶保护管：为了避免热电偶遭受被测介质的侵蚀和便于安装，使用保护管是必要的。根据温度要求，可选用石英、刚玉、耐火陶瓷作保护管，低于 600℃ 可用硬质玻璃管。

③ 冷端要进行补偿：表明热电偶的热电势与温度的关系的分度表，是在冷端温度保持 0℃ 时得到的，因此在使用时最好能保持这种条件，即直接把热电偶冷端或用补偿导线把冷端延引出来，放在冰水浴中。

④ 温度的测量：要使热端温度与被测介质完全一致，首先要求有良好的热接触，使二者很快建立热平衡；其次要求热端不向介质以外传递热量，以免热端与介质永远达不到平衡而存在一定误差。

⑤ 热电偶经过一段时间使用后可能有变质现象，故每一副热电偶在实际使用前，都要进行校正，可用比较检定法，也可用已知熔点的物质进行校正，作出工作曲线。

2.10.2 温度的控制

在某些实验中不仅要测量温度，而且需要精确地控制温度。常用的控温装置是恒温槽，而在无控温装置的情况下，可以用相变点恒温介质浴来获得恒温条件。

2.10.2.1 相变点恒温介质浴

相变点恒温介质浴是利用物质在相变时温度恒定这一原理来达到恒温目的。常用的恒温介质有：液氮（−196℃）、干冰-丙酮（−78.5℃）、冰-水（0℃）、沸点丙酮（56.5℃）、沸点水（100℃）、沸点萘（218.0℃）、熔融态铅（327.5℃）等。

相变点恒温介质浴是一种最简单的恒温器。它的优点是控温稳定、操作方便。其缺点是恒温温度不能随意调节，从而限制了使用范围；使用时必须始终保持相平衡状态，若其中一相消失，介质浴温度会发生变化，因此不能保持长时间温度恒定。

2.10.2.2 恒温槽及其使用

恒温槽由浴槽、加热器、搅拌器、接点温度计、继电器和精密温度计等部件组成，如图 2-95所示。

（1）浴槽和恒温介质

通常选用 10～20L 的玻璃槽（市售超级恒温槽浴槽为金属筒，并用玻璃纤维保温）。恒

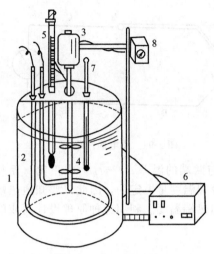

图 2-95　恒温槽示意图

1—浴槽；2—加热器；3—电动机；
4—搅拌器；5—接点温度计；6—电子
继电器；7—精密温度计；8—调速变压器

温温度在 100℃ 以下大多采用水浴。恒温在 50℃ 以上的水浴面上可加一层石蜡油，超过 100℃ 的恒温用甘油、液体石蜡等作恒温介质。

（2）精密温度计

通常用 1/10℃ 的温度计测量恒温槽内的实际温度。

（3）加热器

常用的加热器是电阻丝加热圈，其功率一般在 1kW 左右。为改善控温、恒温的灵敏度，组装的恒温槽可用调压变压器改变炉丝的加热功率（501 型超级恒温槽有两组不同功率的加热炉丝）。

（4）搅拌器

搅拌器的作用是使介质能上下左右充分混合均匀，即使介质各处温度均匀。

（5）接点温度计

接点温度计是恒温槽的感温元件，用于控制恒温槽所要求的温度。

（6）继电器

继电量与接点温度计、加热器配合作用，才能使恒温槽的温度得到控制，当恒温槽中的介质未达到所需要控制的温度时，插在恒温槽中的接点温度计水银柱与上铂丝是断离的，这一信息送给继电器，继电器打开加热器开关，此时继电器红灯亮表示加热器正在加热，恒温槽中介质温度上升，当水温升到所需控制温度时，水银柱与上铂丝接触，这一信号送给继电器，继电器将加热器开关关掉，此时继电器绿灯亮，表示停止加热。水温由于向周围散热而下降，从而接点温度计水银柱又与上铂丝断离，继电器又重复前一动作，使加热器继续加热。如此反复进行，使恒温槽内水温自动控制在所需要温度范围内。

2.10.2.3　恒温槽的灵敏度

恒温槽的控温有一个波动范围反映恒温槽的灵敏程度，而且搅拌效果的优劣也会影响到槽内各处温度的均匀性。所以灵敏度就是衡量恒温槽好坏的主要标志。控制温度的波动范围越小，槽内各处温度越均匀，恒温槽的灵敏度就越高。恒温槽的灵敏度除了与感温元件、电子继电器有关外，还与搅拌器的效率、加热器的功率和各部件的布局情况有关。

恒温槽灵敏度的测定是指定温度下，用较灵敏的温度计测量温度随时间变化，然后作出温度-时间曲线图（灵敏度曲线）。如图 2-96 所示，若温度波动范围的最高温度为 t_1，最低温度为 t_2，则恒温槽的灵敏度 t_0 为：

$$t_0 = \pm \frac{t_1 - t_2}{2} \tag{2-3}$$

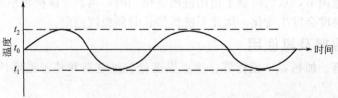

图 2-96　恒温槽的温度-时间曲线

不同类型的恒温槽，灵敏度不同。恒温槽中恒温介质的温度不是一个恒定值，只能恒定在某一温度范围内，所以恒温槽温度的正确表示应是一不恒定的温度范围，如（50±0.1）℃。下面是恒温槽的使用方法。

（1）玻璃恒温槽

① 将恒温槽的各部件安装好，连接好线路，加入纯水至离槽口5cm处。

② 旋松接点温度计上部调节帽上的固定螺钉，旋转调节帽，指示标铁上端调到低于所需恒温温度1~2℃处，再旋紧固定螺钉。

③ 接通电源，打开搅拌器，调好适当的速度。

④ 接通加热器电源。先将加热电压调至220V，待接近所需温度时（相差0.5~1℃），降低加热电压（在80~120V）。注意观察恒温槽的水温和继电器上红绿灯的变化情况，再仔细调节接点温度计（一般调节帽转一圈温度变化0.2℃左右）使槽温逐渐升至所需温度。

⑤ 在恒温水槽正好处于所需恒温温度时，若左右旋转接点温度计的调节帽，那么继电器上红绿灯就交替交换，在此位置上旋紧固定螺钉，以后不再动。

（2）501型超级恒温槽

① 501型超级恒温槽附有电动循环泵，可外接使用，将恒温水压到待测体系的水浴槽中；还有一对冷凝水管，控制冷水的流量，可以起到辅助恒温作用。

② 使用时首先连好线路，用橡胶管将水泵进出口与待测体系水浴相连，若不需要将恒温水外接，可将泵的进出口用短橡胶管连接起来。注入纯水至离盖板3cm处。

③ 旋松接点温度计调节帽上的固定螺钉，旋转调节帽，使指示标线上端调到低于所需温度1~2℃，再旋紧固定螺钉。

④ 接通总电源，打开"加热"和"搅拌"开关。此时加热器、搅拌器及循环泵开始工作，水温逐渐上升。待加热指示灯红灯熄绿灯亮时，断开加热开关（加热开关控制在1000W电热丝，专供加热用；总电源开关控制在500W电热丝，供加热、恒温两用）。

⑤ 再仔细调节接点温度计，使槽温逐渐升至所需温度。在此温度下，若左右旋转接点温度计的调节帽，应调至继电器上红绿灯交替变换，旋紧固定螺钉后不再动。

（3）恒温槽的使用注意事项

① 接点温度计只能作为定温器，不能作温度的指示器。恒温槽的温度必须用专用测温的水银温度计。

② 一般用纯水作恒温介质。若无纯水而只能用自来水作恒温介质时，则每次使用后应将恒温槽清洗一次，防止水垢积聚。

③ 注意被恒温的溶液不要撒入槽内。若有沾污，则要停用、换水。

④ 用毕应将槽内的水倒出、吸尽，并用干净布擦干，盖好槽盖，套上塑料罩。

2.10.3　温度计使用注意事项

① 在使用温度计之前，应首先估计一下被测介质温度的高低，若被测介质温度在所用温度计的测量范围内，该温度计就可以使用，否则，就不能使用。

② 大多数精密温度计都是全浸式的，在使用时，其末端感温泡应完全浸没在被测介质中。

③ 温度计不应不经适当方法预热就立即插入热介质中。

④ 读数时必须在正面读取，并保持视线、刻度和液面基准线（水银温度计以凸面最高点的切线为液面基准线，酒精温度计以凹月面最低点的切线为液面基准线）在同一水平线上。

⑤ 刚测量过高温物体温度的温度计不能立即用冷水冲洗，以免水银球炸裂。

⑥ 温度计不得代替玻璃棒用作搅拌。

⑦ 温度计应该轻拿轻放，一旦打碎洒出水银，应立即予以处理（如用硫黄粉覆盖）以免中毒。

⑧ 使用接点温度计时，其尾部应完全浸入被测介质中，但标尺部分不能浸入介质中受热。

⑨ 遇到水银柱中断的现象发生时，可将水银温度计插入冷冻剂中，使毛细管中的水银全部缩回到感温泡中，然后再撤去冷冻剂使其升温膨胀，这样反复进行几次，此现象即可消除。

2.11   压力的测量

在化学实验中，经常要涉及气体压力的测量。有的实验需要在真空下操作，有的实验需要使用高压气体。下面介绍几种常用仪器，包括气压计、U 形压力计、气体钢瓶与减压阀。

2.11.1   气压计

测定大气压力的仪器称为大气压力计，简称气压计。气压计的种类很多，实验室最常用的是福廷式气压计。福廷式气压计是一种真空压力计，其原理如图 2-97 所示，它以汞柱所产生的静压力来平衡大气压力 p，汞柱的高度 h 就可以度量大气压力的大小。在实验室，通常用毫米汞柱（mmHg）作为大气压力 p 的单位。

毫米汞柱作为压力单位时，它的定义是：当汞的密度为 13.5951g·cm^{-3}（即 0℃时汞的密度，通常作为标准密度，用符号 $\rho^{\ominus}$ 表示），重力加速度为 9.80m·s^{-2}（即纬度45°的海平面上的重力加速度，通常作为标准重力加速度，用符号 g_0 表示）时，1mm 高的汞柱所产生的静压力为 1mmHg。mmHg 与 Pa 单位之间的换算关系为：1mm＝133.32Pa。

（1）构造

如图 2-98 所示，气压计的外部为一黄铜管，内部是装有汞的玻璃管 1，封闭的一端向上，开口的一端插入汞槽 8 中。玻璃管顶部为真空。在黄铜管 3 的顶端开有长方形窗口，并附有刻度标尺，以观察汞的液面高低。在窗口间放一游标 2，转动螺旋 4 可使游标上下移动。黄铜管中部附有温度计 10。汞槽的底部为一柔皮囊，下部由螺旋 9 支持，转动螺旋 9 可调节汞槽内汞液面 7 的高低。汞槽上部有一个倒置的固定象牙针 6，其针尖即为标尺的零点。

（2）用法

气压计垂直放置后，旋转调节汞液面位置的底部螺旋 9，以升高槽内汞的液面。利用槽后面的白瓷板的反光，注意水银面与象牙针间的空隙，直到汞液面升高到恰与象牙针尖接触为止（调节时动作要慢，不可旋转过急）。

转动螺旋 4 调节游标，使它比汞液面高出少许，然后慢慢旋下，直到游标前后两边的边缘与汞液面的凸月面相切（此时在切点两侧露出三角形的小孔隙），便可从黄铜刻度与游标尺上读数。

读毕，转动螺旋 9，使汞液面与象牙针脱离。

（3）读数

读数时应注意眼睛的位置和汞液面齐平。找出游标零线所对标尺上的刻度，读出整数部分。从游标尺上找出一根恰与标尺上某一刻度线相吻合的刻度，此游标尺上的刻度值即为小数点后的读数（参阅图 2-98）。记下读数后，还要记录气压计上的温度和气压计本身的仪器误差，以便进行读数校正。

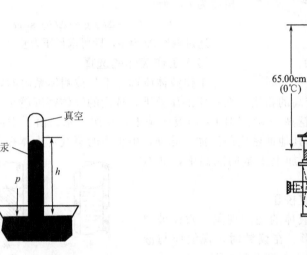

图 2-97 气压计原理示意图

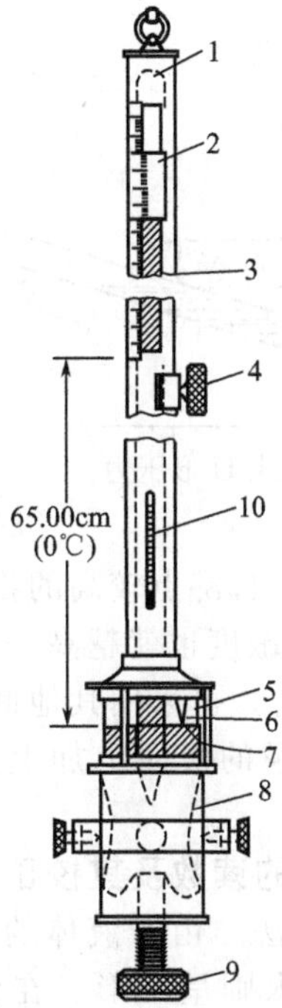

图 2-98 福廷式气压计
1—封闭的装有汞的玻璃管；2—游标尺的后板；3—刻度标尺；4—调节螺旋；
5—黄铜管；6—零点象牙针；7—汞；8—汞槽；9—螺旋；10—温度计

（4）读数的校正

由于气压计上黄铜标尺的长度随温度而变，汞的密度也随温度而变，而重力加速度随纬度和海拔高度而变，所以由气压计直接读出的汞柱高度通常不等于上述以汞的标准密度、标准重力加速度定义的毫米汞柱，必须进行校正。此外，还需对仪器本身的误差进行校正。校正项目有：①温度校正；②重力加速度校正。具体校正办法参阅相关资料。

2.11.2 U形压力计

U形压力计是物理化学实验中用得最多的压力计。它构造简单，使用方便，测量的精确度也较高。它的示值取决于工作液体的密度，也就是与工作液体的种类、纯度、温度及重力加速度有关。它的缺点是测量范围不大。

（1）构造与工作原理

U形压力计由两端开口的垂直U形玻璃管及垂直放置的刻度标尺构成。管内盛有适量的工作液体，如图 2-99 所示。

它实际上是一个压力差计。工作时将U形管的两端分别连接于体系的两个测压口上。若 $p_1 > p_2$，液面差为 Δh，考虑到气体的密度远小于工作液体的密度，因此可得出：

$$p_1 - p_2 = \Delta h \rho g \qquad (2\text{-}4)$$

$$\Delta h = \frac{p_1 - p_2}{\rho g} \qquad (2\text{-}5)$$

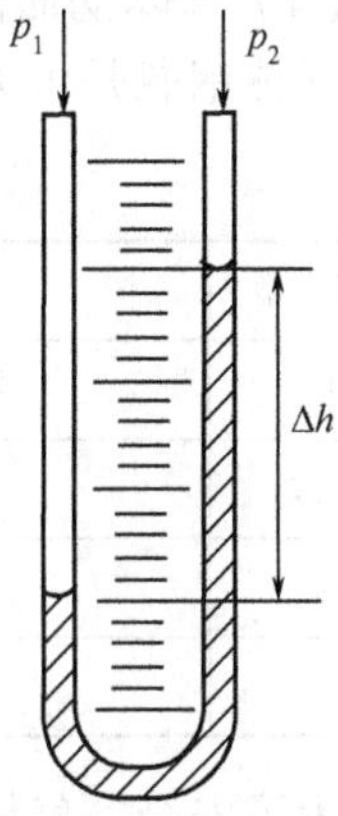

图 2-99 U形压力计

式中，ρ 为给定温度下工作液体的密度；g 为重力加速度。这样，压力差（$p_1 - p_2$）

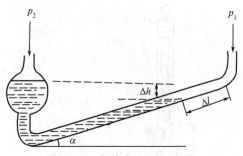

图 2-100　斜管式 U 形压力计

的大小就可用液面差 Δh 来度量。若 U 形管的一端是开口（通大气）的，则可测得体系的压力与大气压力之差。

在测量微小压力差时，可采用斜管式 U 形压力计，如图 2-100 所示。设斜管与水平所成的角度为 α，则

$$p_1 - p_2 = \Delta h \rho g = \Delta l \rho g \sin\alpha \qquad (2\text{-}6)$$

通过测量 Δl 和 α，即可求得压力差（$p_1 - p_2$）。

（2）工作液体的选择

工作液体应选择不与被测体系内的物质发生化学反应，也不互溶，且沸点较高的物质。在一定的压差下，选用的液体密度越小，液面差 Δh 就越大，测量的灵敏度也就越高。最常用的工作液体是汞，其次是水。由于汞的密度较大，在压差较小的场合，可采用其他低密度的液体。此外，由于汞的蒸气对人体有毒，为了防止汞的扩散，可在汞的液面上加上少量的隔离液，如石蜡油、甘油或盐水等。

（3）U 形压力计的读数及其校正

① 正确读数的方法　由于液体的毛细现象，汞在玻璃管内的液面呈凸形，水则呈凹形。在读数时，视线应与液柱弯月面的最低点或最高点相切，如图 2-101 所示。

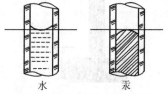

水　　　汞
图 2-101　U 形压力计的读数

② 读数的温度校正　在用 U 形压力计测量时，也要像气压计一样进行读数的温度校正。设工作液体为汞，在室温 t 时的读数为 Δh_t，若不考虑标尺的线膨胀系数，校正到汞的密度为标准密度下的 Δh_0，有：

$$\Delta h_0 = \Delta h_t (1 - 0.00018t) \qquad (2\text{-}7)$$

当温度 t 较高以及 Δh_t 数值很大时，温度校正值是不可忽视的。

2.11.3　气体钢瓶与减压阀

在物理化学实验室，经常要用到 O_2、N_2、H_2 和 Ar 等气体，这些气体通常储存在耐高压（10^4kPa）的专用钢瓶里。使用时钢瓶上必须装上一个减压阀，使气体压力降低到实验所需的压力范围。

（1）气体钢瓶的类型及其标记

气体钢瓶是由无缝碳素钢或合金钢制成的。常用的气体钢瓶类型见表 2-10。

表 2-10　常用的气体钢瓶类型

钢瓶类型	用　途	p/MPa		
甲	装 O_2、H_2、N_2、压缩空气和惰性气体	15.0	22.5	15.0
乙	装纯净水煤气以及 CO_2 等	12.5	19.0	12.5
丙	装 NH_3、Cl_2、光气和异丁烯等	3.0	6.0	3.0
丁	装 SO_2 等	0.6	1.2	0.6

为了安全，气体钢瓶均有专用的漆色及标记（参见表 1-10）。

（2）气体减压阀

最常用的减压阀为氧气减压阀，也称氧气表。下面就以它为例来说明减压阀的工作原理

与使用。

　　氧气瓶上的减压阀装置如图 2-102 所示。其高压部分与钢瓶连接，为气体进口；其低压部分为气体出口，通往使用体系。高压表的示值为钢瓶内储存气体的压力。低压表的示值为出口压力，可由减压阀来调节和控制。

　　减压阀的构造如图 2-103 所示。使用时，先打开钢瓶阀门，高压表 11 立即指示钢瓶内储存气体的压力。由于回动弹簧 6 的压力作用，减压阀门 5 紧闭。如果按顺时针方向慢慢旋动调节螺杆 9，它就压缩调节弹簧 8 并转动薄膜 4 和支杆 7，使减压阀门 5 微微开启。这时高压气体由高压室 1 经阀门节流减压后，进入低压室 3，随后进入工作体系。通过调节螺杆 9 改变减压阀门 5 的开启程度，配合低压表 12，就可以控制出口气体的压力。减压阀内装有安全阀门 10，如果由于阀门损坏等原因，当低压室内气体超过许可值时，安全阀门 10 就会自动打开，以保护减压阀的安全使用。

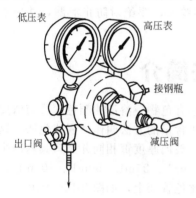

图 2-102　氧气减压阀装置

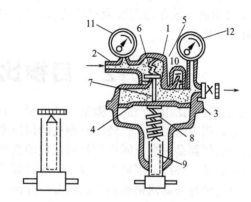

图 2-103　氧气减压阀的构造

1—高压室；2—管接头；3—低压室；4—薄膜；5—减压阀门；
6—回动弹簧；7—支杆；8—调节弹簧；9—调节螺杆；
10—安全阀门；11—高压表；12—低压表

使用氧气减压阀应注意以下几点。

　　① 依使用要求的不同，氧气减压阀有多种规格。最高进口压力多为 15MPa，最低进口压力应大于出口压力的 2.5 倍。出口压力的规格较多，最低为 0～0.1MPa，最高为 0～4MPa。

　　② 氧气减压阀严禁接触油脂类物质，以免发生火灾事故。

　　③ 停止工作时，应先将减压阀内余气放净，然后旋松调节螺杆（旋到最松位置），即关闭减压阀门。

　　④ 减压阀应避免撞击和振动，不可与腐蚀性气体接触。

　　有些气体，例如 H_2、N_2、空气、Ar 等可以采用氧气减压阀。但有些气体，如 NH_3 等腐蚀性气体，则需要用专用的减压阀，其使用方法及注意事项与氧气减压阀基本相同，但要注意调节螺杆的螺纹方向。

（3）气体钢瓶的安全使用

　　使用气体钢瓶应注意安全，密闭时应保证不漏气，对可燃性气体钢瓶应绝对避免发生爆炸事故。钢瓶发生爆炸主要有以下几个方面原因：钢瓶受热，内部气体膨胀导致压力超过它的最高负荷；瓶颈螺纹因年久损坏，瓶中气体会冲脱瓶颈以高速喷出，钢瓶则向喷气的相反方向高速飞行，可能造成严重的事故；钢瓶的金属材料不佳或受腐蚀，在钢瓶坠落或撞击时容易引发爆炸。

　　使用钢瓶时应注意以下几点。

① 钢瓶应存放在阴凉、干燥及远离热源（如炉火、暖气、阳光等）的地方，放置时必须垂直放稳并用一定的方法固定好。

② 搬运时要稳走轻放，并把保护阀门的瓶帽旋上。

③ 使用时要用气体减压阀（CO_2、NH_3 可例外）。对一般不燃性气体或助燃性气体（例如 N_2、O_2），钢瓶气门螺纹按顺时针方向旋转时为关闭；对可燃性气体（例如 H_2、C_2H_2），钢瓶气门螺纹按逆时针方向旋转时为关闭。

④ 绝不允许把油或其他易燃性有机物沾染在钢瓶上（特别是在出口和气压表处），也不可用棉、麻等物堵漏，以防燃烧。

⑤ 开启气门时，工作人员应避开瓶口方向，站在侧面，并缓慢操作，以策安全。

⑥ 不可把钢瓶内气体用尽，应留有剩余压力，以核对气体的种类和防止灌气时有空气或其他气体进入而发生危险。钢瓶每 2～3 年必须进行一次检验，不合格的应及时报废。

⑦ 氢气钢瓶应放在远离实验室的地方，用导管引入实验室，要绝对防止泄漏，并应加上防止回火的装置。

2.12　目视比色法简介

目视比色法广泛用于产品中微量杂质的限量分析。一些有色物质溶液的颜色深浅与浓度成正比关系，用眼睛观察，比较溶液颜色的深浅来确定物质含量的方法叫作目视比色法。这种方法所用的仪器是一套以同样的材料制成的直径、大小、玻璃厚度都相同并磨口具塞的平底比色管，管壁有环线刻度以指示容量。比色管的容量有 10mL、25mL、50mL、100mL 几种，使用时要选择一套规格相同的比色管，并放在特制的比色管架上，如图 2-104 所示。

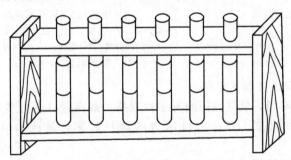

图 2-104　比色管

目视比色法中最常用的是标准系列法（色阶法），它是将被测物质溶液和已知浓度的标准物质溶液在相同条件下显色，当液层的厚度相等、颜色深度相同时，二者的浓度就相等。其操作方法是：①首先配制标准色阶，取一套相同规格的比色管，编上序号，将已知浓度的标准溶液，以不同的体积依次加入比色管中，分别加入等量的显色剂及其他辅助剂（有时为消除干扰而加），然后稀释至同一刻度线，摇匀，即形成标准色阶。②比色时，将试样按同样的方法处理后与标准色阶比较，若试样与某一标准溶液的颜色深度一样，则它们的浓度必定相等。如果被测试样溶液的颜色深度介于两相邻标准溶液颜色之间，则未知液浓度可取两标准溶液浓度的平均值。

比较颜色的方法：①眼睛沿比色管中纸垂直向下注视；②有的比色管架下有一镜条，将镜条旋转 45°，从镜面上观察比色管底端的颜色深度。

目视比色法的优点：

① 仪器简单，操作方便，适宜于大批样品的分析和生产中的中控分析；

② 比色管很长，从上往下看，颜色很浅的溶液也易于观察，灵敏度较高；

③ 此法以白光为光源，不需要单色光，不要求有色溶液严格符合朗伯-比尔定律，因而可广泛应用于准确度要求不高的常规分析中。

目视比色法的缺点：

① 因为人的眼睛对不同颜色及其深度的辨别能力不同会产生较大的主观误差；

② 许多有色溶液不稳定，标准色阶不能久存，常常需要定期重新配制，因此，此法比较麻烦。

目视比色法的注意事项如下。

① 比色管不宜用硬毛刷和去污粉刷洗。若内壁沾有油污，可用肥皂水、洗衣粉水或铬酸洗液浸泡，而后用自来水、蒸馏水冲洗干净。

② 不宜在强光下进行比色，因易使眼睛疲劳，引起较大误差。

③ 用完后及时洗净，晾干装箱保存。

实验 2-4　　粗硫酸铜的提纯

一、实验目的

1. 掌握用化学法提纯硫酸铜的原理与方法。

2. 练习并初步学会无机制备的某些基本操作。

二、实验原理

粗硫酸铜中含有不溶性杂质（如泥沙等）和可溶性杂质 [$FeSO_4$、$Fe_2(SO_4)_3$ 等]。不溶性杂质可用过滤法除去，可溶性杂质 $FeSO_4$ 需用氧化剂 H_2O_2 将 Fe^{2+} 氧化为 Fe^{3+}，然后用调节溶液酸度的方法（pH＝3.5～4.0），使 Fe^{3+} 完全水解成为 $Fe(OH)_3$ 沉淀而除去。其反应原理如下：

$$2FeSO_4 + H_2SO_4 + H_2O_2 =\!=\!= Fe_2(SO_4)_3 + 2H_2O$$

$$Fe^{3+} + 3H_2O \xrightarrow{pH=3.5\sim4.0} Fe(OH)_3 \downarrow + 3H^+$$

除去 Fe^{3+} 后的溶液，用 KSCN 检验 Fe^{3+} 是否还存在，若 Fe^{3+} 已沉淀完全，即可过滤后对滤液进行蒸发结晶。其他微量可溶性杂质在硫酸铜结晶时，仍留于母液之中，经过滤可与硫酸铜分离。

三、仪器和药品

仪器：台秤；研钵；普通漏斗和漏斗架；布氏漏斗；吸滤瓶；蒸发皿；烧杯；石棉网；真空泵。

药品：固体粗硫酸铜；HCl(2mol·L^{-1})；H_2SO_4(1mol·L^{-1})；NH_3·H_2O(1mol·L^{-1}，6mol·L^{-1})；NaOH(2mol·L^{-1})；KSCN(1mol·L^{-1})；H_2O_2(质量分数为 3%)；滤纸；pH 试纸。

四、实验步骤

1. 粗硫酸铜的提纯

① 用台秤称取 16～17g 粗硫酸铜固体，置于研钵中研细后，从其中称出 15g 作提纯用。另称取 1g，用于比较提纯前、后硫酸铜中杂质含量的变化。

② 将 15g 研细的硫酸铜置于 100mL 小烧杯中，用 50mL 蒸馏水溶解，加热并搅拌，然后向其中滴加 2mL 3% 的 H_2O_2，继续将溶液加热，同时逐滴加入 $2mol \cdot L^{-1}$ 的 NaOH 溶液，保持溶液的 pH=3.5~4.0，再加热片刻，使 Fe^{3+} 充分水解成 $Fe(OH)_3$ 沉淀，静置一定时间后在普通漏斗上过滤，滤液置于蒸发皿中。

③ 在提纯后的硫酸铜溶液中，滴加 $1mol \cdot L^{-1} H_2SO_4$ 进行酸化，使 pH=1.0~2.0，然后在石棉网上加热、蒸发，浓缩至液面上出现一薄层结晶时，即停止加热。

④ 浓缩液冷却至室温，析出的硫酸铜结晶在布氏漏斗上进行抽滤，将水分尽量抽干。

⑤ 停止抽滤后，将硫酸铜置于滤纸上，吸去硫酸铜表面的水分。

⑥ 在台秤上称其质量，并计算收率。

2. 硫酸铜纯度的检验

① 将之前已称好的 1g 粗硫酸铜晶体粉末，置于小烧杯中，用 10mL 蒸馏水溶解，加入 $1mL$ $1mol \cdot L^{-1}$ 的稀 H_2SO_4 酸化，然后加入 2mL 3% 的 H_2O_2，煮沸片刻，使其中的 Fe^{2+} 氧化成 Fe^{3+}。

② 待溶液冷却后，在搅拌下，逐滴加入 $6mol \cdot L^{-1}$ 氨水，直至最初生成的蓝色沉淀完全消失，溶液呈深蓝色为止。此时 Fe^{3+} 已完全转化成 $Fe(OH)_3$ 沉淀，而 Cu^{2+} 则完全转化为 $[Cu(NH_3)_4]^{2+}$：

$$Fe^{3+} + 3NH_3 \cdot H_2O = Fe(OH)_3 \downarrow + 3NH_4^+$$
$$2CuSO_4 + 2NH_3 \cdot H_2O = Cu_2(OH)_2SO_4 \downarrow (蓝色) + (NH_4)_2SO_4$$
$$Cu_2(OH)_2SO_4 + (NH_4)_2SO_4 + 6NH_3 \cdot H_2O = 2[Cu(NH_3)_4]SO_4 + 8H_2O$$

③ 用普通漏斗过滤，并用滴管将 $1mol \cdot L^{-1}$ 氨水滴于滤纸内的沉淀上，直到蓝色洗去为止（滤液可弃去），此时棕黄色的 $Fe(OH)_3$ 留在滤纸上。

④ 用滴管把 3mL 稍热的 $2mol \cdot L^{-1}$ HCl 滴于上述滤纸上，以溶解 $Fe(OH)_3$。如果一次不能完全溶解，可将滤液加热，再滴到滤纸上洗涤。

⑤ 在滤液中滴入 2 滴 $1mol \cdot L^{-1}$ 的 KSCN 溶液，则溶液应呈血红色。Fe^{3+} 愈多，血红色愈深，因此可根据血红色的深浅程度比较出 Fe^{3+} 的多与少。保留此血红色溶液与下面试验进行对照。

⑥ 称取 1g 提纯过的精硫酸铜，重复上面的实验操作，比较二者出现血红色的深浅程度，以评定产品的质量。

思　考　题

1. 除 Fe^{3+} 时，为什么要调节 pH=3.5~4.0，pH 值过高或过低对实验有何影响？

2. 提纯后的硫酸铜溶液中，为什么用 $1mol \cdot L^{-1}$ 的硫酸进行酸化？且 pH 值调节到 1.0~2.0？

3. 检验硫酸铜纯度时为什么用氨水洗涤 $Fe(OH)_3$，且要洗到蓝色没有为止？

4. 哪些常见氧化剂可以将 Fe^{2+} 氧化为 Fe^{3+}？实验中选用 H_2O_2 作氧化剂有什么优点？还可选用什么物质作氧化剂？

5. 调节溶液的 pH 为什么常用稀酸、稀碱？除酸、碱外，还可选用哪些物质？选用的原则是什么？

第3章

化学实验基本测量技术

【知识目标】

1. 了解化学实验基本测量原理。
2. 掌握沸点、熔点、折射率、旋光度和电导率的测定方法。
3. 了解密度、黏度的测定方法。

【技能目标】

1. 掌握 Abbe 折射仪、旋光仪、电导率仪等仪器的使用方法。
2. 掌握液体沸点、固体熔点的测定操作。

3.1 密度的测定

密度是物质的一个重要的物理常数。利用密度的测定可以区分化学组成相类似而密度不同的液体化合物，可以鉴定液体化合物的纯度以及定量分析溶液的浓度。由于测定密度比较麻烦，也不易准确测定，因而常采用测定相对密度予以代替。

相对密度是指一定体积的某物质在一定温度时（20℃）的质量与同体积4℃纯水质量的比值，通常用 d_4^{20} 来表示。其测定方法有密度计法、密度瓶法两种。

3.1.1 密度计法

密度计以前称为比重计，用密度计测定液体的相对密度是比较方便的。根据使用范围的不同，密度计的大小和形状有所不同（图3-1），基本上可分为两大类：一类用于测定相对密度大于1的液体的密度，叫作重表；另一类用于测定相对密度小于1的液体的密度，习惯上叫作比轻计或轻表。密度计是基于浮力原理，其上部细管内有刻度标签表示相对密度，下端球体内装有水银或铅粒。将密度计放入液体样品中即可直接读出其相对密度，该法操作简便迅速，适用于大量且准确度要求不高的测量。

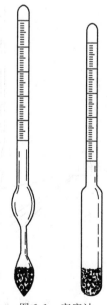

图 3-1 密度计

测定液体相对密度时，要将被测液体盛放在有一定高度和一定直径的量筒内，装入的液体不要太满，但应能将密度计浮起。然后把密度计擦干净，用手拿住其上端，轻轻地插入量筒，用手扶住使其缓缓上升，直至稳定地浮在液体之中停止不动。不要使密度计与容器壁接触，密度计也不可突然放入液体内，以防密度计与量筒底相碰而受损。读数时，眼睛视线应与液面在同一个水平位置上，注意视线要与弯月面最低处相切。测定相对密度的同时还应测定液体的温度。

将密度计读数及温度读数记下后，即得试验温度时的相对密度 d_4^t。也可由下列公式换算成20℃时该液体的相对密度 d_4^{20}：

$$d_4^{20} = d_4^t + \gamma(t-20) \tag{3-1}$$

式中 t——试验时的温度，℃；

　　　　γ——相对密度的温度校正系数。

油品相对密度的平均温度校正系数见表3-1。

表 3-1   油品相对密度的平均温度校正系数

相对密度	1℃的温度校正系数(γ)	相对密度	1℃的温度校正系数(γ)	相对密度	1℃的温度校正系数(γ)
0.6900~0.6999	0.000910	0.8000~0.8099	0.000765	0.9100~0.9199	0.000620
0.7000~0.7099	0.0000897	0.8100~0.8199	0.000752	0.9200~0.9299	0.000607
0.7100~0.7199	0.000884	0.8200~0.8299	0.000738	0.9300~0.9399	0.000594
0.7200~0.7299	0.000870	0.8300~0.8399	0.000725	0.9400~0.9499	0.000581
0.7300~0.7399	0.000857	0.8400~0.8499	0.000712	0.9500~0.9599	0.000567
0.7400~0.7499	0.000844	0.8500~0.8599	0.000699	0.9600~0.9699	0.000554
0.7500~0.7599	0.000831	0.8600~0.8699	0.000686	0.9700~0.9799	0.000541
0.7600~0.7699	0.000818	0.8700~0.8799	0.000673	0.9800~0.9899	0.000528
0.7700~0.7799	0.000805	0.8800~0.8899	0.000660	0.9900~1.0000	0.000515
0.7800~0.7899	0.000792	0.8900~0.9099	0.000647		
0.7900~0.7999	0.000778	0.9000~0.9099	0.000633		

测定完毕，应将密度计洗干净，用干净柔软的布小心擦干，轻轻放回密度计筒内，以备下次再用。

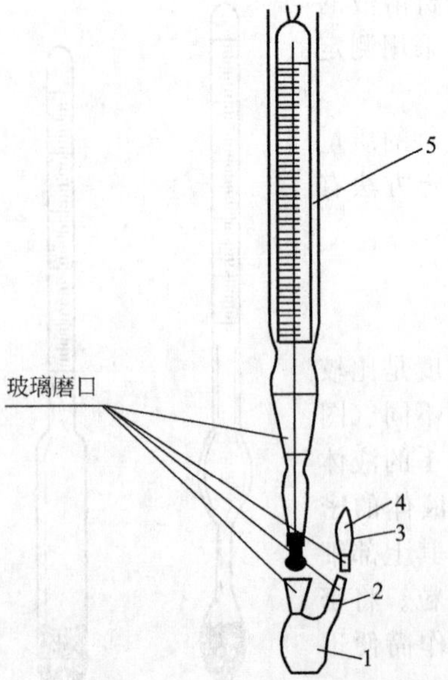

3.1.2   密度瓶法

图 3-2   密度瓶

1—密度瓶主体；2—侧管；3—侧孔；

4—罩；5—温度计

密度瓶法适用于液体有机试剂的相对密度的测定。主体的容积一般为15~25mL，侧管的尖端呈毛细管状，温度计的分度位为0.1℃（图3-2）。

测量时将清洁干燥的密度瓶精确称量至0.001g，其质量为 m_1，再用已知密度的液体（如水）充满密度瓶，装上温度计（瓶中应无气泡），置于恒温槽内，10min钟后取出，将瓶中液面调至密度瓶刻度线处，擦干瓶外壁，称量得到已知液体在测定温度时（由于液体的体积与温度有关，必须使密度瓶在恒温槽内恒温，偏差为±0.03℃）的质量，倒去已知液体，将瓶干燥，倒入待测液体，恒温10min，用同法测得待测液体在测定温度时的质量为 m_2。

在测定质量时，每个数据都应重复测定两次以上，平行误差应小于0.0004。

试液相对密度（d_4^{20}）按下式计算：

$$d_t^{20} = \frac{(m_2 - m_1) \times 0.99823}{m_3 - m_1} \tag{3-2}$$

式中　m_1——密度瓶的质量，g；

　　　m_2——密度瓶及样品的质量，g；

　　　m_3——密度瓶及水的质量，g；

　0.99823——将20℃时的相对密度（d_{20}^{20}）换算为d_4^{20}时的系数，即水在20℃时的密度。

因为液体的密度随温度的变化而变化，所以在测定液体的相对密度时，必须注意控制恒温水浴的温度，使其准确到0.1℃，并最好与室温相近。对于恒温水浴中的水样及样品，要在其温度恒定后再进行测定。

实验 3-1　乙醇相对密度的测定

一、实验目的

1. 掌握密度瓶法测定乙醇的相对密度的方法。
2. 进一步熟悉分析天平的使用。

二、实验原理

在20℃时，分别测定充满同一密度瓶的水及乙醇的质量，由水及乙醇的质量即可求出乙醇的相对密度。试液相对密度按式（3-2）计算：

$$d_t^{20} = \frac{(m_2 - m_1) \times 0.99823}{m_3 - m_1}$$

密度瓶是由带磨口的小锥形瓶和与之配套的磨口毛细管塞组成。当测量精度要求高或样品量少时可用此法。

三、仪器和药品

仪器：密度瓶；胶头滴管；温度计；滤纸。

药品：乙醇；乙醚。

四、实验步骤

1. 实验准备

测定时，先用洗液将密度瓶和玻璃磨口塞处的油脂洗去，再用蒸馏水充分洗涤，干燥。

2. 密度瓶质量的测定

将全套仪器洗净并干燥冷至室温（注意，带温度计的塞子不要烘烤），在分析天平上准确称得其质量为m_1g（精确至0.001g）。

3. 密度瓶和蒸馏水质量的测定

用胶头滴管将煮沸30min并冷却至约15℃的蒸馏水注满密度瓶。装上温度计（瓶中应无气泡），立即浸入（20±0.1）℃的恒温水浴中，至密度瓶温度计达20℃并保持20~30min不变后，取出，用滤纸除去溢出侧管的水，立即盖上磨口毛细管塞。擦干后迅速称量，计为m_2g。

4. 样品密度的测定

倒出蒸馏水，密度瓶先用少量酒精洗涤，再用乙醚洗涤数次，烘干冷却或电吹风冷风吹干。以待测样品代替水，按上述操作测定出被测液体和密度瓶的质量为m_3g。

五、数据记录与处理

室温：＿＿＿＿＿＿　　　大气压：＿＿＿＿＿＿

恒温槽的温度：＿＿＿＿＿＿

密度瓶的质量/g	密度瓶＋水的质量/g	密度瓶＋样品的质量/g

六、注意事项

1. 因为液体的密度随温度的变化而变化，所以在测定液体的相对密度时，必须注意控制恒温水浴的温度，使其准确到 0.1℃，并最好与实际温度相近。对于恒温水浴中的水样及样品，要在其温度恒定后再进行测定。

2. 密度瓶的规格有 5cm³、10cm³、25cm³、50cm³ 等。

思 考 题

1. 注满样品的密度瓶若恒温时间过短，对实验结果会有什么影响？

2. 密度瓶中有气泡，将使测定结果偏低还是偏高？为什么？

3.2　沸点的测定

各种纯的液态物质在一定外界压力下，都各有恒定的沸腾温度，此温度称为沸点。在沸点温度时，若外界供给足够的热量，液态物质可全部汽化。

3.2.1　测定原理

液体分子由于分子运动有从表面逸出的倾向，这种倾向随着温度的升高而增大。如果把液体置于密闭的真空体系中，液体分子会连续不断地逸出液面，形成蒸气。同时，从有蒸气的那一瞬间开始，蒸气分子也不断地回到液体中，当分子由液体逸出的速度与分子由蒸气回到液体的速度相等时，液面上的蒸气达到饱和，它对液面所施加的压力称为饱和蒸气压（简称蒸气压）。实验证明，液体的蒸气压只与温度有关，即液体在一定温度下具有一定的蒸气压。它与体系中存在的液体和蒸气的绝对量无关。

当液体受热，它的蒸气压就随着温度的升高而增大，如图 3-3 所示。当液体的蒸气压增加到与外界施于液面的总压力（通常是大气压力）相等时，就有大量气泡从液体内部逸出，即液体沸腾。这时的温度称为液体的沸点。显然，沸点与所受外界压力的大小有关。通常所说的沸点是指 101.325kPa 压力下液体沸腾时的温度。例如水的沸点为 100℃，即是指在 101.325kPa 压力下，水在 100℃时沸腾。

在其他压力下应注明压力，例如，在 85.326kPa 压力下的沸点应注明压力，例如，在 85.326kPa 压力下水在 95℃沸腾，这时水的沸点可以表示为 95℃/85.326kPa。

纯液体化合物在一定的压力下具有一定的沸点，其温度变化范围（沸程）极小，通常不超过 1～2℃。若液体中含有杂质，则溶剂的蒸气压降低，沸点随之下降，沸程也扩大。但具有固定沸点的液体有机化合物不一定都是纯的有机化合物，因为某些有机化合物常常和其他组分形成二元或三元共沸混合物，它们也有一定的沸点，尽管如此，沸点仍可作为鉴定液

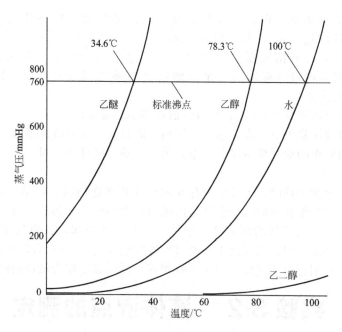

图 3-3　温度与蒸气压关系图

体有机化合物和检验物质纯度的重要物理常数之一。

3.2.2　测定装置

（1）常量法测沸点

常量法测沸点所用仪器装置及安装、操作中的要求和注意事项都与普通蒸馏相同（见"4.2 蒸馏与分馏"）。蒸馏过程中，应始终保持温度计水银球上有被冷凝的液滴，这是气-液两相达到平衡的保证，此时温度计的读数才能代表液体（馏出液）的沸点。

记录第一滴馏出液滴入接收器时的温度 t_1，继续加热，并观察温度有无变化，当温度计读数稳定时，此温度即为样品的沸点。样品大部分蒸出（残留 $0.5 \sim 1 mL$）时，记录最后的温度 t_2，停止加热。$t_1 \sim t_2$ 即是样品的沸程。

（2）微量法测沸点[1]

① 实验装置　沸点管有内外两管，内管是长 4cm，一端封闭，内径为 1mm 的毛细管；外管是长 $7 \sim 8 cm$，一端封闭，内径为 $4 \sim 5 mm$ 的小玻璃管。

取 $3 \sim 4$ 滴待测样品滴入沸点管的外管中，将内管开口向下插入外管中，然后用橡胶圈把沸点管固定在温度计旁，使装样品的部分位于温度计水银球的中部，如图 3-4(a) 所示，然后将其插入热浴中加热。若用 b 形管加热，应调节温度计的位置使水银球位于上下两叉管的中间，如图 3-4(b) 所示。若用烧杯加热，为了加热均匀，需要不断搅拌。

② 实验操作　做好一切准备后，开始

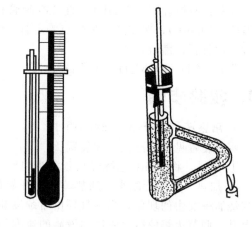

(a) 沸点管附着在温度计上　　(b) b形管测沸点装置

图 3-4　微量法沸点测定装置

加热，由于气体受热膨胀，内管中很快会有小气泡缓缓地从液体中逸出。当温度升到比沸点稍高时，管内逸出的气泡变得快速而连续，表明毛细管内压力超过了大气压。此时立即停止加热，随着浴液温度的降低，气泡逸出的速度也渐渐减慢。当气泡不再逸出而液体刚要进入内管（即最后一个气泡刚要缩回毛细管）时，立即记下此时的温度，即为该样品的沸点。

每种样品的测定需重复 2～3 次，所得数值相差不超过 1℃。

微量法测沸点应注意以下三点：第一，加热不能过快，待测液体不宜太少，以防液体全部汽化；第二，内管里的空气要尽量赶干净；第三，观察要仔细及时。

【注释】

[1] 原理：在最初加热时，毛细管内存在的空气膨胀逸出管外，继续加热出现气泡流。当加热停止时，留在毛细管内的唯一蒸气是由毛细管内的样品受热所形成。此时，若液体受热温度超过其沸点，管内蒸气的压力就高于外压；若液体冷却，其蒸气压下降到低于外压时，液体即被压入毛细管内。当气泡不再逸出而液体刚要进入管内（即最后一个气泡刚要回到管内）的瞬间，毛细管内蒸气压与外压正好相等，所测温度即为液体的沸点。

实验 3-2　　液体沸点的测定

一、实验目的

1. 理解沸点的概念及测定沸点的意义。
2. 掌握常量法及微量法测定沸点的原理和方法。

二、实验原理

1. 当溶液的蒸气压与外界压力相等时，液体开始沸腾。据此原理可用常量法测定乙酸乙酯的沸点。

2. 当溶液的蒸气压与外界压力相等时，液体开始沸腾，产生连续气泡，据此原理可用微量法测定四氯化碳的沸点。

三、仪器和药品

仪器：蒸馏烧瓶（60mL）；直形冷凝管；温度计（150℃，200℃）；接液管；蒸馏头；锥形瓶（100mL）；橡皮筋 b 形熔点测定管；烧杯（400mL）；量筒（50mL）；长颈漏斗；毛细管；橡胶管；沸石。

药品：$CH_3COOC_2H_5$；CCl_4；乙醇。

四、实验步骤

1. 常量法测 C_2H_5OH 的沸点

实验装置见普通冷凝蒸馏装置。

① 加料　将 30mL 乙醇经长颈漏斗加到 100mL 的蒸馏烧瓶内，加入 1～2 粒沸石。

② 加热　接通冷凝水，加热蒸馏。开始加热时，可稍快些。开始沸腾时，应密切注意蒸馏烧瓶中发生的现象，当蒸气环由瓶颈逐渐上升至温度计水银球周围时，温度计读数很快地上升。调节火焰使冷凝管馏出液滴的速度为 1～2 滴·s^{-1}。

③ 记录　记录第一滴馏出液滴入锥形瓶时的温度 t_1。注意观察温度计读数，当读数稳定时，样品大部分蒸出，烧瓶中残留液为 0.5～1mL 时，记下温度 t_2，即为样品的沸点停止

蒸馏，即可得到沸程 $t_1 \sim t_2$。重复测定两次。

2. 微量法测 CCl₄ 的沸点

实验装置如图 3-4 所示。

① 加料　取沸点管（外管）加入 3~4 滴 CCl₄，将一根一端封闭的毛细管（内管）开口端朝下插入外管中。

② 加热　用橡皮筋把沸点管固定在温度计旁，插入 b 形管的水（或液体石蜡）中进行加热。

③ 观察现象、记录沸点　加热到温度比 CCl₄ 沸点稍高时，毛细管中气泡快速逸出，表示管内压力超过大气压。停止加热，使浴温自行冷却，气泡逸出的速度渐渐减慢，在气泡不再冒出而液体刚刚要进入毛细管的瞬间（即最后一个刚刚回至毛细管中时），表示毛细管的蒸气压与外界压力相等，此时的温度即为该液体的沸点。记录此刻的温度。重复测定两次。

五、数据记录及处理

试样	$t_1/℃$	$t_2/℃$	沸程
乙醇			

思　考　题

1. 常量法和微量法测沸点时，什么时候的温度是待测样品的沸点？
2. 常量法测沸点时，温度计水银球能否插入液体中，为什么？
3. 常量法测沸点时，加热的火焰应如何控制？

3.3　熔点的测定

熔点是固态物质在大气压力下，固体与液体处于平衡状态的温度。在一定压力下，固、液两态之间的变化是非常敏感的，自初熔至全熔，温度变化不超过 0.5~1℃。混有杂质时，熔点下降，并且熔距变宽。因此，通过测得的熔点，可以初步判断该化合物的纯度。也可以将两种熔点相近似的化合物混合后，看其熔点是否下降，以此来判断这两种化合物是否为同一物质。

3.3.1　熔点测定的原理

当固体物质加热到一定的温度时，从固体转变为液态，此时的温度称为该物质的熔点。熔点严格定义是在 101.325kPa 下固、液态间的平衡温度。

如果两种样品具有相同或近似的熔点，可以测定其混合熔点来判别是否为同一物质。因为同一物质两者无论以任何比例混合时，其熔点不变。而两种不同物质的混合物则熔点下降，并且熔点范围增大。所以混合物熔点的测定是检验两种熔点相同或近似的固体有机样品是否为同一物质的最简单的物理方法。例如，肉桂酸和尿素，它们各自的熔点均为 133℃，但把它们等量混合，再测其熔点，则比 133℃ 低得多，而且熔程长，这种现象叫作混合熔点降低。在科学研究中常用此法检验所得的化合物是否与预期的化合物相同。进行混合熔点的测定至少测定三种比例（1：9；1：1；9：1）。

在有机化学实验和研究中通常采用毛细管法测定物质的熔点。

3.3.2 熔点测定装置

熔点测定对有机化合物的研究具有很大实用价值，如何测出准确的熔点是一个重要的问题。目前，测定熔点的方法很多，应用最广泛的是 b 形管法。该方法仪器简单，样品用量少，操作方便。此外，还可用各种熔点测定仪测定熔点。

本节将重点介绍 b 形管法。

（1）实验装置及安装

① 毛细熔点管（毛细管）的准备　使用现成的成品毛细管。

② 样品的填装　将 0.1～0.2g 已干燥并研成粉末的试料放在表面皿上，聚成小堆，用毛细熔点管开口端，向试料堆插几次，毛细熔点管的开口端就装入少量试样。在实验桌上放一块玻璃，用左手持一根两头开口的长 800mm 的空心干燥玻璃管，使其与桌面相垂直，用右手持刚插过试料的毛细熔点管，封口底部向下，有试料的开口部分向上，由玻璃管内自由下落，试料就堆实在毛细管的封口底部，反复几次，直到堆实为止。使毛细管内堆实的高度在 2～3mm，再经自由下落，反复堆实 4～5 次后备用。一个样品的熔点至少要测定 3 次以上，所以该样品的毛细管至少要准备 3 根以上。如所测定的是易分解或脱水的样品，应将已装好样品的开口端进行熔封。

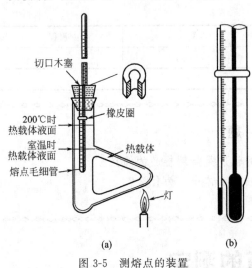

图 3-5　测熔点的装置

③ 仪器及安装　b 形管法测熔点最常用的仪器是 b 形熔点测定管，如图 3-5（a）所示，也称提勒管（Thiele tube），有时也用双浴式熔点测定器，如图 3-5（b）所示。用双浴式熔点测定器测熔点时，热浴隔着空气

（空气浴）将温度计和样品加热，使它们受热均匀，效果较好，但温度上升较慢。用 b 形管测熔点，管内的温度分布不均匀往往使测得的熔点不够准确，但使用时很方便，加热快、冷却快，因此在实验室测熔点时，多用此法。装置中热浴用的浴液，通常有浓 H_2SO_4、甘油、液体石蜡和硅油等。选用哪一种，则视所需的温度而定。若温度低于 140℃，最好选用液体石蜡或甘油，药用液体石蜡可加热到 220℃ 仍不变色。若温度高于 140℃，可选用浓 H_2SO_4，但热的浓 H_2SO_4 具有极强的腐蚀性，如果加热不当，浓 H_2SO_4 溅出伤人。温度超过 250℃ 时，浓 H_2SO_4 产生白烟，妨碍温度的读数，在这种情况下，可在浓 H_2SO_4 中加入 K_2SO_4，加热使之成饱和溶液，然后进行测定。在浴液中使用的浓 H_2SO_4 时，有机物掉入酸内会变黑，妨碍对样品熔融过程的观察。在这种情况下，可以加入一些 KNO_3 晶体，加热后便可除去。硅油也可加热到 250℃，且比较稳定，透明度高，无腐蚀性，但价格较贵。

将干燥的 b 形管固定在铁架台上，倒入导热液使液面在 b 形管的上叉管处[1]，管口安装开口塞，温度计插入其中，刻度面向塞子的开口。塞子上的开口可使 b 形管与大气相通，以免管内的液体和空气受热膨胀而冲开塞子，同时也便于读数。调节温度计位置，使水银球处于 b 形管上下叉管中间，因为此处对流循环好，温度均匀。毛细熔点管通过浴液黏附[2]，也可用橡胶圈套在温度计上（注意橡胶圈应在导热液液面之上）。然后，调节毛细管位置，使样品位于水银球的中部，小心地将温度计垂直伸入溶液中。

（2）粗测

若测定未知物的熔点，应先粗测一次。仪器和样品安装好后，用小火加热侧管，如图3-5(a) 所示，使受热液体沿管上升运动，使整管溶液对流循环，温度均匀。粗测时，升温可快些（5～6℃·min⁻¹）。在加热升温后，应密切注意温度计的温度变化情况。在接近熔点范围时，样品的状态发生显著的变化，可形成三个明显的阶段。第一阶段，原为堆实的样品出现软化、塌陷，似有松散、塌落之势，但此时，还没有液滴出现，还不能认为是初熔温度，尚须有耐心，缓缓地升温。第二阶段，在样品管的某个部位，开始出现第一个液滴，其他部位仍旧是软化的固体，即已出现明显的局部液化现象，此时的温度即为观察的初熔温率 (t_1)。继续保持每分钟1℃的升温速率，液化区逐渐扩大，密切注视最后一小粒固体消失在液化区内，此时的温度为完全熔化时的温度，即为观察的终熔温度 (t_2)。该样品的熔点范围为 $t_1 \sim t_2$。此时可熄灭加热的热源，取出温度计，将附在温度计上的毛细管取下。认真观察并记录现象，直至样品熔化。这样可测得一个近似的熔点。

（3）精测

让热溶液慢慢冷却到样品近似熔点以下30℃左右。在冷却的同时，换上一根新的装有样品的毛细熔点管，做精密的测定。每一次测定必须用新的毛细管另装样品，不能将已测定过的毛细管冷却后再用，因为有时某些物质会产生部分分解，有时会转变成具有不同熔点的其他结晶形式。

精测时，开始升温速率为5～6℃·min⁻¹，当离近似熔点10～15℃时，调整火焰，使上升温度约1℃·min⁻¹。愈接近熔点，升温速率愈应缓慢，掌握升温速率是准确测定熔点的关键[3]，密切注意毛细管中样品变化情况，当样品开始塌落，并有液相产生时（部分透明），表示开始熔化（初熔），当固体刚好完全消失时（全部透明），则表示完全熔化（全熔）。导热液体也要冷却至熔点以下30℃左右才能按上述步骤测定熔点。

（4）记录

记下初熔和全熔的两点温度，即为该化合物的熔程。

熔程越短表示样品越纯，写实验报告时决不可将样品熔点写成初熔和全熔两个温度的平均值，而一定要写出这两点温度。例如，在121℃时有液滴出现，在122℃时全熔，应记录为：121～122℃。另外，在加热过程中应注意是否有萎缩、变色、发泡、升华、炭化等现象，均应如实记录。测定已知物熔点时，要测定两次，两次测定的误差不能大于±1℃。测定未知物时，要测三次，一次粗测，两次精测，两次精测的误差也不能大于±1℃。熔点测好后应对温度计进行校正。

（5）后处理

实验完毕，取下温度计，让其自然冷却至接近室温时，方可用水冲洗，否则，温度计水银球易破裂。若用浓 H_2SO_4 作导热液，温度计用水冲洗前，需用废纸擦去浓 H_2SO_4，以免其遇水发热使水银球破裂。等 b 形管冷却后，再将导热液倒入回收瓶中。

（6）特殊样品熔点的测定

对易升华的化合物，样品装入熔点管后，将上端也烧熔封闭起来，熔点管全部浸入导热液中，因为压力对于熔点影响不大。对易吸潮的化合物，快速装样后，立即将上端烧熔封闭，以免在测定熔点的过程中，样品吸潮使熔点降低。对低熔点（室温以下）的化合物，将装有样品的熔点管与温度计一起冷却，使样品结成固体，再一起移至一个冷却到同样低温的双套管中，撤去冷浴，容器内温度慢慢上升，观察熔点。

3.3.3 温度计的校正

用以上方法测定的熔点往往与真实熔点不完全一致，原因是多方面的，温度计的误差是一个重要因素。因此，要获得准确的温度数据，就必须对所用温度计进行校正。

（1）读数的校正

读数的校正，可按照下式求出水银线的校正值：

$$\Delta t = kn(t_1 - t_2) \tag{3-3}$$

式中　Δt——外露段水银线的校正值，℃；

　　　t_1——温度计测得的熔点，℃；

　　　t_2——热浴上的气温，℃（用另一支辅助温度计测定，将这支温度计的水银球紧贴于露出液面的一段水银线的中央）；

　　　n——温度计的水银线外露段的示数，℃；

　　　k——水银和玻璃膨胀系数的差。

普通玻璃在不同温度下的 k 值为：$t = 0 \sim 150℃$ 时，$k = 0.000158$；$t = 200℃$ 时，$k = 0.000159$；$t = 250℃$ 时，$k = 0.000161$；$t = 300℃$ 时，$k = 0.000164$。例如：浴液面在温度计的 30℃ 外测定的熔点为 190℃（t_1），则外露段为 190℃ − 30℃ = 160℃，这样辅助温度计水银球应放在 $160℃ \times \frac{1}{2} + 30℃ = 110℃$ 处。测得 $t_2 = 65℃$，熔点为 190℃，则 $k = 0.000159$；故照上式则可求出：

$$\Delta t = 0.000159 \times 160℃ \times (190℃ - 65℃) = 3.18℃ \approx 3.2℃$$

所以，校正后熔点应为 190℃ + 3.2℃ = 193.2℃。

（2）温度计刻度的校正

市售的温度计，其刻度可能不准，在使用过程中，周期性的加热和冷却，也会导致温度计零点的变动，而影响测定的结果，因此也要进行校正。这种校正称为温度计刻度的校正。

若进行温度计刻度的校正，则不必再做读数的校正。温度计刻度的校正通常有两种方法。

① 以纯的有机化合物的熔点为标准，选择数种已知熔点的纯有机物，用该温度计测定它们的熔点，以实测的熔点温度为纵坐标，实测熔点与已知熔点的差值为横坐标，画出校正曲线图，如图 3-6 所示。这样凡是用这支温度计测得的温度均可由曲线上找到校正数值。

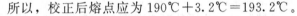

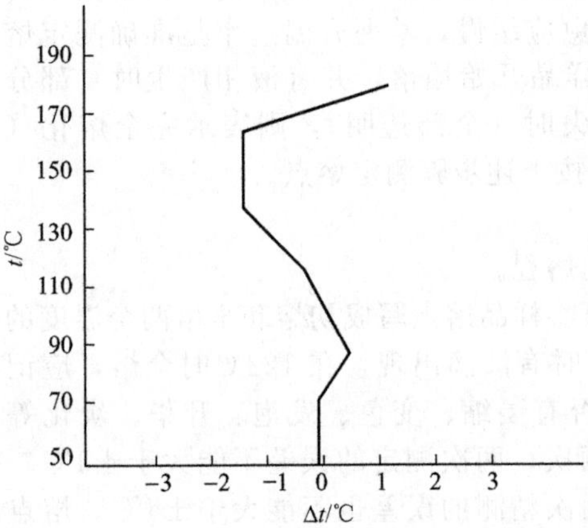

图 3-6　温度计刻度校正曲线

某些适用于以熔点方法校正温度计的标准化合物的熔点见表 3-2（校正时可具体选择其中几种）。

表 3-2　标准化合物的熔点

化合物	熔点/℃	化合物	熔点/℃
H_2O-冰（蒸馏水制）	0	苯甲酸	122
α-萘胺	50	尿素	133
二苯胺	53	二苯基羟基乙酸	151
苯甲酸苯酯	69.5~71	水杨酸	158
萘	80	对苯二酚	173~174
间二硝基苯	90.02	3,5-二硝基苯甲酸	205
二苯乙二酮	95~96	蒽	216.2~216.4
乙酰苯胺	114	酚酞	262~263

② 与标准温度计比较　将标准温度计与待校正的温度计平行放在热浴中，缓慢均匀加热，每隔 5℃分别记下两支温度计的读数，标出偏差量 Δt。

Δt＝待校正温度计的温度－标准温度计的温度

以待校正的温度计的温度为纵坐标，Δt 为横坐标，画出校正曲线以供校正用，如图 3-7 所示。

【注释】

[1] 导热液不宜加得太多，以免受热后膨胀溢出引起危险。另外，液面过高易引起毛细熔点飘移，偏离温度计，影响测定的准确性。

[2] 黏附毛细熔点管时，不要将温度计离开 b 形管管口，以免导热液滴到桌面上。如果是浓 H_2SO_4，则会损坏桌面、衣服等。

[3] 原因有三：①温度计水银球的玻璃壁薄，因此水银受热早，样品受热相对较晚，只有缓慢加热才能减少由此带来的误差；②热量从熔点管外传至管内需要时间，所以加热要缓慢；③实验者不能在观察样品熔化的同时读出温度，只有缓慢加热，才能给实验者以充足的时间，减少误差，如果加热过快，势必引起读数偏高，熔程扩大，甚至观察到了初熔而观察不到全熔。

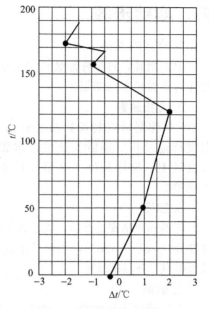

图 3-7　温度计校正曲线

实验 3-3　　固体熔点的测定

一、实验目的

1. 理解熔点测定的原理和意义。
2. 掌握测定熔点的操作技术。

二、实验原理

将 b 形管夹于铁架上，管口配上有缺口的单口软木塞，插入温度计，使温度计的水银球位置在两支管的中间。装入浓硫酸作为加热液体，把装好样品的毛细管借少许溶液粘贴在温度计旁，使毛细管的下端位于水银球的中间。以小火在 b 形管的弯曲支管的底部徐徐加热，加热速率须缓慢，这样一则保证有充分的时间，让热由管外传至管内，以供给固体熔化热；二则因观测者不能同时观察温度计所示度数与样品变化情况，如缓缓加热，则此项误差甚小，可忽略不计。加热速率普通为 $5\sim6℃\cdot min^{-1}$，接近熔点时为 $1℃\cdot min^{-1}$。记下毛细管内化合物开始熔化至完全熔化的过渡界限即是该化合物的熔点。

为了顺利地测定熔点，可先做一次粗测，加热可稍快，知道其大致的熔点范围后，另装两支毛细管样品，做精密的测定。开始时加热可较快，待温度到达距熔点十几摄氏度时，再调节火焰，极缓慢地加热至样品熔化。

三、仪器和药品

仪器：b 形管；温度计；酒精灯；表面皿；玻璃管（长 30～40cm）；毛细管。

药品：苯甲酸；尿素；萘；甘油；液体石蜡。

四、实验步骤

1. 样品的准备

取毛细管，每种样品装三支毛细管试样，其中一支作为粗测，知道其大致的熔点范围，另外两支做精密的测定。

2. 实验装置

b 形管测熔点装置如图 3-5（a）所示。b 形管中加入液体石蜡，其液面至上叉管处，温度计通过开口塞插入其中，水银球位于上下叉管中间。毛细管通过液体石蜡黏附于温度计上，使样品位于水银球的中部。温度计插入液体石蜡时，必须小心，以免毛细管飘移。

3. 加热

仪器和样品安装好后，用小火加热侧管。掌握升温速率是准确测定熔点的关键。开始升温速度为 5～6℃·min^{-1}，当低于熔点 10～15℃时，调整火焰，使升温速率为 1℃·min^{-1}，越接近熔点，升温越缓慢。

4. 记录

密切观察样品的变化，当样品开始塌陷、部分透明时，即为初熔，记录此刻温度 t_1。当样品完全消失、全部透明时，即为全熔，记录温度 t_2。t_1～t_2 即为熔程。

每种样品重复测定一次。样品需粗测一次，精测两次。

五、数据记录及处理

试样	初熔温度/℃	全熔温度/℃	熔程/℃
苯甲酸			
尿素			
萘			
混合试样			

思 考 题

1. A、B、C 三种样品，其熔点范围都是 149～150℃。试用什么方法可判断它们是否为同一物质？

2. 测定熔点的毛细管冷却后样品凝固了，为什么不能再测第二次？

3. 测定熔点时，如果遇下列情况之一，将产生什么结果？

(1) 毛细管壁太厚；　　　　(2) 毛细管不洁净；

(3) 样品研得不细或装得不紧；　(4) 加热太快；

(5) 毛细管底部未完全封闭。

实验 3-4　　初熔点的测定（熔点仪法）

一、实验目的

1. 理解熔点测定的原理和意义。
2. 掌握用熔点仪测定熔点的操作技术。

二、实验原理

测定熔点的方法有两种：一种是毛细管熔点测定法，另一种是熔点仪测定法。熔点仪测定法操作方便，数据精确。熔点仪利用电子技术实现温度程控，显示初熔和终熔数字，能用电子线路实现快速的"起始温度设定"，三通道同时设定及可供选择的线性升温速率，通过高分辨率的数码成像检测器观察毛细管内样品的熔化过程，清晰直观。

三、仪器和药品

仪器：微机熔点仪；研钵；表面皿；酒精灯；干燥器；玻璃管（长 30～40cm）；毛细管。

药品：促进剂 TT；防老剂-264；促进剂 CZ；叔辛基酚醛树脂；抗氧剂 1010；甘油。

四、实验步骤

按 GB/T 617—2006《化学试剂　熔点范围测定通用方法》及《WRS-2C 型熔点测定仪使用说明书》操作，进行样品的研磨、装样和初熔点的测定，并填写初熔点测定实验记录。

1. 样品的准备

将测定加热减量后的试样在玛瑙研钵中研细，然后放入一端封闭的、清洁干燥的毛细管中，经直立投掷玻璃管十余次，至毛细管中的试样紧缩为约 3mm 的高度，并立即将上端熔封。

2. 测定

① 快速加热使样品槽内的温度达到预置温度（比预测试样初熔点至少低 10℃），直到设备发出"滴滴"声后完成。

② 把三根准备好的样品管分别插入到三个样品槽内，点击升温按钮后设备继续升温，且在设备显示屏内出现温度变化曲线。

3. 记录

当显示屏出现初熔点、终熔点等实验结果后测量完成。每种样品重复测定一次。样品需粗测一次，精测两次。

五、数据记录及处理

试样_____
（1）预置温度_____
（2）升温速率_____

次数	初熔温度/℃	全熔温度/℃
第一次		

续表

次数	初熔温度/℃	全熔温度/℃
第二次		
第三次		
平均值		

思 考 题

1. 药品未烘干，对实验结果有何影响？
2. 升温速率的设定要求有哪些？

3.4　折射率的测定

折射率[1]是指在钠光谱 D 线、20℃的条件下，空气中的光速与被测物中的光速的比值，或光自空气通过被测物时的入射角的正弦比值。它是液体有机化合物的一个重要的物理常数，测定折射率是有机化合物的定性鉴定的一种方法。它还是液体有机化合物的纯度标志。由于它能方便地测定至万分之一的精密度，比熔点、沸点等物理常数的测定精确性要高。在实验室，测定液体有机化合物折射率的仪器是阿贝（Abbe）折射仪。

3.4.1　折射率的测定原理

当光从折射率为 n 的被测物质进入折射率为 N 的棱镜时，入射角为 i，折射角为 r，则

$$\frac{\sin i}{\sin r} = \frac{N}{n} \tag{3-4}$$

在阿贝折射仪中，入射角 $i = 90°$，代入上式得：

$$\frac{1}{\sin r} = \frac{N}{n} \tag{3-5}$$

$$n = N \sin r \tag{3-6}$$

棱镜的 N 为已知值，则通过测量折射角 r 即可求出被测物质的折射率 n。

Abbe 折射仪精密度为 ±0.0002。恒温水浴及循环泵可向棱镜提供温度为（20±0.1）℃的循环水。校正仪器用水应符合 GB/T 6682—2008 中二级水规格[2]。

3.4.2　折射率的测定方法

阿贝折射仪如图 3-8 所示，将恒温水浴与仪器进水管口 4 相连接，使恒温水浴进入直角棱镜 6 的夹套。调节水浴温度，使棱镜温度保持在（20±0.1）℃。

在每次测定前都应清洗棱镜表面。如无特殊说明，可用适当的易挥发性溶剂清洗棱镜表面，再用镜头纸或医药棉将溶剂吸干。

打开刻度盘反光镜 9，转动直角棱镜旋钮 10，观察刻度盘目镜 1，将刻度值调至被测样品的标准折射率附近。转动闭合旋钮 10，打开直角棱镜 6，将数滴 20℃左右的样品滴在棱镜的毛玻璃上[3]，使液体在毛玻璃上形成均匀的无气泡、充满视场的液膜，迅速关闭直角

棱镜，并旋紧。待棱镜温度恢复到（20±1）℃。观察测量望远镜2，若视场内光线太暗，调节反射镜9直至得到合适的亮度。转动消色补偿镜旋钮3，使目镜中的彩色基本消失，能观察到清晰的明暗界面。再转动直角棱镜旋钮，观察测量望远镜2，将明暗界面调节至目镜中十字线的交叉点处，如图3-9所示。通过刻度盘目镜1读出折射率数值，精确到小数点后四位。记下测量时温度与折射率数值。

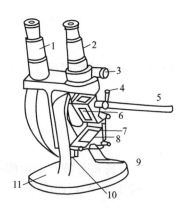

图 3-8　阿贝折射仪
1—刻度盘目镜；2—测量望远镜；3—消色补偿旋钮；
4—恒温水进口；5—温度计；6—测量棱镜；7—辅助
棱镜；8—加液槽；9—反光镜；10—锁钮；11—底座

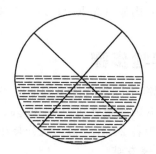

图 3-9　折射仪在临界角时目镜视野图

测定折射率后，应立即打开直角棱镜，用擦镜纸轻轻地单向擦拭[4]。一次实验完成后，用无水乙醇或丙酮将棱镜擦洗干净[5]，盖上仪器罩。

阿贝折射仪的读数校正：在必要时，可对折射仪的读数进行校正，取温度在（20±0.1)℃的二级水2~3滴，按上述测样品折射率的方法，测定蒸馏水的折射率。重复测定两次。将测得的蒸馏水的平均折射率与水的折射率标准值（$n_D^{20}=1.33299$）比较，可得仪器的修正值。

【注释】

[1] GB/T 614—2006《化学试剂　折光率测定通用方法》规定了用阿贝型折射仪测定液体有机试剂折射率的通用方法，适用于浅色、透明、折射率范围在1.3000~1.7000的液体有机试剂。

[2] 在实验室可用蒸馏水代替二级水。

[3] 不要将滴管玻璃管口直接触及玻璃表面，以免损坏镜面。

[4] 不要用滤纸代替擦镜纸。

[5] 不要使用对棱镜玻璃表面、保温套金属等有腐蚀或损害作用的溶剂。

实验 3-5　丙酮和 1,2-二氯乙烷的折射率的测定

一、实验目的

1. 了解测定液体折射率的意义和方法。
2. 初步掌握阿贝折射仪的使用方法。
3. 初步学会用图解法处理实验数据，绘制折射率-组成曲线。

二、实验原理

两种完全互溶的液体形成混合溶液时，其组成浓度和折射率之间为近似线性关系。据此，测定若干个不同组成浓度的混合液的折射率，即可绘制该混合溶液的折射率-组成曲线。再测定未知组成浓度的该混合物试样的折射率，便可从折射率-组成曲线中查出其组成浓度。

三、仪器和药品

仪器：阿贝折射仪；超级恒温槽；滴瓶。

药品：丙酮（A.R.）；1,2-二氯乙烷（A.R.）；蒸馏水；未知组成的丙酮-1,2-二氯乙烷溶液。

四、实验步骤

1. 配制不同组成浓度的溶液[1]

配制含丙酮量分别为 0、25%、40%、60%、80%、100%（质量分数）的丙酮-1,2-二氯乙烷溶液各 20mL，混匀后分装在 6 只滴瓶中，贴上标签，按 1～6 号顺序编号。

2. 仪器安装

将固定好的阿贝折射仪与恒温槽相连接，通入恒温水，使仪器恒温为 (20±0.1)℃。

3. 清洗与校正（用纯水校正）

打开棱镜，先滴少许丙酮清洗镜面，再用蒸馏水清洗 2 次。用镜头纸擦干后，滴 2～3 滴蒸馏水于镜面上，合上棱镜，转动左侧刻度盘，使读数镜内标尺读数等于当时棱镜温度下纯水的折射率。（$n_D^{20}=1.3330$）。调节反射镜，使测量望远镜中的视场最亮，调节测量镜，使视场最清晰。转动消色手柄，消除色散。再调节校正螺钉，使交界线和视场中 "×" 字中心对齐。

4. 测定折射率

打开棱镜，用 1 号溶液清洗镜面两次。干燥后，用滴管加 2～3 滴该溶液，闭合棱镜。转动刻度盘，直至在测量望远镜中观察到的视场出现半明半暗视野，转动消色手柄，使视场内呈现出一个清晰的明暗分界线，消除色散，再小心转动刻度盘，使明暗的分界线正好处在 "×" 形线交点上，从读数镜中读出折射率值。重复测定 2 次，读数差值不能超过 ±0.0002，记录所测数据。

以同样方法依次测定 2～6 号溶液和未知组成浓度的混合液的折射率。

5. 结束工作

全部样品测定完后，用丙酮将镜面清洗干净，并用擦镜纸吸干，拆除恒温槽的胶管，放尽夹套中的水，将阿贝折射仪擦干净，放入盒中。

五、数据记录与处理

（1）将实验测定的折射率数据填入下表：

测定温度_____

组成	0	20%	40%	60%	80%	100%	未知样
第一次							
第二次							
第三次							

（2）以组成为横坐标，折射率为纵坐标，在坐标纸上绘制丙酮-1,2-二氯乙烷溶液的折射率-组成曲线。

（3）从折射率-组成曲线中查找出未知样的组成并填入上表中。

【注释】

[1] 本实验中不同组成的溶液也可由教师统一配制。

思 考 题

1. 什么是折射率？其数值与哪些因素有关？

2. 使用阿贝折射仪应注意什么？

3. 测定折射率有哪些实际应用？

第4章

混合物的分离与提纯技术

【知识目标】

1. 了解水蒸气蒸馏、减压蒸馏、升华的原理和方法。
2. 掌握重结晶法、蒸馏法、分馏法、萃取法的原理和操作方法。

【技能目标】

1. 掌握保温过滤、减压过滤装置的安装与操作。
2. 掌握普通蒸馏、简单分馏、水蒸气蒸馏、减压蒸馏装置的安装与操作。
3. 掌握常压升华、减压升华装置的安装与操作。

4.1　重结晶法

4.1.1　重结晶法的原理

　　从自然界得到或制备得到的固体化合物，往往是不纯的，重结晶是提纯固体化合物常用的方法之一。

　　固体化合物在溶剂中的溶解度随温度变化而改变，一般温度升高溶解度增加，反之则溶解度降低。如果把固体化合物溶解在热的溶剂中制成饱和溶液，然后冷却至室温或室温以下，则溶解度下降，原溶液变成过饱和溶液，这时就会有结晶析出。利用溶剂对被提纯物质和杂质的溶解度的不同，使杂质在热过滤时被滤除或冷却后留在母液中与结晶分离，从而达到提纯的目的。

　　重结晶适用于提纯杂质含量在5%以下的固体化合物。杂质含量过多，常会影响提纯效果，须经多次重结晶才能提纯，因此，常用其他方法如水蒸气蒸馏、萃取等手段先将粗产品初步纯化，然后再用重结晶法提纯。

4.1.2　溶剂的选择

　　进行重结晶操作，首先要选择好溶剂。重结晶溶剂必须符合下述条件。

　　① 溶剂不和重结晶物质发生化学反应。

　　② 在高温时，重结晶物质在溶剂中的溶解度较大，而在低温时则很小。

　　③ 杂质在溶剂中的溶解度很大（重结晶物质析出时，杂质仍留在母液中）或者是很小（重结晶物质溶解在溶剂中时，可借助过滤，将不溶的杂质滤去）。

④ 溶剂容易与重结晶物质分离,重结晶物质在溶剂内有较好的结晶状态,有利于与溶剂的分离。

⑤ 溶剂的沸点适宜。溶剂的沸点高低,决定操作时温度的选择。

⑥ 溶剂的市场价格、毒性、易燃性,决定了重结晶操作成本的高低与操作安全性的评价。

为了寻找合适的溶剂进行重结晶操作,可以直接从实验资料上获得,也可以通过表4-1选择适宜的溶剂。

如不能直接从实验资料找到合适的溶剂,以及从表4-1中只能找到几个可能作为重结晶的溶剂,难以准确地确定所需要的溶剂。这时候,可以用下述测定溶解度的实验方法进一步认定。

选择溶剂的具体方法:将0.1g粉末状试样置于小试管内,用滴管逐滴加入溶剂,同时不断振摇试管,加入的熔剂约1mL,如已全部溶解,则该溶剂不能入选,因为试样在该溶剂中的溶解度太大。若加入1mL溶剂后,试样仍不溶解,待加热后才溶解,冷却后有大量结晶析出,则可选定为重结晶溶剂。若加入1mL后加热仍不溶解,后逐渐滴加溶剂,每次约0.5mL,直至3mL,样品仍不溶解,则不适用;若在3mL内,加热溶解,冷却后有大量结晶析出,则可选用。

有时在实验中会出现这样的情况,样品在某一溶剂中很容易溶解,而在另一种溶剂中则很难溶解,而这两种溶剂又可以相互混溶,则可将它们配成混合溶剂进行实验。常用的混合溶剂有:水-乙醇、水-丙酮、水-1,4-二氧六环、水-冰醋酸、乙醚-苯、乙醇-苯、苯-石油醚、丙酮-石油醚、氯仿-石油醚等。测定溶解度的方法如前所述。

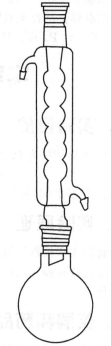

在上述选定重结晶溶剂后,可以进行重结晶操作。首先进行样品的溶解:用圆底烧瓶和球形冷凝管装配回流冷凝装置,如图4-1所示,除了使用高沸点溶剂或者水以外,一般都应置于水溶液中加热,溶解样品。在将固体试样加入烧瓶后,先加少量溶剂,开冷凝水,升温加热至沸腾,然后分几次从管口加入少量溶剂。每次加入后均需要沸腾,直至样品全部溶解,若补加溶剂后,仍未见残渣减少时,应视其为杂质,在以后的热过滤操作中将其滤去。

脱除颜色的操作:溶液中含有带色的杂质时,可在溶液经加热全部溶解并经稍微冷却后[1],从冷凝管的管口加入占重结晶量1%~2%的活性炭[2]继续煮沸5~10min,然后进行下一步的热过滤。

热过滤:用装有折叠滤纸的保温漏斗进行热过滤,应事先准备好保温漏斗,使之成为待用状态。分几批将含有活性炭的热溶液倒在滤纸上,趁热过滤,滤液中不应有黑色的活性炭颗粒存在。也可将布氏漏斗事先预热后,在布氏漏斗上进行减压过滤。

图4-1 回流冷凝装置

结晶:经过热过滤后的热溶液若慢慢放冷,可形成颗粒大的结晶。若用冷水冷却,则容易得到颗粒细小的结晶。大颗粒结晶的纯度要超过细小颗粒结晶的纯度。若经冷却后,没有晶体析出,则可用玻璃棒摩擦试管内壁,以形成晶种,促使晶体的生成与生长。也可以加入少许与试样同样结构的纯标准样品作为晶种,促进晶体生长。

减压过滤:将上述已含有晶体的溶液进行减压过滤,可用与重结晶相同的溶剂进行洗涤,压干后进行晾干或烘干。

表 4-1 常用的重结晶溶剂

溶剂	沸点	冰点/℃	相对密度	与水的混溶性	易然性
H_2O	100	0	1.0	+	0
CH_3OH	64.96	<0	0.7914^{20}	+	+
95%C_2H_5OH	78.1	<0	0.804	+	+ +
冰 HAc	117.9	16.7	1.05	+	+
CH_3COCH_3	56.2	<0	0.79	+	+ + +
$(C_2H_5)_2O$	34.51	<0	0.71	−	+ + + +
石油醚	30~60	<0	0.64	−	+ + + +
$CH_3COOC_2H_5$	77.06	<0	0.90	−	+ +
C_6H_6	80.1	5	0.88	−	+ + + +
$CHCl_3$	61.7	<0	0.48	−	0
CCl_4	76.54	<0	1.59	−	0

【注释】

[1] 加入活性炭时，不能在溶液处于沸腾状态时进行，否则会引起溶液的暴沸与冲料，一定要等溶液稍微冷却后才能加活性炭。

[2] 活性炭有多孔结构，对气体、蒸气、胶体或固体有强大吸附能力。活性炭的总表面积为 $500\sim1000m^2 \cdot g^{-1}$，相对密度为 1.9~2.1，含碳量为 10%~98%。活性炭可用于糖液、油脂、醇类、药剂等的脱色净化，溶剂的回收，气体的吸收、分离和提纯，还可作为催化剂的载体。活性炭有颗粒状和粉状之分，还可根据用途分为工业炭、糖用炭、药用炭、A.R. 炭、C.P. 炭、特殊炭等。活性炭使用（如吸附气体等）后经解吸可再生重新使用。

实验 4-1   乙酰苯胺的重结晶

一、实验目的

1. 了解固体有机化合物进行重结晶提纯的方法和基本原理，熟悉重结晶的一般操作程序。

2. 初步掌握溶解、加热、热过滤、减压过滤等基本操作技术。

二、实验原理

将固体有机物溶解在热（或沸腾）的溶剂中，制成饱和溶液，再将溶液冷却，又重新析出结晶，这种操作过程称重结晶。它是利用有机物与杂质在某种溶剂中的溶解度不同，从而将杂质除去。

三、仪器和药品

仪器：量筒；短颈玻璃漏斗；布氏漏斗；吸滤瓶；表面皿；蒸馏烧瓶；沸石；球形冷凝管；烧杯。

药品：乙酰苯胺；活性炭。

四、实验步骤

称取 1.5~2.0g 粗乙酰苯胺，置于蒸馏烧瓶中，并加一粒沸石[1]和 15mL 蒸馏水，安装球形冷凝管（图 4-1）。接通冷却水，加热至沸腾后[2]，观察乙酰苯胺的溶解情况。若仍存在未溶完的乙酰苯胺[3]，则停止加热。自球形冷凝管上端倒入几毫升蒸馏水水（注意记录加入蒸馏水水的体积），并再投入一粒沸石，重新加热至沸腾。如此反复，直至加入的蒸馏水水使烧瓶内的乙酰苯胺在沸腾状态下刚好全部溶解，再多加入 5mL 蒸馏水水。

将沸腾溶液稍放冷后，加入 0.1 粉状活性炭[4]，再加热沸腾 2～3min 后即可趁热过滤。在过滤前，应事先将布氏漏斗预热。滤液收集在烧杯内自然冷却至室温，此时应有大量结晶出现。用布氏漏斗进行减压过滤，用 10mL 冷蒸馏水分两次洗涤滤饼，得到无色片状结晶。将其放在表面皿中干燥后称重。

【注释】

[1] 沸石可以起到沸腾中心的作用，防止液体发生暴沸现象。如沸腾的溶液放冷后重新加热，因原有的沸石已经失效应当重新加入沸石。

[2] 可用明火加热，因为是水作为重结晶溶剂，不是易燃溶剂。

[3] 未溶完的乙酰苯胺，此时已成为熔融状态的含水油珠状，沉于瓶底。

[4] 加入活性炭时，不能在溶液处于沸腾状态时进行，否则会引起溶液的暴沸与冲料。一定要等溶液稍微冷却后才能加活性炭。

思 考 题

1. 重结晶时，溶剂量为什么不能过多或太少？如何正确控制溶剂的加入量？

2. 重结晶时，加入活性炭的量如何控制？在什么情况下加入活性炭？应如何操作？

3. 布氏漏斗上铺的滤纸，为什么它的直径要比漏斗内径略小？否则会产生什么不良后果？热过滤时，在操作上应注意哪些方面？

4. 安装抽滤装置时，布氏漏斗柄要注意什么？抽滤完毕，应如何正确操作？否则会产生什么不良后果？

5. 滤液放置冷却未析出结晶，可采用哪些方法来加速结晶的形成？

4.2 蒸馏和分馏

蒸馏是分离提纯液态有机化合物最常用的一种方法。纯的液态物质在大气压下有一定的沸点，不纯的液态物质沸点不恒定，因此可用蒸馏的方法测定物质的沸点和定性地检验物质的纯度。分馏是液体有机化合物提纯的一种方法，主要用于分离和提纯沸点很接近的有机液体混合物。本节讨论的是在常压下的蒸馏，称为普通蒸馏或简单蒸馏[1]，以及在实验室中，使用分馏柱，进行分馏操作。

4.2.1 普通蒸馏

蒸馏是指将液态物质加热至沸腾，使物质成为蒸气状态，并将其冷凝为液体的过程。若加热的液体是纯物质，当该物质蒸气压与液体表面的大气压相等时，液体呈沸腾状，此时的温度为该液体的沸点[2]。所以，可以通过蒸馏操作，测定纯物质的沸点。纯液体的沸程一般相差 0.5～1℃，而混合物的沸程较宽。

当液体加热时，低沸点、易挥发物质首先蒸发，故在蒸气中比在原液体中有较多的易挥发组分，在剩余的液体中含有较多的难挥发组分，因而蒸馏可使原混合物中各组分得到部分或完全分离。这只是在两种液体沸点差大于 30℃ 的液体混合物或者组分之间的蒸气压之比（或相对挥发度）大于 1 时，才能利用蒸馏方法进行分离或提纯。在加热过程中，溶解在液体内部的空气或以薄膜形式吸附在瓶壁上的空气有助于气泡的形成，玻璃的粗糙面也起促进作用。这种气泡中心称为汽化中心，可作为蒸气气泡的核心。在沸点时，液体释放出大量蒸气至小气泡中。待气泡中的总压力增加到超过大气压，并足够克服由于液体所产生的压力时，蒸气的气泡就上升逸出液面。如在液体中有许多小的空气泡或其他的汽化中心时，液体就可平稳地沸腾。反之，如果液体中几乎不存在空气，器壁光滑、洁净，形成气泡就非常困难，这样加热时，液体的温度可能上升到超过沸点很多而不沸腾，这种现象称为"过热"。液体在此温度时的蒸气压已远远超过大气压和液柱压力之和，因此上升气泡增大非常快，甚至将液体冲溢出瓶外，这种现象称为"暴沸"。为了避免"暴沸"现象的发生，应在加热之前，加入沸石、素瓷片等助沸物，以形成汽化中心，使沸腾平稳进行。也可用几根一端封闭的毛细管代替沸石（毛细管应有足够长度，使其上端可搁在蒸馏烧瓶的颈部，开口的一端朝

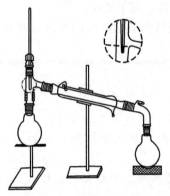

图4-2　普通冷凝装置
（用水冷式冷凝管）

下）。此时应当注意，在任何情况下，不可将助沸物在液体接近沸腾时加入，以免发生"冲料"或"喷料"现象。正确的操作方法是在稍冷后加入。另外，在沸腾过程中，中途停止操作，应当重新加入助沸物，因为一旦停止操作后，温度下降时，助沸物已吸附液体，失去形成汽化中心的功能。

在本节所讨论的蒸馏操作中，被蒸馏物都是耐热的，即在沸腾的温度下不至于分解。

（1）装置

蒸馏装置主要由蒸馏烧瓶、冷凝管和接收器三部分组成，如图4-2所示。

选择蒸馏瓶的大小时一般以被蒸馏的液体体积占烧瓶容积的 $1/3\sim2/3$ 为宜。用铁夹夹住瓶颈上端，根据烧瓶下面热源的高度，确定烧瓶的高度，并将其固定在铁架台上。在蒸馏烧瓶上安装蒸馏头，其竖口插入温度计（为水银单球内标式，分度值为 $0.1℃$，量程应适合被蒸馏物的温度范围）。温度计水银球上端与蒸馏瓶支管的瓶颈和支管结合部的下沿保持水平。蒸馏头的支管依次连接直形冷凝管（注意冷凝管的进水口应在下方，出水口应在上方，铁夹应夹在冷凝管的中央）、接液管（具小嘴）、接收瓶（还应再准备 $1\sim2$ 个已称重的干燥、清洁的接收瓶，以收集不同的馏分）。用橡胶管连接水龙头与冷凝管的进水口，再用另一根橡胶管连接冷凝管的出水口，另一端放在水槽内。

在安装时，其程序一般是由下（从加热源）而上，由左（从蒸馏烧瓶）向右，依次连接。有时还要根据最后的接收瓶的位置（有时还显得过低过高），反过来调整蒸馏烧瓶与加热源的高度。在安装时，可使用升降台或小方木块作为垫高用具，以调节热源或接收瓶的高度。

在蒸馏装置安装完毕后，应从三个方面检查：①从正面看，温度计、蒸馏烧瓶、热源的中心轴线在同一条直线上，可简称为"上下一条线"，不要出现装置的歪斜现象。②从侧面看，接收瓶、冷凝管、蒸馏烧瓶的中心轴线在同一平面上，可简称为"左右在同一面"，不要出现装置的扭曲或曲折等现象。在安装中，使夹蒸馏烧瓶、冷凝管的铁夹伸出的长度大致一样，可使装置符合规范。③装置要稳定、牢固，各磨口接头要相互连接，要严密，铁夹要夹牢，装置不要出现松散或稍一碰就晃动的现象。能符合这些要求的蒸馏装置将具有实用、整齐、美观、牢固的优点。

如果被蒸馏物质易吸湿，应在接液管的支管上连接一个氯化钙管。如蒸馏易燃物质（如乙醚等），则应在接液管的支管上连接一个橡胶管引出室外，或引入水槽的下水道内。当蒸馏沸点高于 $140℃$ 的有机物时，不能用水冷式冷凝管，要改用空气冷凝管，如图4-3所示。

（2）操作

从蒸馏装置上取下蒸馏烧瓶，把长颈漏斗放在蒸馏烧瓶口上，经漏斗加入液体样品（也可左手持烧瓶，沿着瓶颈小心地加入），投入几粒瓷片，安装蒸馏头。将各接口处逐一再次连接紧密，同时要检查蒸馏系统内应有接通大气的通路[3]。

向冷凝管缓缓通入冷水，把上口流出的水引入水槽。然后加热，最初宜用小火，以免蒸馏烧瓶因局部受热而破裂，慢慢增强火焰强度，使之沸腾进行蒸馏，调节加热强度，使蒸馏速率以每秒钟滴下 1～2 滴馏液为宜，应当在实验记录本上记录下第一滴馏出液滴入接收器时的温度。当温度计的读数稳定时，另换接收器收集馏液。如要集取的馏分的温度范围已有规定，即可按规定集取，如维持原来的加热温度，不再有馏

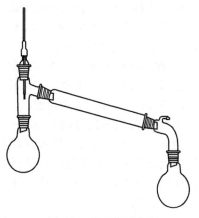

图 4-3　普通蒸馏装置
（用空气冷凝管）

液蒸出，温度突然下降时，就应停止蒸馏，即使杂质很少，也不能蒸干，以免发生意外。

蒸馏时要认真控制好加热的强度，调节好冷凝水的流速。不要加热过猛，以使蒸馏速率太快，影响冷却效果。也不要使蒸馏速率太慢，以免使水银球周围的蒸气短时间中断，致使温度下降。

在蒸馏乙醚等低沸点易燃液体时，应当用热水浴加热，不能用明火直接加热，也不能用明火加热热水浴。用添加热水的方法，维持热水浴的温度。

蒸馏完毕，先停止加热，撤去热源，然后停止通冷却水[4]。拆卸装置时，可按与装配时相反的顺序，取下接收器、接液管、冷凝管和蒸馏烧瓶。

【注释】

[1] 对于液体有机试剂沸程的测定，GB/T 615—2006《化学试剂　沸程测定通用方法》规定了用蒸馏法测定的通用方法，适用于沸点在 30～300℃ 范围内，并且在蒸馏过程中化学性能稳定的液体有机试剂。

[2] 对于液体有机试剂沸点的测定，GB/T 616—2006《化学试剂　沸点测定通用方法》规定了沸点测定的通用方法，适用于受热易分解、易氧化的液体有机试剂。

[3] 蒸馏系统若与大气的通路不畅通，一旦加热蒸馏时，体系内部压力增加，就有冲破仪器，甚至爆炸的危险，一定要保持与大气的通道畅通。

[4] 在停止通冷却水，取下接收器，放好馏出液后，再拆卸冷凝管，应先放掉冷凝管内的积水再卸下，以免碰撞损坏。

4.2.2　简单分馏

分馏是液体有机化合物分离提纯的一种方法，主要用于分离和提纯沸点很接近的有机液体混合物。在工业生产上，安装分馏塔（或精馏塔）实现分馏操作，而在实验室中，则使用分馏柱，进行分馏操作。分馏又称精馏。

加热使沸腾的混合物蒸气通过分馏柱，由于柱外空气的冷却，蒸气中的高沸点组分冷凝为液体，回流入烧瓶中，故上升的蒸气含易挥发组分的相对量增加，而冷凝的液体含不易挥发组分的相对量也增加。当冷凝液回流过程中，与上升的蒸气相遇，二者进行热交换，上升蒸气中的高沸点组分又被冷凝，而易挥发组分继续上升。这样，在分馏柱内反复进行无数次的汽化、冷凝、回流的循环过程。当分馏柱的效率高，操作正确时，在分馏柱上部逸出的蒸气接近于纯的易挥发组分，而向下回流到烧瓶的液体，则接近难挥发的组分。再继续升高温

度，可将难挥发的组分也蒸馏出来，从而达到分离混合物的目的。

分馏柱有多种类型，能适用于不同的分离要求。但对于任何分馏系统，要得到满意的分馏效果，必须具备以下条件：

① 在分馏柱内蒸气与液体之间可以相互充分接触；

② 分馏柱内，自下而上，保持一定的温度梯度；

③ 分馏柱要有一定的高度；

④ 混合液内各组分的沸点有一定的差距。

为此，在分馏柱内，装入具有大表面积的填充物，填充物之间要保留一定的空隙，可以增加回流液体和上升蒸气的接触面积。分馏柱的底部往往放一些玻璃丝，以防止填充物坠入蒸馏瓶中。分馏柱效率的高低与柱的高度、绝热性能和填充物的类型等均有关系。

（1）装置

分馏装置由蒸馏部分、冷凝部分与接收部分组成。分馏装置的蒸馏部分由蒸馏烧瓶、分馏柱与分馏头组成，比蒸馏装置多一根分馏柱。分馏装置的冷凝部分与接收部分，与蒸馏装置的相应部分相比，并无差异。简单的分馏装置如图 4-4 所示。

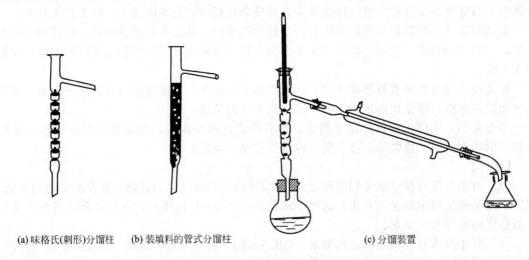

(a) 味格氏(刺形)分馏柱　　(b) 装填料的管式分馏柱　　　　　　　　　　(c) 分馏装置

图 4-4　分馏柱与分馏装置

分馏装置的安装方法与安装顺序与蒸馏装置相同。在安装时，要注意保持烧瓶与分馏柱的中心轴线上下对齐，做到"上下一条线"，不要出现倾斜状态。同时，将分馏柱用石棉绳、玻璃布或其他保温材料进行包扎，外面可用铝箔覆盖以减少柱内热量的散发，削弱风与室温的影响，保持柱内适宜的温度梯度，提高分馏效率。要准备 3～4 个干燥、清洁已知质量的接收瓶，以收集不同温度馏分的馏液。

（2）操作

将待分馏的混合物加入蒸馏烧瓶中，加入沸石数粒。采用适宜的热浴加热，烧瓶内的液体沸腾后要注意调节浴温，使蒸气慢慢上升，并升至柱顶。在开始有馏出液滴出后，记下时间与温度，调节浴温使蒸出液体的速率控制在每 2～3s 流出 1 滴为宜。待低沸点组分蒸完后，更换接收器，此时温度可能有回落。逐渐升高温度，直至温度稳定，此时所得的馏分称为中间馏分。再换第 3 个接收器，在第 2 种组分蒸出时有大量馏出液蒸馏出来，温度已恒定，直至大部分蒸出后，柱温又会下降。注意不要蒸干，以免发生危险。这样的分馏体系，有可能将混合物的组分进行严格的分馏。如果分馏柱的效率不高，则会使中间馏分大大增加，馏出的温度是连续的，没有明显的阶段性与区分。对于出现这样问题的实验，要重新选择分馏效率高的分馏柱，重新进行分馏。进行分馏操作时，一定要控制好分馏的速度，维持恒定的馏速。要使有相当数量的液体自分馏柱流回烧瓶，即选择好合适的回流比。尽量减少分馏柱的热量散发及柱温的波动。

4.2.3　水蒸气蒸馏

水蒸气蒸馏是分离和提纯有机化合物的一种方法。当混合物中含有大量的不挥发的固体物质或含有焦油状物质，或在混合物中某种组分沸点很高，在进行普通蒸馏时会发生分解时，在利用普通蒸馏、萃取、过滤等方法难以进行分离的情况下，可采用水蒸气蒸馏的方法进行分离。

两种互不相溶的液体混合物其蒸气压等于两种液体单独存在时的蒸气压之和。当此混合物的蒸气压等于大气压时，混合物就开始沸腾，被蒸馏出来。因此互不相溶的液体混合物的沸点比每个组分单独存在时的沸点低。

利用水蒸气蒸馏，可以将不溶或难溶于水的有机物在比自身沸点低的温度（低于100℃）下蒸馏出来。当水蒸气通入被蒸馏物中，被蒸馏物中的某一个组分和水蒸气一起蒸馏出来，其质量和水的质量之比等于二者分压和它们的分子量的乘积之比。即：

$$\frac{m_{物}}{m_{水}}=\frac{p_{物}\,M_{物}}{p_{水}\times 18} \tag{4-1}$$

式中　$m_{物}$——馏液中有机物的质量，g；

　　　$m_{水}$——馏液中水的质量，g；

　　　$p_{水}$——水蒸气蒸馏时水的蒸气压，kPa；

　　　$p_{物}$——水蒸气蒸馏时有机物的蒸气压，kPa；

　　　$M_{物}$——有机物的分子量。

能用水蒸气蒸馏分离的有机化合物，有其自身的结构特点，例如，许多邻位二取代苯的衍生物比相应的间位与对位化合物随水蒸气挥发的能力要大（表 4-2）；能形成分子内氢键的化合物如邻氨基苯甲酸、邻硝基苯甲醛、邻硝基苯酚都随水蒸气蒸发。

表 4-2　若干二元取代苯随水蒸气的相对挥发度

苯环上的取代基	相对挥发度			苯环上的取代基	相对挥发度		
	邻-	间-	对-		邻-	间-	对-
—COOH，—Cl	4.08	4.38	1	—NHCOCH₃，—N₂	43.1	2.00	
—COOH，—CH₃	4.49	2.81	1	—NH₂，—NO₂	47	9.49	
—NHCOCH₃，—Cl	6.61	0.60	1	—OH，—NO₂	160.0	3.32	
—COOH，—NO₂	20.90	7.30	1	—COOH，—OH	1320	5.00	

在表 4-3 中所列的化合物能溶于水，且有水存在时，其蒸气压下降（如酸、酚、醇、胺等）。由此可见，同系列分子中，分子量增加，因极性基团在分子中的影响削弱，水蒸气的挥发度也增大。分子中的第二个极性基因的引入，显著减小分子随水蒸气的挥发度。

（1）装置

水蒸气蒸馏装置由水蒸气发生器、蒸馏部分、冷凝部分和接收部分组成。它和蒸馏装置相比，增加了水蒸气发生器，如图 4-5 所示。

水蒸气发生器是钢质容器，中央的橡胶塞上插有一根接近器底的长度为 400～500mm 的长玻璃管，作为安全管，当蒸气通道受阻，器内的水沿着玻璃管上升，可起报警作用，应马上检修。当器内压力太大，水会从管中喷出，以释放系统的内压。当管内喷出水蒸气，表

表 4-3   在有水存在时蒸气压减少的物质随水蒸气的相对挥发度

化合物	$k^{①}$	化合物	$k^{①}$
甲酸	0.370	乙胺	20.0
乙酸	0.657	正丙胺	30.0
丙酸	1.239	正丁胺	40.0
丙酮酸	0.074	二乙胺	43.0
氯乙酸	0.047	乙二胺	0.02
丁烯酸	0.760	苯胺	5.51
丁酸	1.96	苯甲胺	3.27
1-乙基丁酸	4.57	1-萘胺	1.05
苯甲酸	0.27	N-甲基苯胺	16.0
对甲基苯甲酸	0.378	苯酚	1.94
间甲基苯甲酸	0.420	对硝基苯酚	0.005
邻甲基苯甲酸	0.508	间硝基苯酚	0.01
苯乙酸	0.07	对氯苯酚	1.30
肉桂酸	0.102	百里酚	12.0
水杨酸	0.088	甲醛	2.6
邻氨基苯甲酸	0.019	乙醛	40.0
对甲氧基苯甲酸	0.050	苯甲醛	18.0
氨	13.0	对甲氧基苯甲醛	3.1
甲胺	11.00		

　　① k 值为在有水存在时,压力减小的纯有机化合物随水蒸气蒸发的相对挥发度。从 k 值的大小,可以比较它们的挥发性大小。该值是由各化合物与 200mL 水置于 300mL 锥形瓶进行分馏时测得的。$k = \dfrac{\lg X_1 - \lg X_2}{\lg Y_1 - \lg Y_2}$,$X_1$ 及 Y_1 为蒸馏开始时蒸馏烧瓶中的水和物质的质量分数,X_2 及 Y_2 为蒸馏结束时物质及水的质量分数。

示发生器内水位已接近器底,应马上添加水,否则发生器会烧坏。发生器还附装有液面计,可直接观察器内水面高度,适时增加水量。操作时,通常盛装占其容积的 3/4 水量为宜,过量的水,沸腾时易冲入烧瓶。水蒸气发生器的蒸气导出管经 T 形玻璃管和三颈瓶的蒸气导入管相连。T 形管的一个垂直支管连接夹有螺旋夹的橡胶管,可以放掉蒸气冷凝的积水,当蒸气量过猛或系统内压力骤增或操作结束时,可以旋开螺丝夹,释放蒸气,调节压力。三颈瓶上的蒸气导入管要尽量接近瓶底,其余的瓶口一个用瓶塞塞住,另一个用蒸馏弯头 (75°) 连接,依次连接冷凝管、接引管、接收器。在必要时,可从蒸气发生器的支管开始,至三颈瓶的蒸气通路,用保温材料包扎,以便保温[1]。

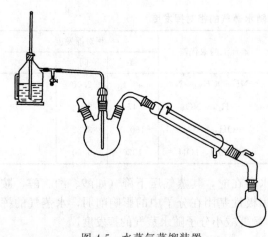

图 4-5　水蒸气蒸馏装置

（2）操作

　　将待蒸馏物倒入三颈瓶中,瓶内液体不超过其容积的 1/3。松开 T 形管螺旋夹,加热水蒸气发生器,开通冷凝管的进水管。待水接近沸腾,T 形管开始冒气时才夹紧螺旋夹,使水蒸气通入三颈瓶内,烧瓶内出现气泡翻滚,系统内蒸气通道畅通、正常。为了使蒸气不至于在烧瓶内冷凝而积聚过多，必要时可在烧瓶下置一石棉网，用小火加热[2]。不久，在冷凝管内出现蒸气冷凝后的乳浊液，流入接收器内。调节火焰强度，使馏出速率为 2～3 滴/s。如在冷凝管出现固体凝聚物（被蒸馏物有较高的熔点），则应调小冷凝水的进水量，必要时可暂时放空冷凝水，使凝聚物熔化为液态后，再调整进水量大小，使冷凝液能保持流畅无阻。在调节冷凝水的进水量时，注意要缓缓地进行，不要操之过急，以免使冷凝管骤冷、骤热而破裂。待馏出液变得清澈透明，没有油滴时[3]，可停止操作。先打开 T 形管螺丝夹，放掉系统内蒸气压力，与大气保持相通后，再停止水蒸气发生器的加热[4]，关闭进水龙头。按与装配时相反的顺序，拆卸装置，清洗与干燥玻璃仪器。

在接收器内收集的馏出液为两相，底层为油层，上层为水相。将馏出液进行分液操作，油层分出后，进行干燥、蒸馏后，可得纯品，称重，计算产率。

【注释】

[1] 如不进行包扎，当加热强度不够或室内气温过低时，在支管至三颈瓶间的通路，可以看到有冷凝水，阻碍蒸气通行。若有此现象，可打开 T 形管的螺旋夹放水，加大升温强度，进行保温操作。

[2] 用明火加热。加快蒸发速率，维持烧瓶内容积恒定为宜。不宜加热过猛，使烧瓶内混合物蒸发过度，瓶内存物过少。

[3] 可用小试管盛接馏出液仔细观察，没有油滴，表示被蒸馏物已全部蒸出可结束实验。

[4] 在停止操作后，应先旋开 T 形管的螺旋夹，再停止水蒸气发生器的加热，以免发生蒸馏烧瓶内残存液向水蒸气发生器倒灌的现象。

4.2.4　减压蒸馏

减压蒸馏又称真空蒸馏。它是用于分离和提纯在常压蒸馏下容易氧化、分解或聚合的有机化合物，特别适合于高沸点有机化合物的提纯。

液体的沸点是指液体的蒸气压与外界压力相等时液体的温度。一般的有机化合物，当外界压力降至 2.7kPa 时，其沸点比在常压下的沸点低 100～120℃。利用液体沸点随外界压力的降低而下降的关系，可以使高沸点有机化合物在较低的压力下，以远低于正常沸点的温度进行蒸馏而提纯。若干有机化合物的沸点与压力见表 4-4。

表 4-4　若干有机化合物在不同压力下的沸点　　单位：℃

化合物	101.3kPa	53.33kPa	13.33kPa	5.33kPa	1.33kPa	0.13kPa
1-溴丁烷	101.6	81.7	44.7	24.8	−0.3	−33
乙醇	78.4	63.5	34.9	19.0	−2.3	−31.3
乙醚	34.6	17.9	−11.5	−27.7	−48.1	−74.3
己二酸	337.5	312.5	265.0	240.5	205.5	159.2
乙酸乙酯	77.1	59.3	27.0	9.1	−13.5	−43.4
乙酸异戊酯	142.0	121.5	83.2	62.1	35.2	—
乙酰苯胺	303.8	277.0	227.2	199.6	162	114
苯甲酸	249.2	227	186.2	162.6	132.1	96.0
苯胺	184.4	161.9	119.9	96.7	69.4	34.8
间硝基苯胺	305.7	280.2	232.1	204.2	167.8	119.3
邻硝基苯酚	214.5	191.0	146.4	122.1	90.4	49.3
仲丁醇	251	204	172	147.5	118.2	99.5
乙二醇	197.3	178.5	141.8	120.0	92.10	53.0
甘油	290	263.0	220.1	198.0	167.2	125.5

（1）装置

有机化学实验室中的减压蒸馏装置由减压系统、蒸发、冷凝与接收四部分组成（图 4-6），与普通蒸馏操作相比，增加了减压系统这一部分。

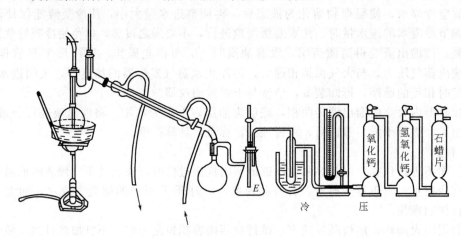

图 4-6 减压蒸馏装置

减压系统由减压泵和保护、测压系统组成。实验室中经常用的减压泵有液环真空泵、往复式真空泵、干式真空泵、分子真空泵。

水泵有玻璃质和金属质两种。玻璃质水泵要用厚壁橡胶管连接在尖嘴水龙头上；金属质水泵，可通过螺纹连接在水龙头上。在水压比较高时，水泵所能达到的最高真空度，即为室温的水蒸气压，例如在 25℃时为 3.167kPa，10℃时为 1.228kPa。

真空泵可以使真空度达 0.13kPa 以下，是减压蒸馏的常用设备。真空泵的性能取决于其机械结构与真空泵油的质量。真空泵的机械结构较为精密，使用条件严格，在使用时，挥发性有机溶剂、水、酸雾均会损害真空泵，使其性能下降。挥发性有机溶剂一旦被吸入到真空泵油中，会增加油的蒸气压，不利于提高真空度。酸性蒸气会腐蚀油泵机件，水蒸气凝结后与油形成乳浊液。因此在使用真空泵时，要建立起真空泵的保护系统，防止有机溶剂、水、酸雾入侵真空泵[1]。

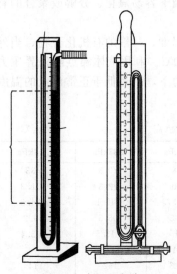

图 4-7 水银压力计

若用水泵或循环水真空泵抽真空，不必设置保护体系。真空泵的保护系统由安全瓶（用吸滤瓶装配）、冷却阱、吸收塔（两个以上）组成。安全瓶上配有两通活塞，一端通大气，具有调节系统压力及放入大气以恢复瓶内大气压力的功能。冷却阱具有冷却进入真空泵中的气体的作用，在使用时，它置于盛放有冷却剂（干冰、冰盐或冰水）的广口保温瓶内[2]。可以依次连接三个吸收塔，分别盛装无水氯化钙、氢氧化钙（或氢氧化钠）和石蜡片[3]。

实验室测量系统中压力测量仪器常用水银压力计，如图 4-7 所示。水银压力计一般有开口式压力计和 U 形压力计两种[4]。开口式压力计两臂汞柱高度之差即为大气压力与系统内压力之差，而蒸馏系统内的实际压力是大气压减去汞柱差值。开口式压力计测试的数值比较准确。U 形压力计中间有上下可滑动的刻度标尺，读数时，把刻度标尺的"0"点对准 U 形压力计右臂汞柱的顶端，可直接从刻度标尺上读出系统内的实际压力。在使用 U 形压力计旋转活塞时，动作要缓慢，慢慢地旋开活塞，使空气逐渐进入系统，使压力计右臂汞柱徐徐升顶。否则，由于空气猛然大量涌入系统，汞柱迅速上升，会撞破 U 形玻璃管。压力计旋塞只在需要观察压力值时才打开，体系压力稳定或不需要时，可以关闭压力计。在结束减压蒸馏时，应先缓缓打开旋塞，通过安全瓶慢慢接通大气，使汞柱恢复到顶部位置。

减压蒸馏的蒸馏与冷凝部分的仪器安装如图 4-6 所示。在蒸馏烧瓶上装配分馏头，分馏头的直形管部位插入一根末端拉成毛细管的厚壁玻璃管，毛细管下端离瓶底 1～2mm，该玻璃管的上端套一根有螺旋夹的橡胶管。通过旋转螺旋夹，以调节减压蒸馏时通过毛细管进入蒸馏系统的空气量，以控制系统的真空度大小，并形成烧瓶中的沸腾中心。分馏头的另一直立管（带支管）内插一支温度计，使水银球的上沿与支管的下沿相对齐。分馏头的支管依次连接直形冷凝管、多头接引管、接收瓶。将多头接引管的支管与真空系统的安全瓶相连接。

实验者在进行减压蒸馏操作实验时，需要动手装配的是蒸馏、冷凝与接收的装置，以及与真空系统相连接。而减压装置在实验前已安装与调试完毕，在实验中不再轻易拆装，除非减压系统突然出现故障，急需排除。

在减压蒸馏装置中，连接各部件的橡胶管都要用耐压的厚壁橡胶管。所用的玻璃器皿，其外表均应无伤痕或裂缝，其厚度与质量均应符合产品的出厂规格的要求。实验操作人员要戴防护目镜，以防不测。

（2）操作方法

减压蒸馏装置密闭性检查与真空度调试：旋紧毛细管上的螺旋夹，旋开安全瓶上的二通活塞使之连通大气，开动真空泵，并逐渐关闭二通活塞，如能达到所要求的真空度，并且还能够维持不变，说明减压蒸馏系统没有漏气之处，密闭性符合要求。若达不到所需的真空度（不是由于水泵或真空泵本身性能或效率所限制），或者系统压力不稳定，则说明有漏气的地方，应当对可能产生漏气的部位逐个进行检查，包括磨口连接处，塞子或橡胶管的连接是否紧密。必要时，可将减压蒸馏系统连通大气后，重新用真空脂或石蜡密封，再次检查真空度。若系统内的真空度高于所要求的真空度时，可以旋动安全瓶上的二通活塞，慢慢放进少量空气，以调节至所要求的真空度。待确认无漏气后，慢慢旋开二通活塞，放入空气，解除真空。

在蒸馏烧瓶中，加入待蒸馏液体，其体积应占烧瓶容积的 1/3～1/2。关闭安全瓶上的活塞，开动真空泵，通过螺旋夹调节进气量，使能在烧瓶内冒出一连串小气泡，装置内的压力符合所要求的稳定的真空度。开通冷却水，将热浴加热，使热浴的温度升至比烧瓶内的液体的沸点高 20℃，以保持馏出速率为每秒 1～2 滴，应记录馏出第一滴液滴的温度、压力和时间。若开始馏出物的沸点比预料收集的要低，可以在达到所需温度时转动接引管的位置，用另一个接收器收集所需要的馏分，蒸馏过程中，应密切关注压力与温度的变化。

蒸馏完毕，或者在蒸馏过程中需要中断实验时，应先撤去热源，缓缓旋开毛细管上的螺旋夹，再缓缓地旋开安全瓶上的二通活塞，慢慢放入空气，使 U 形压力计水银柱逐渐上升至柱顶，使装置内外压力平衡后，方可最后关闭真空泵及压力计的活塞。

【注释】

[1] 真空泵是减压蒸馏操作中的核心设备之一。虽然在装置中设有保护体系，以延长其正常的运转时间，仍应定期更换真空泵油清洗机械装置，尤其是在其真空度有明显下降时，更应及时维修，不可"带病操作"，否则机械损坏更为严重。

[2] 冷却阱有利于除去低沸点物质，在每次实验后，应及时除去并清洗，以免混杂在装置中。

[3] 干燥塔的有效工作时间是有限的，应适时定期更换装填物。装填物吸附饱和后，不能起到保护真空泵的作用，还会阻碍气体通道，使真空度下降。如长期不更换装填物，则会胀裂塔身（如装氯化钙塔），或者使玻璃瓶塞与塔身黏合，不能开启而报废（装碱性填充物）。所以要经常观察干燥塔内装填物的形态，确定是否有潮湿状等，及时更换装填物，以保证真空泵有良好的工作性能。

[4] 水银压力计平时要保养好，使之随时处于备用状态。U 形压力计中水银的灌装，要当心排除顶部的气泡，在将压力计与干燥塔或冷却阱连接时，要当心勿折断压力计的玻璃管，施力要适度，过细的橡胶管不适宜作为连接用。

实验 4-2　　乙醇和水混合物的分馏

一、实验目的

1. 了解分馏的原理和分馏柱的作用。
2. 掌握分馏装置的安装及操作技术。

二、实验原理

分馏与蒸馏相似，它是在圆底烧瓶与蒸馏头之间接一根分馏柱，并利用分馏柱，将多次汽化-冷凝过程在一次操作中完成。一次分馏相当于连续多次蒸馏，因此，分馏能更有效地分离沸点接近的液体混合物。

三、仪器和药品

仪器：圆底烧瓶（100mL）；温度计（150℃）；长玻璃筒；接液管；蒸馏头；直形冷凝管；锥形瓶（100mL）；韦氏分馏柱；水浴锅。

药品：乙醇。

四、实验步骤

取 100mL 圆底烧瓶，按图 4-4(c) 安装分馏装置。分馏柱内可装填玻璃环。分馏柱外面，用石棉绳缠绕，最外面可用铝箔覆盖[1]。量取由乙醇和水按 1∶1（体积比）组成的混合液 40mL，加入圆底烧瓶内。准备好 3～4 个洁净、干燥的接收器。检查各磨口接头连接严密性，开通冷凝水并进行升温加热。注意观察温度的变化[2]，记录蒸出第一滴液滴的温度，在温度（此时应为 78℃左右）稳定后，更换接收器，直至温度开始下降时，再换接收器，提高升温速率，在温度逐渐上升，并再次趋于稳定时（此时温度应为 100℃左右），更换接收器。提高升温速率，直至大部分馏出液蒸出为止[3]。待瓶内仅存少量液体时，停止加热。关闭冷却水，取下接收器。按相反顺序拆卸装置，并进行清洗与干燥。量取各馏分的体积，计算产率。

【注释】

[1] 由于分馏柱有一定的高度，只靠烧瓶外面加热提供的热量，不进行绝热保温操作，分馏操作是难以完成的。实验者也可选择其他适宜的保温材料进行保温操作，达到分馏柱的保温目的。

[2] 分馏柱中的蒸气（或称蒸气环）在未上升的温度计水银球处时，温度上升得很慢（此时也不可加热过猛），一旦蒸气环升到温度计水银球处时，温度迅速上升。

[3] 当大部分液体被蒸出，分馏将要结束时，由于甲苯蒸气量上升不足，温度计水银球不

能时时被水蒸气所包围，因此温度出现上下波动或下降，标志分馏已近终点，可以停止加热。

思 考 题

1.进行蒸馏或分馏操作时，为什么要加入沸石？如果蒸馏前忘记加沸石，液体接近沸点时，应如何处理？

2.纯的液体化合物在一定压力下有固定沸点，但具有固定沸点的液体是否一定是纯物质？为什么？

实验 4-3 八角茴香的水蒸气蒸馏

一、实验目的

1.学习用水蒸气蒸馏从茴香中提取茴香油的原理及方法。

2.进一步熟悉和掌握水蒸气蒸馏、溶剂萃取、常压蒸馏等基本操作。

二、实验原理

许多植物都具有令人愉快的气味，植物的这种香味均由挥发油或香精油所致。香精油成分往往存在于植物组织的腺体或细胞内，它们也可以存在于植物的各个部位，但更多地存在植物的籽和花中。

茴香油是一种香精油，主要存在于常用的调味品八角茴香籽中。

茴香油为淡黄色液体，具有茴香的特殊香味，其中所含主要成分是茴香脑（80%～90%），另外还含有少量乙醛等。茴香脑的结构式为：

$$CH_3-O-\!\!\!\bigcirc\!\!\!-CH_2-CH\!=\!CH_2$$

茴香脑的化学名称为对烯丙基苯甲醚。茴香脑为无色或淡黄色液体（或固体），沸点为233～235℃，熔点为22～23℃，溶于 C_2H_5OH 和 $(C_2H_5)_2O$。

茴香油不溶于水，但具有一定的挥发性，故可用水蒸气蒸馏从植物中分离出来。茴香油的主要成分茴香脑溶于 $(C_2H_5)_2O$，因此可用 $(C_2H_5)_2O$ 萃取馏出液中的茴香油，然后蒸除 $(C_2H_5)_2O$ 可得到茴香油。

三、仪器和药品

仪器：圆底烧瓶（500mL，250mL）；直形冷凝管；蒸馏瓶（50mL）；锥形瓶（250mL，50mL）；接液管；烧杯（100mL）；蒸气导出、导入管；T形管；螺旋夹；馏出液导出管；分液漏斗；玻璃管（1mm）；沸石；酒精灯；石棉网；试管。

药品：茴香籽粉；食盐；$(C_2H_5)_2O$；Na_2SO_4（无水）。

四、实验步骤

在 500mL 圆底烧瓶中装入 2/3 热 H_2O，加 1～2 粒沸石，同时，在 250mL 圆底烧瓶中加入 20g 茴香籽粉[1]和 50mL 热 H_2O，安装好水蒸气蒸馏装置（图 4-5）。用酒精（或电炉）灯隔石棉网加热 500mL 圆底烧瓶（作水蒸气发生器），当有大量蒸汽产生时关闭螺旋夹，使蒸汽通入 250mL 烧瓶中进行提取，同时冷凝管中通入冷 H_2O，蒸气冷凝得到馏出液。当收集约 200mL 馏出液，至馏出液变清时，先打开螺旋夹，再停止加热，关闭冷凝水，终止水蒸气蒸馏。

用 30～50g 食盐饱和馏出液移至分液漏斗中，每次用 15mL $(C_2H_5)_2O$ 萃取两次，弃去 H_2O，将萃取醚层合并，用少量无水 Na_2SO_4 干燥。将液体慢慢倾入干燥的 50mL 蒸馏瓶中（注意不要倾入无水 Na_2SO_4 固体）。安装蒸馏装置，在水浴上蒸出大部分 $(C_2H_5)_2O$，将剩余液体转移至事先称重的试管中，在水浴中小心加热[2]此试管，浓缩至溶剂除净为止。揩干试管外壁，称量，计算茴香油的回收率。

【注释】

[1] 用植物粉碎机将茴香籽研成粉末。

[2] 所得茴香油只有几百毫克，操作时要仔细。

思 考 题

1. 用水蒸气蒸馏法分离和提取的物质应具备哪些条件？

2. 用 $(C_2H_5)_2O$ 萃取馏出液中的的茴香油之前，为什么要加入食盐使馏出液饱和？

实验 4-4　　乙二醇的减压蒸馏

一、实验目的

1. 学习减压蒸馏的原理及其应用。

2. 认识减压蒸馏的主要仪器设备，掌握减压蒸馏仪器的安装和减压蒸馏的操作方法。

二、实验原理

液体沸腾时的温度与外界压力有关，且随外界压力的降低而降低。如果用一个真空泵（水泵或油泵）与蒸馏装置相连接成为一个封闭系统，使系统内的压力降低，这样就可以在较低的温度下进行蒸馏，这就是减压蒸馏，也叫真空蒸馏。它是分离、提纯液体或低熔点固体有机物的一种重要方法，特别适用于在常压蒸馏时未到沸点就已受热分解、氧化或聚合的物质。

三、仪器和药品

仪器：减压装置一套。

药品：粗品乙二醇（混杂有少量仲丁醇）。

四、实验步骤

按图 4-6 取 50mL 蒸馏烧瓶，安装减压蒸馏装置（接收器应称重）。关闭安全瓶上的二通活塞，旋紧螺旋夹，开动真空泵，调试压力能稳定在 1.33kPa 后，徐徐放入空气，在压力与大气平衡后，关闭真空泵。

取 20mL 粗品乙二醇（混杂有少量仲丁醇），加入蒸馏烧瓶，检查各接口处的严密性后，开动真空泵，使压力稳定在 1.33kPa 后，加热蒸馏烧瓶，收集沸点为（92±1）℃的馏分。收集完大部分馏液后，撤去热源，松开螺旋夹徐徐放入空气，旋开压力计活塞，缓缓开启安全瓶上的二通活塞，解除真空，放入空气。待压力计水银柱回升柱顶后关闭真空泵。取下接收器，称重。按相反顺序，拆卸减压蒸馏装置，清洗并干燥玻璃器皿。减压系统的装置，不经指导教师指示，不要拆卸[1]。

计算产率，测折射率。

【注释】

[1] 本实验涉及减压系统的操作，应在指导教师指导下认真操作，以免发生事故。初学者未经教师同意，不要擅自单独操作。加热前，先检查毛细管是否畅通。蒸馏时不要蒸干，以免引起爆炸。

思 考 题

1. 物质的沸点与外界压力有什么关系？一般在什么条件下采用减压蒸馏？
2. 安装气体吸收塔的目的是什么？各塔有什么作用？
3. 装置的气密性达不到要求，应采取什么措施？
4. 减压蒸馏开始时，为什么要先抽气再加热；蒸馏结束时为什么要先撤热源，再停止抽气？顺序为什么不能颠倒？
5. 减压蒸馏操作应注意哪些事项？

4.3　萃取法

4.3.1　萃取的原理

萃取是指把某种物质从一相转移到另一相的过程。萃取和洗涤是利用物质在不同溶剂中的溶解度或分配比的不同来进行分离的操作。

用萃取（或洗涤）处理固体混合物时，萃取（或洗涤）的效果基本上根据混合物各组分在所选用的溶剂内的不同溶解度、固体的粉碎程度及用新鲜溶剂再处理的时间而确定。从液相内萃取（或洗涤）物质的情况，必须考虑到被萃取（或洗涤）物质在两种不相溶的溶剂内的溶解程度。

4.3.2　溶剂的选择

在实际操作中，难溶于水的物质，用石油醚或汽油从水溶液中萃取，易溶于水的物质用乙酸乙酯或其他相似溶剂提取。溶剂的选择，可应用"相似相溶"原理，详细的讨论，"相似"即溶质和溶液结构或极性相似，"相溶"即溶质与溶液互溶。

有时，将水溶液用某种盐饱和，使物质在水中的溶解度大大下降，而在溶剂中的溶解度大大增加，促使迅速分层，减少溶剂在水中的损失，称之为盐析效应。

在选择萃取溶剂时，要注意溶剂在水中的溶解度大小，以减少在萃取（或洗涤）时的损失。部分常用有机溶剂在水中的溶解度见表4-5。表中的闪点[1]，爆炸极限[2]数据提供了在使用该溶剂时应当注意的安全性操作的问题。

还有一类萃取剂是利用它和被萃取物质起化学反应而进行萃取。这类操作，经常应用在有机合成反应中，以除去杂质或分离出有机物。常用的萃取剂有：5%或10%碳酸钠溶液、5%或10%碳酸氢钠溶液、稀盐酸、稀硫酸和浓硫酸等。碱性萃取剂可从有机相中分离出有机酸或从溶于有机溶剂的有机化合物中除去酸性杂质（使酸性杂质生成钠盐溶解于水中）。酸性萃取剂可用于从饱和烃中除去不饱和烃，从卤代烷中除去醚或醇等。

表 4-5　部分常用有机溶剂在水中的溶解度

溶剂名称	沸点/℃	水中溶解度/%	溶解时温度/℃	闪点/℃	爆炸极限/%	
					下限	上限
正己烷	67~69	0.01	20	−22	1.25	6.9
正庚烷	98.2~98.6	0.005	20	−17	1	6
苯	79~80.6	0.20	20	−11	8	
甲苯	109.5~111	0.05	20	7	1.27	7.0
二甲苯	136.5~141.5	0.01	20	24	3.0	7.6
氯仿	59.5~62	0.5	20	—	—	—
四氯化碳	75~78	0.08	20	不燃	—	—
1,2-二氯乙烷	82~85	0.87	20	12~18	6.2	15.9
氯苯	130~132	0.049	30	28~32	—	—
甲醇	64~68	全溶	20	9.5	6	36.5
乙醇	78~78.2	全溶	20	12	3.28	19.0
异丙醇	79~83	全溶	20	16	2.5	10.2
丙醇	95~100	全溶	20	29	2.5	9.2
正丁醇	114~118	7.3	20	28~35	1.7	10.2
正戊醇	90~140	5	20	45~46	1.2	—
异戊醇	130~131	4~5	20	42		
乙酸乙酯	76.2~77.2	8.6	20	−1	2.18	11.5
乙酸戊酯	115~150	0.2	20	22~25	1.1	10
乙醚	34~35	5.5~7.4	20	−40	1.7	48
1,4-二氧六环	95~105	全溶	20	18	1.97	22.2
丙酮	55~57	全溶	20	−9	2.15	13.0
丁酮	76~80	24	20	−3	1.81	11.5
环己酮	150~158	5	20	44~47	3.2	9.0
硝基甲烷	101.2	10.5	20	43.3(35)	—	7.3
硝基乙烷	114	4.5	20	41		
硝基丙烷	131.6	1.4	20	49		
硝基环己烷	203~204	15	20	15		
吡啶	115.6	全溶	20	20	1.8	12.4
糠醛	160~165	8.3	20	68	2.1	—
二硫化碳	45.5~47	全溶	20	—	—	—

4.3.3　液体物质的萃取

　　从液体中萃取物质通常是在分液漏斗中进行的，所以掌握正确使用和保管分液漏斗的方法是十分重要的。

　　分液漏斗容积大小的选择，应当根据被萃取液体的体积来决定。分液漏斗的容积以被萃取液体积一倍以上为宜。在正式使用前，必须事先用水检查分液漏斗的盖子是否盖紧，是否严密不漏水；检查活塞是否严密，关闭后是否不漏水，开启时能否畅通放水，以免在正式使用时，发生泄漏或不能畅通排放液体等事故。

　　在进行萃取时，先把分液漏斗放在铁架台的铁环上，关闭活塞，取下盖子，从漏斗的上口将被萃取液体倒入分液漏斗中，然后再加入萃取剂，盖紧盖子，取下漏斗，用右手握住漏斗，右手的手掌顶住盖子，左手握在漏斗的活塞处，右手的大拇指和食指按住活塞（活塞的旋面应向上），中指垫在活塞座下边。两手将漏斗振摇时，将漏斗的出料口稍向上倾斜，经过几次摇荡后，将漏斗朝向无人处"放气"。尤其是在使用石油醚、乙醚等低沸点的溶剂，或者是用稀碳酸钠或碳酸氢钠等碱性萃取剂从有机相中分离有机酸或除去酸性杂质时，漏斗内的压力很大，容易发生冲开塞子等事故。在经过几次振摇放气后，漏斗内只有很小压力，再剧烈摇荡 2～3min 后，将漏斗放回铁圈中静置。静置时间越长，越有利于两相的彻底分离。此时，实验者应注意仔细观察两相的分界线，有的很明显，有的则不易分辨。一定要确认两相的界面后，才能进行下面的操作，否则还需要静置一段时间。打开漏斗的盖子，实验者的视线应盯住两相的界面，缓缓地旋开活塞，将下层液体，经活塞向下放出至锥形瓶（接收器）中。分液时，一定要尽可能分离干净，有时两相界面有絮状物也要一起分离出去。然后关闭活塞，从漏斗的上口倒出上层液体。不能经活塞将上层液体放出，以免下层液体污染上层液体。如需要进行多次萃取，在将下层液放出后，上层液可不必从瓶口倒出来，而直接从瓶口再加入萃取剂进行萃取。

在进行分液操作时，所分出的拟弃去的液体应收集在锥形烧瓶内，不要马上处理，一定要等全部实验结束，实验者的实验结果，在经过指导者认可后才能处理。这样一旦发现取错液层，尚可及时纠正，避免实验的全部返工。

萃取时可以用仪器进行连续萃取。一种是轻提取器，即用较轻溶剂萃取较重溶液中的物质，例如，用乙醚萃取水溶液，如图 4-8（a）所示。另一种是重提取器，如图 4-8（b）所示，例如，用二氯甲烷萃取水溶液，即用较重溶剂萃取较轻溶液中的物质。在任何一种情况下，都是将烧瓶中的溶剂加热汽化，经冷凝器冷凝成液体，流入萃取液中进行萃取。得到的萃取液经溢流返回烧瓶中，其溶剂再汽化、冷凝、萃取，如此反复循环，即可提取出大部分物质。

4.3.4　固体物质的萃取

将固体研细后放入容器内，用溶剂长期浸泡是一种最简单的固体物质萃取的方法，显然这是一种效率不高的方法。也可以加入合适溶剂，振荡、过滤，从萃取液中分离出萃取物，反复操作。使用索氏提取器［图 4-8（c）］进行连续萃取，是一种效率较高的萃取方法。把固体样品放入纸袋中，装入提取器，加热烧瓶，使溶剂汽化进入冷凝器冷凝成液体，流入提取器进行萃取。利用溶剂的回流和虹吸作用，使固体中的可溶物质富集到烧瓶中，从中可提取出要萃取的物质。

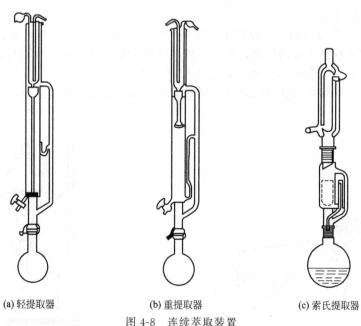

(a) 轻提取器　　　　　　(b) 重提取器　　　　　　(c) 索氏提取器

图 4-8　连续萃取装置

4.3.5 分液漏斗的使用

在有些实验中，需要对两种互不相溶的液体进行分离，或从固体、液体中提取某种物质，这时可用分液漏斗来帮助完成这一工作。

（1）分液漏斗的用途

① 可用于分离互不相溶的两种液体。

② 萃取或富集有关物质。

③ 代替滴液漏斗用来在特殊的、密闭的反应容器中或器皿中滴加试剂或溶液。

④ 用水、酸、碱等溶液洗涤某种有机产品。

分液漏斗目前应用最广泛的萃取方法是单效萃取法，也称间歇萃取法。

（2）分液漏斗的种类

分液漏斗根据其形状分为球形（较多的用于向密闭反应器中加液）、锥形（梨形）（较多的用于分离两种互不相溶的液体）和筒形三种。

分液漏斗又可分为长颈分液漏斗和短颈分液漏斗两类。

根据待分离两种液体的混合体积或需加液的体积选择合适规格的分液漏斗。

（3）分液漏斗的使用方法

① 选用 选择合适规格的分液漏斗。

② 洗净分液漏斗 按普通玻璃仪器洗涤，必要时，可用铬酸洗液洗涤，最后用蒸馏水洗至不挂水珠，倒尽水备用。

③ 分液漏斗的操作 首先要在分液漏斗的活塞涂上凡士林，方法见酸式滴定管的使用。

a. 萃取 移取一定体积的被萃取物质的水溶液和萃取溶剂，依次从上口倒入分液漏斗，塞紧上口瓶塞后，取下分液漏斗，用右手按住漏斗上口瓶塞，左手握住漏斗下端的玻璃活塞，倾斜倒置，如图 4-9 所示。旋转振荡数次，开启活塞，朝无人处放出因振荡而产生的过量气体，以解除分液漏斗内的压力，这种操作称之为"放气"。放气后，关闭活塞，继续振荡。如此重复操作，直至放气时只有很小的压力，然后再剧烈振摇 2～3min，使两种液体充分接触，提高萃取效率。

b. 分液 将分液漏斗静置于铁圈上（图 4-10），当溶液分成两层后，先打开分液漏斗的上口瓶塞，再缓缓旋开下端的活塞，使下层的液体慢慢流入烧杯中。分液时，一定要尽可能地分离干净，不能让萃取的物质损失，也不能让其他的干扰组分混入。在两种液体的交界处，有时会出现一层絮状的乳浊液，也应同时放出。然后将上层液体从漏斗上口倒入另一干净的容器中。

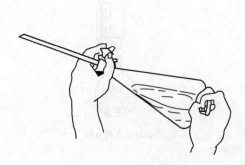

图 4-9 分液漏斗的振摇

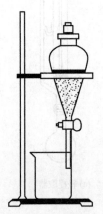

图 4-10 分液操作

c. 多次萃取　将放出的下层水溶液倒回分液漏斗中，加入新的萃取剂，用同样的方法进行第二次萃取。若萃取剂的密度大于水溶液的密度，则在一次萃取后将上层水溶液仍留分液漏斗内，加入新的萃取剂，进行第二次萃取，萃取的次数一般为3~5次。

d. 干燥和纯化　把所有的萃取液合并，加入合适的干燥剂干燥，蒸去溶剂。再把萃取所得的物质视其性质用蒸馏、重结晶等方法纯化。

（4）分液漏斗实验注意事项

① 活塞上要涂凡士林，使之转动灵活，密合不漏，方法见滴定管的操作。

② 活塞和瓶塞要保持原配，不能混用。

③ 长期不用时，应在瓶塞和活塞的磨口外垫一纸条，以防下次使用时打不开瓶塞和活塞。

④ 不能将涂有凡士林的分液漏斗放在烘箱中干燥。不能用手拿分液漏斗的下端及分液漏斗的膨大部分进行萃取操作。

⑤ 分液时，先打开上端的瓶塞，再开启下端的活塞。上层的液体应从分液漏斗的上口倒出，不能从分液漏斗的下口放出。

【注释】

[1] 可燃性液体的蒸气与火接触发生闪火的最低温度叫闪点。它是可燃性液体的一个性能指标，表示可燃性液体发生火灾和爆炸可能性的大小，与液体的储存、运输和使用的安全有密切关系。

测定闪点的标准是采用规定的开口杯或闭口闪点测定器。闪点的温度比该物质的燃点低。

[2] 爆炸极限是指可燃气体或蒸气与空气的混合物能发生爆炸的限度范围，即是浓度的上限和下限。浓度高于上限和低于下限的都不会发生爆炸。爆炸极限也是可燃物质的一个性能指标，是在生产、储存、运输和使用可燃物质时必须注意的一个重要指标。

实验 4-5　　从植物中提取天然色素

一、实验目的

1. 熟悉从植物中提取天然色素的原理和方法。
2. 初步掌握分液漏斗的使用和萃取、分离操作。

二、实验原理

绿色植物的茎、叶中含有叶绿素（绿色）、叶黄素（黄色）和胡萝卜素（橙色）等多种天然色素。

叶绿素是植物进行光合作用所必需的催化剂。α-胡萝卜素在人和动物的肝脏内受酶的催化可分解成维生素 A，所以又称为维生素 A 原，用于治疗夜盲症，也用作食品色素。

叶黄素在绿叶中的含量较高，因为分子中含有羟基，较易溶于醇，而在石油醚中溶解度较小。叶绿素和胡萝卜素则由于分子中含有较大的烃基而易溶于醚和石油醚等非极性溶剂。本实验中利用这一性质，用石油醚-乙醇混合溶剂作萃取剂，将绿色植物中的天然色素提取出来，然后用柱色谱法进行分离。

柱色谱法分离色素混合物是基于吸附剂（氧化铝）对混合物中各组分吸附能力的差异。当用适当的溶剂携带混合物流经装有吸附剂的色谱柱时，反复多次地发生吸附-洗脱过程。胡萝卜素极性最小，当用石油醚-丙酮洗脱时，随溶剂流动较快，第一个被分离出；叶黄素分子中含有两个极性的羟基，增加洗脱剂中丙酮的比例，便随溶剂流出；叶绿素分子中极性基团较多，可用正丁醇-乙醇-水混合溶剂将其洗脱。

三、仪器和药品

仪器：研钵；分液漏斗（125mL）；锥形瓶；减压过滤装置；低沸易燃物蒸馏装置；水浴锅；酒精灯；剪刀；滴液漏斗（125mL）；玻璃漏斗；酸式滴定管（25mL）；烧杯（200mL）；脱脂棉；玻璃棒；滤纸。

药品：新鲜绿叶蔬菜（可用菠菜、韭菜或油菜等）；石油醚（60～90℃馏分）；乙醇（95%）；丙酮；正丁醇；中性氧化铝（150～160目）；无水硫酸镁。

四、实验步骤

1. 萃取、分离

称取20g事先洗净晾干的新鲜蔬菜叶，将其剪切成碎片放入研钵中。初步捣烂后，加入20mL体积比为2∶1的石油醚-乙醇溶液，研磨约5min，减压过滤。滤渣放回研钵中，重新加入10mL 2∶1的石油醚-乙醇溶液，研磨后抽滤。再用10mL 2∶1的石油醚-乙醇溶液重复上述操作一次。

2. 洗涤、干燥

合并三次抽滤的萃取液，转入分液漏斗中，用20mL蒸馏水分次洗涤，以除去水溶性杂质及乙醇。分去水层后，将醚层由漏斗上口倒入干燥的锥形瓶中，加入1g无水硫酸镁干燥15min。

3. 回收溶剂

将干燥好的萃取液滤入圆底烧瓶中，安装低沸易燃物蒸馏装置。用水浴加热蒸馏，回收石油醚。当烧瓶内液体剩下约5mL时，停止蒸馏。将烧瓶内的液体转移到锥形瓶中保存。若条件允许，可按以下方法进行分离。

4. 色谱分离

① 装柱　用酸式滴定管代替色谱柱。取少许脱脂棉，用石油醚浸润后，挤压以驱除气泡，然后借助长玻璃棒将其放入色谱柱。取少许再覆盖一片直径略小于柱径的圆底滤纸。关好旋塞后，加入约20mL石油醚，将色谱柱固定在铁架台上。从色谱柱上口通过玻璃漏斗缓缓加入20g中性氧化铝，同时小心打开旋塞，使柱内石油醚高度保持不变，并最终高出氧化铝表面约2mm[1]。装柱完毕，关好旋塞。

② 加入色素　将上述蔬菜的浓缩液，用滴管小心加入到色谱柱内，滴管及盛放浓缩液的容器用2mL石油醚冲洗，洗涤液也加入柱中。加完后，打开下端旋塞，让液面下降到柱面以下约11mm，关闭旋塞，在柱顶滴加石油醚至超过柱面1mm左右，再打开旋塞，使液面下降。如此反复操作几次，使色素全部进入柱体。最后再滴加石油醚至超过柱面2mm处。

③ 洗脱　在柱顶安装滴液漏斗，内盛约50mL体积比为9∶1的石油醚-丙酮溶液。同时打开滴液漏斗及柱下端的旋塞，让洗脱剂逐渐放出，柱色谱分离即开始进行。先用烧杯在柱底接收流出液体。当第一个色带即将滴出时，换一个洁净干燥的小锥形瓶接收，得橙黄色液体，即胡萝卜素。在滴液漏斗中加入体积比为7∶3的石油醚-丙酮溶液，当第二个黄色带即将滴出时，换一个锥形瓶，接收叶黄素[2]。

最后用约30mL体积比为3∶1∶1的正丁醇-乙醇-水洗脱，分离出叶绿素。将收集的三种色素回收到指定容器中。

【注释】

[1] 应注意使氧化铝在整个实验过程中始终保持在溶剂液面下。

[2] 叶黄素易溶于醇，而在石油醚中溶解度较小，所以在提取液中含量较低，以致有时不易从柱中分离出。

思 考 题

1. 绿色植物中主要含有哪些天然色素？

2. 本实验是如何从蔬菜叶中提取色素的？

3. 分离色素时，为什么胡萝卜素最先被洗脱？三种色素的极性大小顺序如何？

4.4 升 华

升华是指具有较高蒸气压的固体物质，受热不经过熔融状态直接转变成气体，气体遇冷，又直接变成固体的过程。

升华是固体有机化合物的一种提纯操作方法。用升华法提取所得产品的纯度的高，含量可达 98％～99％，适宜于制备无水物或分析用试剂。升华时的温度较低，在操作上很有利。但用升华法提纯的有机物的种类有限，仅限于易升华的有机化合物，且操作时间较长，只适宜于少量操作。

在加热时，物质的蒸气压增加，升华速率也增加。为了避免物质的分解，温度的升高视情况而定，因此依靠加热来提高升华速率的应用范围是有限的。

在升华时，利用通入少量空气或惰性气体，可以加速蒸发，同时使物质的蒸气离开加热面易于冷却。但不宜通入过多的空气或其他气体，以免带走升华产品而造成损失。另外，利用抽真空以排除蒸发物质表面的蒸气，可提高升华速率。通常是减压与通入少量空气（或惰性气体）同时应用，以提高升华速率。升华速率与被蒸发物质的表面积成正比，因此被升华的物质愈细愈好，使升华的温度能在低于物质的熔点下进行。

选择安装升华装置时，应注意蒸气从蒸发面至冷凝面的途径不宜过长。尤其是对于分子量大的分子在进行升华操作时，仪器的出气管应安装在下面，不然要使蒸气压达一定的高度，须对物质进行强烈的加热。表 4-6 列出了某些易升华的物质的蒸气压。

表 4-6　某些易升华的物质的蒸气压

名称	熔点/℃	固体在熔点时的蒸气压/kPa	名称	熔点/℃	固体在熔点时的蒸气压/kPa
干冰(固体 CO_2)	-57	516.78	苯(固体)	5	4.80
六氯乙烷	189	104	邻苯二甲酸酐	131	1.20
樟脑	179	49.33	萘	80	0.93
碘	114	12	苯甲酸	122	0.80
蒽	218	5.47			

升华样品的准备：将样品经过充分干燥后，仔细地粉碎研细，置于保干器内备用。

4.4.1　常压升华

如图 4-11(a) 所示，在蒸发皿中，放入经过干燥、粉碎的样品，在其上覆盖一张穿有一些小孔的圆形滤纸，其直径应比漏斗口大。再倒置一个漏斗，漏斗的长茎部分塞进一团疏松的棉花。

在石棉铁丝网（或沙浴）上，加热蒸发皿，控制加热温度低于被升华物质的熔点。蒸气通过滤纸小孔，在器壁上冷凝，由于有滤纸阻挡，不会落回器皿底部。收集漏斗的内壁上与滤纸上的晶体，即为经升华提纯的物质。

也可用图 4-11(b) 的装置，在烧杯上放一通冷水的蒸馏烧瓶，该烧瓶的最大直径应大于烧杯直径，升华物质在蒸馏烧瓶底部外壁冷凝成晶体。

4.4.2 减压升华

减压升华装置如图 4-12 所示。将待升华物质放在吸滤管中，然后将装有具支试管的塞子塞紧，内部通过冷却水，然后开动水泵或真空泵减压，吸滤管浸在水浴或油浴中逐渐加热，升华的物质冷凝在通有冷水的管壁上。

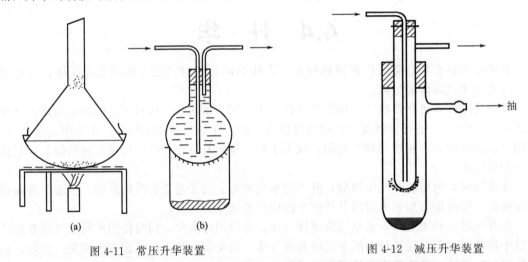

图 4-11 常压升华装置   图 4-12 减压升华装置

水泵有玻璃质和金属质两种。玻璃质要用厚壁橡胶管连接在尖嘴水龙头上，金属质水泵，可通过螺纹连接在水龙头上。

实验 4-6   从茶叶中提取咖啡因

一、实验目的

1. 了解从茶叶中提取咖啡因的原理和方法。
2. 学习用索氏提取器抽提的操作技术。
3. 学习用升华法提纯有机物。

二、实验原理

咖啡因是弱碱性化合物，易溶于热 H_2O、$CHCl_3$、C_2H_5OH 等。含结晶水的咖啡因是无色针状结晶，味苦，在 100℃时即失去结晶水，并开始升华，120℃时升华显著，至 178℃时升华很快。无水咖啡因的熔点为 238℃。

咖啡因具有刺激心脏、兴奋中枢神经和利尿等作用，可作为中枢神经兴奋剂。它也是复方阿司匹林（PAC）等药物的组分之一。工业上，咖啡因主要通过人工合成制得。

茶叶中咖啡因的含量为 3%～5%。本实验从茶叶中提取咖啡因是用 C_2H_5OH 作溶剂，在索氏提取器中连续抽提，然后浓缩、焙炒得粗咖啡因，再通过升华法提纯。

三、仪器和药品

仪器：索是氏提取器；圆底烧瓶（或平底）（250mL）；水浴锅；直形冷凝管；蒸发皿；表面皿；玻璃漏斗；沸石；石棉网；酒精灯；小刀；接液管；锥形瓶；温度计；烧杯；滤纸套筒；脱脂棉；滤纸。

药品：茶叶末；95% C_2H_5OH；CaO。

四、实验步骤

称取 10g 茶叶末，装入索氏提取器 [图 4-8(c)] 的滤纸套筒[1]中，轻轻压实，筒上口盖一片滤纸或一小团脱脂棉，置于提取器中。在 250mL 圆底烧瓶（或平低烧瓶）内加入 120mL 95% C_2H_5OH 和几粒沸石，水浴加热，连续抽提 2~3h[2]，待冷凝液刚刚虹吸下去时，立即停止加热。稍冷后改成蒸馏装置，水浴加热回收提取液中的大部分 C_2H_5OH（约 100mL）。

将残液倾入蒸发皿中，拌入 3g 研细的 CaO[3]在蒸汽浴上蒸干[4]，再用灯焰隔石棉网焙烧片刻，除去全部水分[5]，冷却，擦去沾在边上的粉末，以免升华时污染产物。

将一张刺有许多小孔的圆形滤纸盖在装有粗咖啡因的蒸发皿上，取一只大小合适的玻璃漏斗罩于其上，漏斗颈部疏松地塞一小团棉花[6]，如图 4-11(a) 所示。在石棉网或沙浴上小心加热蒸发皿[7]，当纸上出现白色针状结晶时，暂停加热，冷至 100℃ 左右，揭开漏斗和滤纸，用小刀仔细地将附着于滤纸上的咖啡因刮下。残渣经拌和后，用较大的火焰再加热升华一次。合并两次升华所收集的咖啡因于表面皿中，测定熔点。

如产品仍有杂质，可用少量热水重结晶提纯或放入微量升华管中再次升华。

【注释】

[1] 滤纸套筒既要紧贴器壁，又要能方便取放，纸套筒上面盖滤纸或脱脂棉，以保证回流液均匀渗透被萃取物。滤纸包茶叶末时要谨防漏出堵塞虹吸管。

[2] 提取液颜色很淡时，即可停止抽提。

[3] CaO 起吸水和中和作用。

[4] 在蒸干过程中为避免残液因沸腾而溅出，可加几粒沸石于蒸发皿中。

[5] 若水分未除尽，升华开始时会出现烟雾污染器皿。

[6] 蒸发皿上盖一刺有小孔的滤纸目的是避免已升华的咖啡因落入蒸发皿中，纸上的小孔使蒸气通过。漏斗颈塞棉花，为防止咖啡因蒸气逸出。

[7] 在萃取回流充分的情况下，升华操作的好坏是实验成功的关键。在升华过程中必须始终严格控制加热温度，温度太高，会使滤纸炭化变黑，并把一些有色物烘出来，使产品不纯。再升华时，火亦不能太大。

思 考 题

1. 索氏提取的萃取原理是什么？它和一般的浸泡萃取比较，有哪些优点？
2. 进行升华操作时应注意什么？

第5章

物质的制备技术

【知识目标】

1. 了解物质制备的一般方法和原则。
2. 掌握物质制备的过程。
3. 能够对具体的物质制备反应进行计算。
4. 掌握乙酸乙酯、溴乙烷、乙酰苯胺等物质的制备原理。

【技能目标】

1. 熟练掌握气体发生装置的安装与使用；熟练掌握气体的净化与收集操作。
2. 熟练掌握各类回流装置的安装与操作。
3. 熟练掌握实验室中仪器的安装。
4. 熟练掌握乙酸乙酯、溴乙烷、乙酰苯胺等物质的制备操作。

物质的制备就是利用化学方法将单质、简单的无机物或有机物合成较复杂的无机物或有机物的过程；或者将较复杂的物质分解成较简单的物质的过程；以及从天然产物中提取出某一组分或对天然物质进行加工处理的过程。

自然界慷慨地赐予人类大量的物质财富。例如矿产资源、石油资源、天然气资源和无穷无尽的动植物资源。正是这些物质养育了人类，给人类社会带来了现代文明和繁荣。但是天然存在的物质数量虽多，种类却有限，而且大多是以复杂形式存在，难以满足现代科学技术、工农业生产以及人们日常生活的需求。于是人们就设法制备所需要的各类物质，如医药、染料、化肥、食品添加剂、农用杀虫剂、各种高分子材料等。可以说，当今人类社会的生存和发展，已离不开物质的制备技术。因此，熟悉、掌握物质制备的原理、技术和方法是化学、化工专业学生必须具备的基本技能。

5.1 物质制备的一般步骤和方法

要制备一种物质，首先要选择正确的制备路线与合适的反应装置。通过一步或多步反应制得的物质往往是与过剩的反应物料以及副产物等多种物质共存的混合物，还需通过适当的手段对物质进行分离和净化，才能得到纯度较高的产品。

5.1.1 制备路线的选择

一种化合物的制备路线可能有多种，但并非所有的路线都能适用于实验室或工业生产。

对于化学工作者来说，选择正确的制备路线是极为重要的。比较理想的制备路线应具备下列条件：

① 原料资源丰富，便宜易得，生产成本低；

② 副反应少，产物容易纯化，总收率高；

③ 反应步骤少，时间短，能耗低，条件温和，设备简单，操作安全方便；

④ 不产生公害，不污染环境，副产品可综合利用。

在物质的制备过程中，还经常需要应用一些酸、碱及各种溶剂作为反应的介质或精制的辅助材料。如能减少这些材料的用量或用后能够回收，便可节省费用，降低成本。制备中如能采取必要措施避免或减少副反应的发生及产品纯化过程中的损失，就可有效地提高产品的收率。

总之，选择一个合理的制备路线，根据不同的原料有不同的方法。何种方法比较优越，需要综合考虑各方面的因素，最后确定一个效益较高、切实可行的路线和方法。

5.1.2　反应装置的选择

选择合适的反应装置是保证实验顺利进行和成功的重要前提。制备实验的装置是根据制备反应的需要来选择的，若所制备的是气体物质，就需选用气体发生装置。若所制备的是固体或液体物质，则需根据反应条件的不同，反应原料和反应产物性质的不同，选择不同的实验装置。实验室中，简单的无机物的制备，多在水溶液中进行，常用烧杯或锥形瓶作反应容器，配以必要的加热、测温及搅拌装置。除少数有毒气体的制备或无水物质的制备需在通风橱中或密封装置中进行外，一般不需要特殊装置。有机物的制备，由于反应时间较长，溶剂易挥发等特点，多需采用回流装置。回流装置的类型较多，如普通回流装置，带有气体吸收的回流装置，带干燥管的回流装置，带水分离器的回流装置，带电动搅拌、滴加物料及测温仪的回流装置等等。可根据反应的不同要求，正确地进行选择。

5.1.3　选用精制的方法

化学合成的产物常常是与过剩的原料、溶剂和副产物混杂在一起的。要得到纯度较高的产品，还需进行精制。精制的实质就是把所需要的反应产物与杂质分离开来，这就需要根据反应产物与杂质理化性质的差异，选择适当的混合物分离技术。一般气体产物中的杂质，可通过装有液体或固体吸收剂的洗涤瓶或洗涤塔除去；液体产物可借助萃取或蒸馏的方法进行纯化；固体产物则可利用沉淀分离、重结晶或升华的方法进行精制。有时还可通过离子交换或包层分离的方法来达到纯化物质的目的。

思　考　题

1. 正确的制备路线应该具备哪些条件？如何选择正确的制备路线？

2. 制备实验的装置是根据什么确定的？

3. 精制物质的实质是什么？如何选择混合物的分离技术？

5.2　制备实验的准备与实施

5.2.1　制定实验计划

详细的实验计划是制备实验成功的保证。实验计划应以精炼的文字符号及箭头等表明整个制备过程。其内容包括如下几个方面。

① 实验题目。

② 实验目的。指通过本实验在掌握制备反应和操作技术方面应达到的目的和要求。

③ 实验原理。包括主反应和副反应的反应方程式及主要操作条件。

④ 主要试剂及产物的物理常数。可查阅有关辞典、手册和工具书，用表格列出。

⑤ 主要试剂的规格和用量。其中主要原料的物质的量也应列出，以便制备后计算产率。

⑥ 主要仪器及装置简图。

⑦ 制备流程图。

⑧ 实验步骤。用简单的文字和符号提要式写出实验步骤。可以列出表格，留出时间、现象栏，以便实验时记录。

⑨ 注意事项。指出实验中需要特别注意的问题。

5.2.2　准备仪器和试剂

制备实验所用的原料和溶剂除要求价格低廉、来源方便外，还要考虑其毒性、极性、可燃性、挥发性以及对光、热、酸、碱的稳定性等因素。在可能的情况下，应尽量选用毒性较小、燃点较高、挥发性小、稳定性好的实验试剂。如可用乙醇则不用甲醇（毒性大）；可用溴代烷就不用碘代烷（价格高）；可用环己烷就不用乙醚（易挥发、燃点低）等。

有些试剂久置后会发生变化，使用前需纯化处理。如苯甲醛在空气中发生自动氧化，用前需进行蒸馏；乙醚在空气中放置会有过氧化物生成，受热和干燥的情况下，容易引起爆炸，所以应事先加入硫酸亚铁等还原剂，充分振摇，蒸馏后使用。

有些制备反应，如酯化反应、傅氏反应和格氏反应等，要求无水操作，需要干燥的玻璃仪器。仪器的干燥必须提前进行，绝不可用刚刚烘干、尚未完全降温的玻璃仪器盛装药品，以免仪器骤冷炸裂或药品受热挥发、局部过热氧化和分解等事故发生。

5.2.3　进行物质的制备

实施实验时，首先要根据实验的进程，合理安排时间，应预先考虑好哪一步骤可作为中断实验的阶段。然后参照装置图，安装实验装置，经检查准确稳妥后，方可进行实验。要严格遵守操作规程，一般不可随意改变实验条件。对于所用药品的规格、用量、状态、颜色、批号、厂家及出厂日期等应做准确记录。

实验中，要认真操作，细心观察，并及时将反应进行的情况（如颜色、温度的变化；有无气体放出；反应的激烈程度及变化的时间等）详尽地记录下来。对实验中出现的异常现象，也应如实记录，以便实验结束后讨论原因。实验制备的产品要写明名称、质量及制备日期并妥善保存，以便进行分析检验。

5.3　产　率

化工生产中实际产量和理论产量的比值叫产率。

5.3.1　影响产率的因素

物质制备实验的实际产量往往达不到理论值，这是因为有下列因素的影响。

① 反应可逆　在一定的实验条件下，化学反应建立了平衡，反应物不可能全部转化成产物。

② 有副反应发生　有些反应，特别是有机反应比较复杂，在发生主反应的同时，一部分原料消耗在副反应中。

③ 反应条件不利　在制备实验中，若反应时间不足、温度控制不好或搅拌不够充分等都会引起实验产率降低。

④ 分离和纯化过程中造成的损失　有时制备反应所得粗产物的量较多，但却由于精制过程中操作失误，使收率大大降低了。

5.3.2　提高产率的措施

（1）破坏平衡

对于可逆反应体系，可采取增加一种反应物的用量或除去产物之一（如分去反应中生成的水）的方法，以破坏平衡，使反应向正方向进行。究竟选择哪一种反应物过量，要根据反应的实际情况、反应的特点、各种原料的相对价格、在反应后是否容易除去以及对减少副反应是否有利等因素来决定。如乙酸异戊酯的制备中，主要原料是冰醋酸和异戊醇。相对来说，冰醋酸价格较低，不易发生副反应，在后处理时容易分离，所以选择冰醋酸过量。

（2）加催化剂

在许多制备反应中，如能选用适当的催化剂，就可加快反应速率，缩短反应时间，提高实验产率，增加经济效益。如乙酰水杨酸的制备中，加入少量浓硫酸，可破坏水杨酸分子内氢键，促使酰化反应在较低温度下顺利进行。

（3）严格控制反应条件

实验中若能严格地控制反应条件，就可有效地抑制副反应的发生，从而提高实验产率。如 1-溴丁烷的制备中，加料顺序是先加硫酸，再加正丁醇，最后加溴化钠。如果加完硫酸后即加溴化钠，就会立刻产生大量溴化氢气体逸出，不仅影响实验产率，而且严重污染空气。在硫酸亚铁铵的制备中，若加热时间过长，温度过高，就会导致大量 Fe^{3+} 杂质的生成。在乙烯的制备中若不使温度快速升至 160℃，则会增加副产物乙醚生成的机会。在乙酸异戊酯的制备中，如果分出水量未达到理论值就停止回流，则会因反应不完全而引起产率降低。

在某些制备反应中，充分的搅拌或振摇可促使多相体系中物质间的充分接触，也可使均相体系中分次加入的物质迅速而均匀地分散在溶液中，从而避免局部浓度过高或过热，以减少副反应的发生。如甲基橙的制备就需要在冰浴中边缓慢滴加试剂边充分搅拌，否则将难以使反应液始终保持低温环境，造成重氮盐的分解。

（4）细心精制粗产物

为避免和减少精制过程中不应有的损失，应在操作前认真检查仪器，如分液漏斗必须经过涂油试漏后方可使用，以免萃取时产品从旋塞处漏失。有些产品微溶于水，如果用饱和盐水进行洗涤便可减少损失。分离过程中的各层液体在实验结束前暂时不要弃去，以备出现失误时进行补救。重结晶时，所用溶剂不能过量，可分批加入，以固体恰好溶解为宜。需要低温冷却时，最好使用冰-水浴，并保证充分的冷却时间，以避免由于结晶析出不完全而导致收率降低。过量的干燥剂会吸附产品造成损失，所以干燥剂的使用应适量，要在振摇下分批加入至液体澄清透明为止。一般加入干燥剂后需要放置 30min 左右，以确保干燥效果。有些实验所需时间较长，可将干燥静置这一步作为实验的暂停阶段。抽滤前，应将吸滤瓶洗涤干净，一旦透滤，可将滤液倒出，重新抽滤。热过滤时，要使漏斗夹套中的水保持沸腾，可避免结晶在滤纸上析出而影响收率。

总之，要在实验的全过程中，对各个环节考虑周全，细心操作。只有在每一步操作中都有效地保证收率，才能使实验最终有较高时收率。

5.3.3　产率的计算

制备实验结束后，要根据理论产量和实际产量计算产率，通常以百分产率表示。

$$产率 = \frac{实际产量}{理论产量} \times 100\% \qquad (5\text{-}1)$$

其中理论产量是按照反应方程式，原料全部转化成产物的质量；而实际产量则是指实验中实际得到纯晶的质量。

为了提高产率，常常增加某一反应物的用量。计算时，应以不过量的反应物用量为基准来计算理论产量。例如乙酸异戊酯的制备实验产率的计算。

反应方程式：

$$CH_3-C\underset{OH}{\overset{O}{\big|}} + CH_3-\underset{CH_3}{\overset{|}{CH}}-CH_2CH_2OH \xrightleftharpoons{H^+,\triangle} CH_3-C\underset{O-CH_2-CH_2-\underset{CH_3}{\overset{|}{CH}}-CH_3}{\overset{O}{\big|}} + H_2O$$

	乙酸	异戊醇	乙酸异戊酯
摩尔质量	$60\text{g}\cdot\text{mol}^{-1}$	$88\text{g}\cdot\text{mol}^{-1}$	$130\text{g}\cdot\text{mol}^{-1}$
实际用量	12g（0.20mol）	14.6g（0.166mol）	

其中异戊醇用量少，应作为计算理论产量的基准物。若0.166mol异戊醇全部转化成乙酸异戊酯，则理论产量为：

$$130\text{g} \times 0.166 = 21.6\text{g}$$

如果实际产量为15.5g，则：

$$产率 = \frac{15.5}{21.6} \times 100\% = 71.8\%$$

思　考　题

1. 进行制备实验之前，需要做哪些准备工作？为什么？
2. 通过查阅有关资料，以表格形式列出"硫酸亚铁铵的制备"实验中主要原料硫酸铵、硫酸亚铁及产物硫酸亚铁铵的物态、熔点、密度及常温下的溶解度。
3. 试用化学式和箭头写出乙酸异戊酯的制备流程图。
4. 影响实验产率的主要因素有哪些？举例说明。
5. 为提高产率可采取哪些措施？各举一例说明。

5.4　气体物质的制备

实验室制备气体，首先要选择一个发生气体的化学反应，根据反应确定所需药品、反应条件及发生装置，并根据气体的性质选择适当的净化和收集方法。

5.4.1　气体发生装置

制备气体物质须在气体发生装置中进行。实验室中常用的气体发生装置有以下几种。

（1）启普发生器

启普发生器适用于不溶于水的块状（或粒状）固体物质与某种液体在常温下的制气反应。其特点是可随时控制反应的发生和停止，使用方便，实验室中常用来制取氢气、二氧化碳、一氧化氮、二氧化氮和硫化氢等气体。

启普发生器主要由球形漏斗、葫芦状的玻璃容器和导管旋塞等部件组成，如图5-1所示。在葫芦状容器的上部球形容器中盛放参加反应的固体物质，在下部的半球形容器和球形漏斗中盛放参加反应的液体物质。在容器的上部有气体出口与带有旋塞的导气管连接。容器的下半球上有一液体出口，用于排放用过的废液。当旋塞打开时，由于容器内压力减小，液体即从底部通过狭缝上升到球形容器中，与固体物质接触并反应产生气体。当旋塞关闭时，反应发生的气体便将液体压入底部和球形漏斗内，使固液两相脱离接触，反应即停止。

使用启普发生器前，应先将仪器的磨砂部位涂上凡士林，并检查气密性。注意在移动此装置时，切勿用手握住球形漏斗提着它移动，以免容器下部脱落而损坏仪器并造成灼伤事故。

（2）烧瓶制气装置

烧瓶制气装置适用于常温或加热情况下，固体与液体或液体与液体间的制气反应。其特点是装置可随反应需要而变化，适用范围广，实验室中常用来制取氯气、氯化氢、一氧化碳、乙烯和乙炔等气体。

烧瓶制气装置用蒸馏烧瓶作反应容器。当制气过程中不需要随时添加液体反应物时，可将反应物一同放入蒸馏烧瓶中，配上塞子，必要时可在塞子上装配温度计，如图5-2(a)所示。当制气过程中需要随时添加液体反应物时，则需用一合适的单

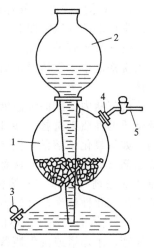

图 5-1 启普发生器
1—葫芦状的玻璃容器；
2—球形漏斗；3—废液；
4—气体出口；5—导管旋塞

孔塞将滴液漏斗装在蒸馏烧瓶上，以便随时添加液体反应物，如图5-2(b)所示。反应产生的气体由蒸馏烧瓶的支管导出。对于需要回热的反应可在烧瓶下安装热源。

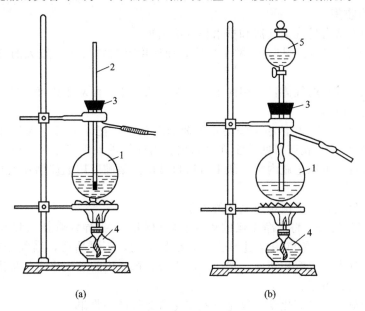

(a) (b)

图 5-2 烧瓶制气装置
1—蒸馏烧瓶；2—温度计；3—单孔塞；
4—热源；5—滴液漏斗

5.4.2 气体的净化与收集

（1）气体的净化

由气体发生装置制得的气体以及来自钢瓶的压缩气体，常常带有少量的水汽或其他杂质，通常需要进行洗涤和干燥。

① 气体的洗涤　气体的洗涤可在洗气瓶中进行。常用的洗气瓶如图 5-3 所示。

气体导入管的一端与气体的来源连接，另一端浸入洗涤液中。气体导出管与需要接收气体的仪器连接。

洗气瓶内盛放的洗涤液需要根据所净化的气体及杂质的性质来选择。酸性杂质，通常用碱性洗涤剂（如氢氧化钠溶液）洗涤；碱性杂质，可用酸性洗涤剂（如铬酸洗液）洗涤；氧化性杂质，可用还原性洗涤剂（如苯三酚溶液）洗涤，还原性杂质，则可用氧化性洗涤剂（如高锰酸钾溶液）洗涤等。

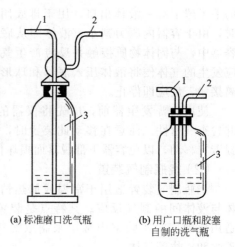

(a) 标准磨口洗气瓶　(b) 用广口瓶和胶塞自制的洗气瓶

图 5-3　洗气瓶
1—气体导入管；2—气体导出管；3—磨口瓶

② 气体的干燥　气体的干燥通常是使气体通过干燥管、干燥塔或洗气瓶等干燥装置。干燥管或干燥塔中盛放的氯化钙、硅胶等块状或粒状固体干燥剂不能装得太实，也不宜使用固体粉末，以便气流通过。

使用装在洗气瓶中的浓硫酸作干燥剂时，浓硫酸的用量不可超过洗气瓶容量的 1/3，气体的流速也不宜太快，以免影响干燥效果。

有些气体不需洗涤和干燥，也可使其通过固体吸附剂（如活性炭）加以净化。

（2）气体的收集

收集气体的方法有排气集气法和排水集气法两种。

① 排气集气法　凡是不与空气发生反应，而密度又与空气相差较大的气体都可用排气集气法来收集。

对于密度比空气小的气体，要用向下排气集气法收集，而对于密度比空气大的气体，需用向上排气集气法收集。

a. 向下排气集气法。将洁净干燥的集气瓶瓶口朝下，把导气管伸入集气瓶内接近瓶底处，如图 5-4(a) 所示。在瓶口塞上少许脱脂棉。当气体进入集气瓶时，由于其密度小，先占据瓶底，然后逐渐下压把瓶内空气从下方瓶口排出。集满后用毛玻璃片盖好瓶口，将集气瓶倒立放置备用。

此法适用于氢气、氨、甲烷等气体的收集。

b. 向上排气集气法。将洁净干燥的集气瓶瓶口朝上，把导气管插入集气瓶内接近瓶底处，如图 5-4(b) 所示。瓶口用穿过导管的硬纸板遮住，不要堵严，当气体进入集气瓶时，由于其密度比空气大，先沉积瓶底，然后逐渐上升，把瓶内的空气排出。集满后，用毛玻璃盖住瓶口，正立放置备用。

此法适用于氯气、二氧化碳、氯化氢及硫化氢等气体的收集。

② 排水集气法　凡是不溶于水又不与水反应的气体，均可用排水集气法收集。

先在水槽中盛放半槽水，再将集气瓶装满水，赶尽气泡后，用毛玻璃片的磨砂面慢慢地沿瓶口水平方向移动，把瓶口多余的水赶走。然后用毛玻璃片按住瓶口，如果不慎有空气进入集气瓶，则应取出重新充满水后再做。在水中取出毛玻璃片，再把导管伸入瓶内，如图 5-5 所示。

气体不断从导气管进入瓶内，逐渐把瓶内的水排出。当集气瓶口有气泡冒出时，说明水被排尽，气已集满。这时可把导气管从瓶内移出，并在水中用毛玻璃片将充满气体的集气瓶口盖严，再用手按住毛玻璃片将集气瓶从水槽中取出。根据气体的密度正立或倒立放置

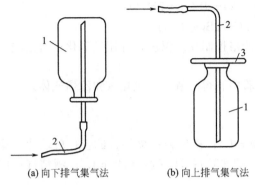

(a) 向下排气集气法　　(b) 向上排气集气法

图 5-4 排气集气法

1—集气瓶；2—导气管；3—硬纸板

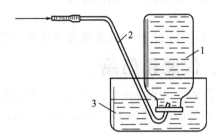

图 5-5 排水集气法

1—集气瓶；2—导气管；3—水槽

备用。

　　收集较大量的气体，有时也可采用橡胶或塑料球胆做容器。

思 考 题

1. 实验室中常用的气体发生装置有几种？各有什么特点？
2. 净化气体的方法有哪些？如何选择气体洗涤剂？
3. 收集气体的方法有几种？各适用于什么情况？

实验 5-1 氢气、氯化氢和乙烯气体的制备

一、实验目的

1. 了解实验室制取氢气、氯化氢和乙烯的原理及方法。
2. 掌握实验室制气装置的安装、操作方法及气体的净化与收集方法。

二、实验原理

　　氢气、氯化氢和乙烯是具有不同性质的重要化工原料气体。在实验室分别基于下列化学反应。

1. 用活泼金属与非氧化性稀酸反应制取氢气

$$Zn + H_2SO_4(稀) \mathop{=\!=\!=} ZnSO_4 + H_2 \uparrow$$

2. 用氯化钠与浓硫酸共热制取氯化氢

$$2NaCl(固) + H_2SO_4(浓) \mathop{=\!=\!=} Na_2SO_4 + 2HCl$$

3. 用乙醇与浓硫酸共热脱水制取乙烯

$$CH_3CH_2OH + HOSO_2OH(浓) \longrightarrow CH_3CH_2OSO_2OH + H_2O$$

$$CH_3CH_2OSO_2OH \xrightarrow{170℃} CH_2 =\!\!= CH_2 \uparrow + H_2SO_4$$

乙醇与浓硫酸共热时，除生成乙烯外，还会发生一些副反应：

$$CH_3CH_2OH + HOCH_2CH_3 \longrightarrow CH_3CH_2OCH_2CH_3 + H_2O$$

$$CH_3CH_2OH + 6H_2SO_4 \longrightarrow 2CO_2 + 6SO_2 + 9H_2O$$

$$CH_3CH_2OH + 4H_2SO_4 \longrightarrow 2CO + 4SO_2 + 7H_2O$$
$$CH_3CH_2OH + 2H_2SO_4 \longrightarrow 2C + 2SO_2 + 5H_2O$$

为减少副反应，制得较纯净的乙烯气体，应严格控制反应温度，并用氢氧化钠溶液洗涤制备的气体。

可用氧化、中和以及加成等反应分别检验实验中制得的氢气、氯化氢和乙烯气体。

三、仪器和药品

仪器：启普发生器；导气管；分液漏斗（100mL）；铁架台；烧杯；试管；玻璃片；滤纸；蒸馏烧瓶（50mL、500mL）；铁圈；温度计（200℃）；洗气瓶（125mL）；酒精灯；广口瓶。

药品：硫酸（浓）；10％稀硫酸溶液；10％氢氧化钠溶液；2％高锰酸钾溶液；5％碳酸钠溶液；稀溴水；硝酸银溶液；黄沙；氯化钠（固）；乙醇溶液；pH试纸；粗锌粒。

四、实验步骤

1. 氢气的制备

① 氢气的产生与收集　参照图5-1安装启普发生器。检查气密性后，装入粗锌粒，从球形漏斗的上口注入硫酸溶液。开启旋塞，用向下排气法收集产生的氢气。

② 氢气的检验　收集一小试管氢气，用爆鸣法检验；在导气管口处将氢气点燃，在火焰的上方置一盛有冷水的烧杯，观察烧杯底部水珠的生成。

待实验结束后，关闭启普发生器的旋塞即可停止反应。

2. 氯化氢的制备

① 氯化氢的产生与收集　将15g氯化钠放入500mL蒸馏烧瓶中，按图5-2(b)安装实验装置。在分液漏斗中加入30mL浓硫酸。打开旋塞，让浓硫酸缓慢滴入烧瓶中，稍微加热。取一支试管和一个广口瓶，用向上排气法收集产生的氯化氢气体，并用玻璃片盖上集有氯化氢气体的广口瓶。

② 氯化氢的检验　用手指堵住盛有氯化氢气体的试管口，将试管倒插入盛水的大烧杯中，手指掀开一道小缝，待水不再进入试管后，再用手指堵住试管口，将试管自水中取出。用pH试纸测试试管中盐酸溶液的pH值。

在上述盛有盐酸溶液的试管中加入几滴$0.1mol \cdot L^{-1}$硝酸银溶液，观察白色氯化银沉淀的生成。

3. 乙烯的制备

① 乙烯的产生与收集　在干燥的50mL蒸馏烧瓶中加入6mL乙醇溶液，在振摇与冷却下，分批加入8mL浓硫酸[1]，再加入约3g黄沙[2]，瓶口配上带有温度计的塞子。温度计的汞球部分应浸入反应液中，但不能接触瓶底。蒸馏烧瓶的支管和玻璃导管与盛有30mL氢氧化钠溶液的洗气瓶相连接，装置如图5-2(a)所示。检查装置的严密性后，先用强火加热，使反应液温度迅速升至160℃[3]，再调节热源使温度维持在160～180℃，即有乙烯气体发生。

② 乙烯的检验　将导气管插入盛有2mL稀溴水的试管中，观察溴水颜色的变化；将导气管插入盛有1mL高锰酸钾溶液和1mL碳酸钠溶液的试管中，观察溶液颜色的变化及沉淀的生成。再将导气管插入盛有2mL高锰酸钾溶液和2滴浓硫酸的试管中，观察溶液颜色的变化。

在导管口处点燃乙烯气体，观察火焰明亮程度。

五、注意事项

1. 往启普发生器中填装锌粒时，应注意不能使其落入底部容器中。
2. 由于氯化氢具有较强的刺激性气味，所以实验最好在通风橱中进行。
3. 制备乙烯时，应注意控制反应温度不可过高，以免乙醇炭化。

【注释】

[1] 在常温下，乙醇与浓硫酸作用生成硫酸氢乙酯并放出大量热。为防止乙醇炭化，加硫酸时，必须不断振摇并冷却。

[2] 沙粒应先用盐酸洗涤，以除去石灰质，再用水洗涤，干燥后备用。沙子在硫酸氢乙酯分解为乙烯时起催化作用，并可减少泡沫的产生，以防止爆沸。无黄沙时，也可用沸石代替。

[3] 乙醇与浓硫酸在140℃时反应，主要生成乙醚，所以在开始加热时，要用强火迅速加热到160℃以上。

思 考 题

1. 收集氢气和氯化氢的方法为何不同？
2. 制备气体之前，为什么要检查装置的气密性？
3. 制备乙烯时，温度计为什么要插入反应液中？若不使反应温度迅速升到160℃以上，会增加什么副产物的生成？
4. 制备乙烯时，若反应液变黑，试分析其原因并写出改进办法。

5.5 液体和固体物质的制备

制备液体或固体物质，可根据反应的实际需要选择不同的仪器或装置。在实验室中，试管、烧杯和锥形瓶等常用作反应容器，可根据物料性能及用量的多少酌情选择使用，如甲基橙的制备即可用烧杯作反应容器。若反应过程中需要加热蒸发，以除去部分溶剂，通常可在蒸发皿中进行，如硫酸亚铁铵的制备。许多物质的制备过程，特别是有机物的制备反应，往往需要在溶剂中进行较长时间的加热，如1-溴丁烷的制备等，这类情况应根据需要，选用圆底烧瓶、双颈瓶或三颈瓶等作反应容器，配以冷凝管，安装回流装置。

5.5.1 回流装置

在许多制备反应或精制操作（如重结晶）中，为防止在加热时反应物、产物或溶剂的蒸发逸散，避免易燃、易爆或有毒物造成事故与污染，并确保产物收率，可在反应容器上垂直地安装一支冷凝管。反应（或精制）过程中产生的蒸气经过冷凝管时被冷凝，又流回到原反应容器中。像这样连续不断地沸腾汽化与冷凝流回的过程叫作回流。这种装置就是回流装置。

回流装置主要由反应容器和冷凝管组成。反应容器中加入参与反应的物料和溶剂等。根据反应需要可选用锥形瓶、圆底烧瓶、双颈瓶或三颈瓶等作反应容器。冷凝管的选择依据反应混合物沸点的高低来决定，一般多采用球形冷凝管，其冷凝面积较大，冷却效果较好。通常在冷凝管的夹套中自下而上通入自来水进行冷却。当被加热的液体沸点高于140℃时，可选用空气冷凝管。若被加热的液体沸点很低或其中有毒性较大的物质时，则可选用蛇形冷凝管，以提高冷却效率。实验时，还可根据反应的不同需要，在反应容器上装配其他仪器，构成不同类型的回流装置。

（1）普通回流装置

普通回流装置（图 5-6），由圆底烧瓶和冷凝管组成。普通回流装置适用于一般的回流操作，如乙酰水杨酸的制备实验。

（2）带有气体吸收的回流装置

带有气体吸收的回流装置如图 5-7（a）所示，与普通回流装置不同的是多了一个气体吸收装置，如图 5-7（b）、（c）所示。由导管导出的气体通过接近水面的漏斗（或导管口）进入水中。

使用此装置要注意：漏斗口（或导管口）不得完全浸入水中；在停止加热前（包括在反应过程中因故暂停加热）必须将盛有吸收液的容器移去，以防倒吸。

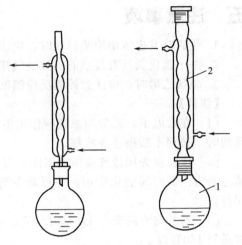

图 5-6　普通回流装置
1—圆底烧瓶；2—冷凝管

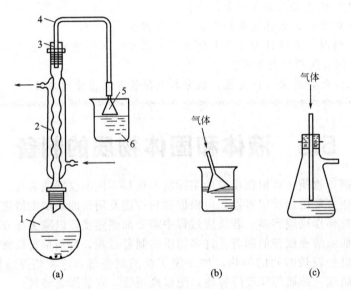

(a)　　　　　　(b)　　　　　　(c)

图 5-7　带有气体吸收的回流装置
1—圆底烧瓶；2—冷凝管；3—单孔塞；
4—导气管；5—漏斗；6—烧杯

此装置适用于反应时有水溶性气体，特别是有害气体（如氯化氢、溴化氢、二氧化硫等）产生的实验，如 1-溴丁烷的制备实验。

（3）带有干燥管的回流装置

带有干燥管的回流装置如图 5-8 所示，与普通回流装置不同的是在回流冷凝管的上端装配有干燥管，以防止空气中的水汽进入反应瓶。

为防止体系被封闭，干燥管内不要填装粉末状干燥剂。可在管底塞上脱脂棉或玻璃棉，然后填装颗粒状或块状干燥剂，如无水氯化钙等，最后在干燥剂上塞以脱脂棉或玻璃棉。干燥剂和脱脂棉或玻璃棉都不能装（或塞）得太实，以免堵塞通道，使整个装置成为封闭体系而造成事故。

　　带有干燥管的回流装置适用于水汽的存在会影响反应正常进行的实验（如利用格氏反应或傅氏反应来制取物质的实验）。

（4）带有搅拌器、测温仪及滴加液体反应物的回流装置

　　带有搅拌器、测温仪及滴加液体反应物的回流装置如图5-9所示，与普通回流装置不同的是增加了搅拌器、测温仪和滴加液体反应物的装置。搅拌能使反应物之间充分接触，使反应物各部分受热均匀，并使反应放出的热量及时散开，从而使反应顺利进行。使用搅拌装置，既可缩短反应时间，又能提高反应的产率。常用的搅拌装置是电动搅拌器。

　　用于回流装置中的电动搅拌器一般具有密封装置。实验室用的密封装置有三种：简易密封装置、液封装置和聚四氟乙烯密封装置。

　　一般实验可采用简易密封装置，如图5-10（a）所示。其制作方法是（以三颈瓶作反应器为例）：在三颈瓶的中口配上塞子，塞子中央钻一光滑、垂直的孔洞，插入长6～7cm、内径比搅拌棒稍大一些的玻璃管，使搅拌棒可以在玻璃管内自由地转动。取一段长约2cm、弹性较好、内径能与搅拌棒紧密接触的橡胶管，套于玻璃管上端，然后自玻璃管下端插入已制好的搅拌棒，这样，固定在玻璃管上端的橡胶管因与搅拌棒紧密接触而起到了密封作用。在搅拌棒与橡胶管之间涂抹几滴甘油，可起到润滑和加强密封的作用。

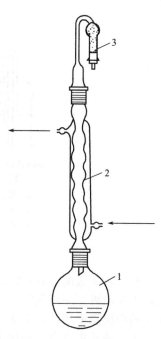

图 5-8　带有干燥管的
回流装置
1—圆底烧瓶；2—冷凝管；
3—干燥管

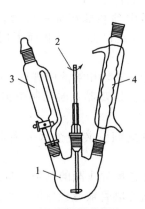

(a) 不需测温的装置
1—三颈瓶；2—搅拌器；
3—恒压漏斗；4—冷凝管

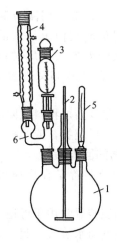

(b) 需要测温的装置
1—三颈瓶；2—搅拌器；3—滴液漏斗；
4—冷凝管；5—温度计；6—Y形双口接管

图 5-9　带有搅拌器、测温仪及滴加液体反应物的回流装置

　　液封装置如图5-10（b）所示。其主要部件是一个特制的玻璃封管，可用石蜡油作填充液（油封闭器），也可用水银作填充液（汞封闭器）进行密封。

　　聚四氟乙烯密封装置如图5-10（c）所示，主要由置于聚四氟乙烯瓶塞和螺旋压盖之间的硅橡胶密封圈起密封作用。

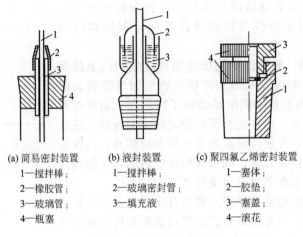

(a) 简易密封装置   (b) 液封装置   (c) 聚四氟乙烯密封装置
1—搅拌棒;   1—搅拌棒;   1—塞体;
2—橡胶管;   2—玻璃密封管;   2—胶垫;
3—玻璃管;   3—填充液   3—塞盖;
4—瓶塞   4—滚花

图 5-10   密封装置

密封装置装配好后,将搅拌棒的上端用橡胶管与固定在电动机转轴上的一短玻璃棒连接,下端距离三颈瓶底约 5mm。在搅拌中要避免搅拌棒与塞中的玻璃管或瓶底相碰撞。三颈瓶的中间颈要用铁夹夹紧与电动搅拌器固定在同一铁架台上。进一步调整搅拌器或三颈瓶的位置,使装置整齐。先用手转动搅拌器,应无内外玻璃互相碰撞声。然后低速开动搅拌器,试验运转情况,当搅拌棒和玻璃管、瓶底间没有摩擦的声音时,方可认为仪器装配合格,否则需要重新调整。最后再装配三颈瓶另外两个颈口中的仪器。先在一侧口中装配一个双口接管,双口接管安装冷凝管和滴液漏斗。冷凝管和滴液漏斗也要用铁夹夹紧固定在上述铁架台上。再于另一侧口中装配温度计。再次开动搅拌器,如果运转正常,才能投入物料进行实验。

向反应器内滴加物料,常采用滴液漏斗、恒压漏斗或分液漏斗。滴液漏斗的特点是当漏斗颈伸入液面下时仍能从伸出活塞的小口处观察到滴加物料的速度。恒压漏斗的特点是当反应器内压力大于外界大气压时仍能向反应器中顺利地滴加反应物。使用分液漏斗滴加物料时,必须从漏斗颈口处观察滴加速度,当颈口伸入到液面下时,就无从观察了。

带有搅拌器、测温仪及滴加物料的回流装置适用于在非均相溶液中进行、需要严格控制反应温度及逐渐加入某一反应物,或产物为固体的反应。如 β-萘乙醚的制备实验。

(5) 带有水分离器的回流装置

带有水分离器的回流装置是在反应容器和冷凝管之间安装一个水分离器,如图 5-11 所示。

带有水分离器的回流装置常用于可逆反应体系,如乙酸异戊酯的制备实验。当反应开始后,反应物和产物的蒸气与水蒸气一起上升,经过回流冷凝管被冷凝后流到水分离器中,静置后分层,反应物与产物由侧管流回反应器,而水则从反应体系中被分出。由于反应过程中不断除去了生成物之一的水,因此使平衡向增加反应产物的方向移动。

当反应物及产物的密度小于水时,采用图 5-11(a) 所示装置。加热前先将水分离器中装满水并使水面略低于支管口,然后放出比反应中理论出水量稍多些的水。若反应物及产物的密度大于水时,则应采用图 5-11(b) 或 (c) 所示的水分离器。采用图 5-11(b) 所示的水分离器时,应在加热前用原料物通过抽吸的方法将刻度管充满。若需分出大量的水,则可采用 5-11(c) 所示的水分离器,该水分离器不需事先用液体填充。使用带有水分离器的回流装置,可在出水量达到理论出水量后停止回流。

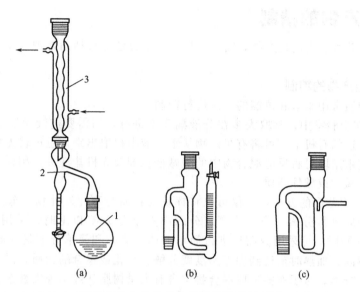

图 5-11　带有水分离器的回流装置
1—圆底烧瓶；2—水分离器；3—冷凝管

5.5.2　回流操作要点

（1）选择反应容器和热源

根据反应物料量的不同，选择不同规格的反应容器，一般以所盛物料量占反应器容积的 $1/2$ 左右为宜。若反应中有大量气体或泡沫产生，则应选用容积稍大些的反应器。

实验室中，加热方式较多，如水浴、油浴、火焰加热和电热套加热等。可根据反应物料的性质和反应条件的要求，适当选用。

（2）装配仪器

以热源的高度为基准，首先固定反应容器，然后按由下到上的顺序装配其他仪器。所有仪器应尽可能固定在同一铁架台上。各仪器的连接部位要严密。冷凝管的上口与大气相通，其下端的进水口通过胶管与水源连接，上端的出水口接下水道。整套装置要求正确、整齐和稳妥。

（3）加入物料

原料物及溶剂可事先加入反应瓶中，再安装冷凝管等其他装置；也可在装配完毕后由冷凝管上口用漏斗加入液体物料。沸石应事先加入。

（4）加热回流

检查装置各连接处的严密性后，须先通冷却水，再开始加热。最初宜缓慢升温，然后逐渐升高温度使反应液沸腾或达到要求的反应温度。反应时间以第一滴回流液落入反应器中开始计算。

（5）控制回流速度

调节加热温度及冷却水流量，控制回流速度使液体蒸气浸润面不超过冷凝管有效冷却长度的 $1/3$ 为宜，中途不可断水。

（6）停止回流

停止回流时，应先停止加热，待冷凝管中没有蒸气后再停冷却水，稍冷后按由上到下的顺序拆除装置。

5.5.3　粗产物的精制

由化学反应装置制得的粗产物，需要采用适当的方法进行精制处理，才能得到纯度较高的产品。

（1）液体粗产物的精制

液体粗产物通常用萃取和蒸馏的方法进行精制。

① 萃取　在实验室中，萃取大多在分液漏斗中进行，当需要连续萃取时，可采用索氏提取器。选择合适的有机溶剂可将有机产物从水溶液中提取出来，也可将无机产物中的有机杂质除去；通过水萃取可将反应混合物中的酸碱催化剂及无机盐洗去；用稀酸或稀碱可除去反应混合物中的碱性或酸性杂质。

② 蒸馏　利用蒸馏的方法，不仅可以将挥发性物质与不挥发性物质分离开来，也可以将沸点不同的物质进行分离。当被分离组分的沸点差在30℃以上时，采用普通蒸馏即可。当沸点差小于30℃时，可采用分馏柱进行简单分馏。蒸馏和简单分馏是回收溶剂的主要方法。有些沸点较高、加热时未达到沸点温度就分解、氧化或聚合的物质，需采用减压蒸馏的方式将其与杂质分离。对于那些反应混合物中含有大量树脂状或不挥发性杂质，或液体产物被反应混合物中较多固体物质所吸附的情况，可用水蒸气蒸馏的方法将不溶于水的产物从混合物中分离出来。

（2）固体粗产物的精制

固体粗产物可用沉淀分离、重结晶或升华的方法来精制。

① 沉淀分离　沉淀分离法是选用合适的化学试剂将产物中的可溶性杂质转变成难溶性物质，再经过滤分离除去。这是一种化学方法，要求所选试剂能够与杂质生成溶解度很小的沉淀，并且在自身过量时容易除去。

② 重结晶　选用合适的溶剂，根据杂质含量多少的不同，进行一次或多次重结晶，即可得到固体纯品。若粗产物中含有有色杂质、树脂状聚合物等难以用结晶法除去的杂质时，可在结晶过程中加入吸附剂进行吸附。常用的吸附剂有活性炭、硅胶、氧化铝、硅藻土及滑石粉等。

当被分离混合物中有性质相近、用简单的结晶方法难以分离的组分时，也可采用分级结晶法。分级结晶法还适用于混合物中不同组分在同一溶剂中的溶解度受温度影响差异较大的情况。

重结晶一般适用于杂质含量约在百分之几的固体混合物。若杂质过多，可在重结晶前根据不同情况，分别采用其他方法进行初步提纯，如水蒸气蒸馏、减压蒸馏、萃取等，然后再进行重结晶处理。

③ 升华　利用升华的方法可得到无水物质及分析用纯品。升华法纯化固体物质需要具备两个条件：一是固体物质应有相当高的蒸气压；二是杂质的蒸气压与被精制物的蒸气压有显著的差别（一般是杂质的蒸气压低）。若常压下不具有适宜升华的蒸气压，可采用减压的方式，以增加固体物质的气化速度。

升华法特别适用于纯化易潮解及易与溶剂起离解作用的物质。

对于一些产物与杂质结构类似，理化性质相似，用一般方法难以分离的混合物，采用色谱分离有时可以达到有效的分离目的而得到纯品。其中液相色谱法适用于固体和具有较高蒸气压的油状物质的分离，气相色谱法适用于容易挥发的物质的分离。

（3）干燥

无论液体产物还是固体产物，在精制过程中，常需要通过干燥以除去其中所含少量水分或其他溶剂。液体产物中的水分或溶剂，可使用干燥剂或通过选择合适的溶剂形成二元共沸混合物经蒸馏除去。固体产物中的水分或溶剂可根据物质的性质选用自然干燥、加热干燥、红外线干燥、冷冻干燥或干燥器等方法进行干燥。

思 考 题

1. 制备实验中常用的回流装置有几种类型？各有什么特点？
2. 在回流操作中应注意哪些问题？
3. 精制液体粗产物常用哪些方法？精制固体粗产物常用哪些方法？
4. 利用升华法纯化固体物质需要具备什么条件？

实验 5-2　乙酸乙酯的制备

一、实验目的

1. 熟悉酯化反应的原理，掌握酯类化合物的合成方法。
2. 初步掌握蒸馏和分液洗涤的基本操作。

二、实验原理

主反应：

$$CH_3COOH + CH_3CH_2OH \longrightarrow CH_3COOC_2H_5$$

副反应：

$$2C_2H_5OH \xrightarrow{H_2SO_4\ 140℃} C_2H_5-O-C_2H_5 + H_2O$$
$$C_2H_5OH + H_2SO_4 \longrightarrow CH_3COOH + SO_2\uparrow + \ H_2O$$

三、仪器和药品

仪器：三颈瓶（250mL）；滴液漏斗；温度计（100℃）；分液漏斗；球形冷凝管（200mm）；烧杯（150mL）；锥形瓶（50mL）；水浴锅；电热套和调压器。

药品：95%乙醇；浓硫酸；冰醋酸；饱和碳酸钠溶液；饱和食盐水；饱和氯化钙溶液；无水硫酸钠或无水硫酸镁；pH试纸。

四、实验步骤

① 往干燥的三颈瓶中，加入2mL 95%乙醇，在冷水浴冷却下边振摇边缓缓加入2mL浓硫酸，混匀。

② 将18mL 95%乙醇（0.35mol）与8mL（0.14mol）冰醋酸[1]混合均匀，倒入滴液漏斗中[2]（图5-12）。用小火加热烧瓶，使反应混合液温度升到110~120℃，开启滴液漏斗的活塞，慢慢地把乙醇与冰醋酸的混合液滴入烧瓶，这时应有液体蒸馏出来，控制滴加速度与蒸出液体的速度大致相等并维持反应混合物温度在110~120℃之间，约45min后，滴加完毕。继续加热数分钟，直到反应液温度升高到130℃并不再有液体馏出为止。

③ 往馏出液中徐徐加入饱和碳酸钠溶液约8mL，边加边搅拌，直至无二氧化碳气体逸出，用pH试纸检验，酯层应呈中性。将此混合液转移到分液漏斗中，分去水层，酯层用8mL饱和食盐水洗涤一次[3]，再用15mL饱和氯化钙溶液分两次洗涤，分去下层液体，酯层用无水硫酸钠或无水硫酸镁干燥[4]。

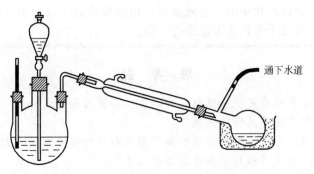

图 5-12　乙酸乙酯的制备装置图

④ 水浴蒸馏，收集产品，产品沸程为 $73\sim78℃^{[5]}$，产率为 $55\%\sim65\%$。

五、数据记录及处理

乙酸乙酯的理论产量/mL	乙酸乙酯的实际产量/mL	产率

【注释】

[1] 冰醋酸的熔点为 16.7℃，冬季室温低时会凝成冰状，遇此情况可用温水浴加热试剂瓶使其熔化。

[2] 如所用滴液漏斗不是恒压滴液漏斗，加料时常由于液面下的压力大于外界大气压而加不进瓶中，这时可将漏斗颈口向上提至接近液面，以确保物料顺利滴加。如所用漏斗为分液漏斗，务须使漏斗颈口在液面之上，否则不仅滴加物料常发生困难，而且还无法观察滴加的速度。

[3] 在用氯化钙溶液洗涤前必别先用食盐水洗去碳酸钠，否则它与氯化钙反应生成碳酸钙沉淀，给分离带来困难。

[4] 为了提高乙酸乙酯的产率，必须充分洗涤和干燥。因为乙酸乙酯与水或醇能形成恒沸混合物，使产物沸点下降而影响产量。

[5] 纯品乙酸乙酯的沸点为 77.06℃，折射率为 1.3723。

思　考　题

1. 酯化反应的特点是什么？本实验采取哪些措施来提高酯的产率？

2. 粗酯中含有哪些杂质？在精制中依次用哪些溶液洗涤，各起什么作用？

3. 为什么粗酯要用饱和溶液洗涤？粗酯可选用哪些干燥剂干燥？为何不能用无水氯化钙干燥？

实验 5-3　溴乙烷的制备

一、实验目的

1. 学习以结构上相对应的醇为原料制备一卤代烷的实验原理和方法。

2. 掌握低沸物蒸馏的基本操作。

二、实验原理

在实验室里，可以利用浓氢溴酸（47.5％，也可用溴化钠和浓硫酸）与醇作用而制得溴乙烷：

$$NaBr + H_2SO_4 \rightleftharpoons HBr + NaHSO_4$$
$$C_2H_5OH + HBr \rightleftharpoons C_2H_5Br + H_2O$$

虽然上式制备溴乙烷的反应是可逆的。但是，可以采用增加其中一种反应物的浓度或设法使产物溴乙烷及时离开反应系统的方法，使平衡向右移动。本实验正是这两种措施并用以使反应顺利完成。

此外尚存在下列副反应：

$$2C_2H_5OH \xrightarrow{H_2SO_4} C_2H_5OC_2H_5 + H_2O$$
$$C_2H_5OH \xrightarrow{H_2SO_4} CH = CH + H_2O$$
$$2HBr + H_2SO_4 （浓） \rightleftharpoons Br_2 + SO_2 + 2H_2O$$

三、仪器和药品

仪器：圆底烧瓶（100mL）；分液漏斗；温度计（100℃）；球形冷凝管（200mm）；烧杯（150mL）；锥形瓶（50mL）；水浴锅；沸石；石棉网；蒸馏烧瓶。

药品：95％乙醇；浓硫酸；溴化钠。

四、实验步骤

1. 溴乙烷的生成

在100mL圆底烧瓶中，加入10mL（0.17mol）95％乙醇及9mL水。在不断振荡和冷却下，缓缓加入浓硫酸19mL（0.34mol），混合物冷却至室温，在搅拌下加入研细的溴化钠[1]15g（0.15mol）和几粒沸石。将烧瓶等装配成蒸馏装置，接收器内外均应放入冰水混合物，以防止产品的挥发损失。接液管末端应浸没在接收器内液面以下，其支管用橡胶管导入下水道或室外（为什么）。

通过石棉网用小火加热烧瓶，使反应平稳地发生[2]，直到接收器内无油滴滴出为止。约40min，反应即可结束。此时必须趁热将反应瓶内的无机盐硫酸氢钠倒入废液缸内，以免因冷却结块而给清洗带来困难。

2. 产品的精制

将馏出液小心地转入分液漏斗，分出有机层（哪一层）置于干净的锥形瓶中（锥形瓶最好仍浸在冰水中），在振荡下逐滴滴入浓硫酸以除去乙醚、水、乙醇等杂质，滴加硫酸1～2mL，使溶液明显分层。再用分液漏斗分去硫酸层（是上层还是下层）。

经硫酸处理后的溴乙烷转入蒸馏烧瓶中，加入沸石，在水浴上加热蒸馏，为避免损失，接收器浸在冰水中。收集35～40℃馏分，产量约为10g。

纯溴乙烷为无色液体，沸点为38.40℃，折射率 $n_D^{20} = 1.4239$。

五、数据记录及处理

溴乙烷的理论产量/g	溴乙烷的实际产量/g	产率

【注释】

[1] 溴化钠应预先研细，并在搅拌下加入，以防结块面影响氢溴酸的产生。若用含结晶

水的溴化钠（NaBr·2H₂O），其量用物质的量换算，并相应减少加入的水量。

[2] 应严格控制反应使其平稳地发生，接收器内外采取较好的冷却措施，也可使用一般的蒸馏装置来制备溴乙烷。

思 考 题

1. 醇与氢溴酸的反应是可逆反应，本实验采取哪些措施，使反应不断向右进行？

2. 为什么必须将反应混合物冷至室温再加入研细的溴化钠？为何要边加边搅拌？

3. 粗溴乙烷中含有哪些杂质？应如何将它们除去？

4. 溴乙烷与水在一起时，溴乙烷为何沉在水下？而溴乙烷与浓硫酸在一起时，又出现何种现象？为什么？

5. 蒸馏溴乙烷前为什么必须将浓硫酸层分干净？

实验 5-4   乙酰苯胺的制备

一、实验目的

1. 掌握苯胺乙酰化反应的原理和实验操作。
2. 进一步熟悉固体有机物提纯的方法——重结晶。

二、实验原理

芳香族伯胺的芳环和氨基都容易起反应，在有机合成上为了保护氨基，往往先把它乙酰化变为乙酰苯胺，然后进行其他反应，最后水解除去乙酰基。

乙酰苯胺可通过苯胺与冰醋酸、乙酸酐或乙酰氯等试剂作用制得。其中苯胺与乙酰氯反应最激烈，乙酸酐次之，冰醋酸最慢，但用冰醋酸作乙酰化试剂价格便宜，操作方便。本实验是用冰醋酸作乙酰化试剂的。

$$\text{C}_6\text{H}_5\text{NH}_2 + \text{CH}_3\text{COOH} \xrightarrow{\triangle} \text{C}_6\text{H}_5\text{NHCOCH}_3 + \text{H}_2\text{O}$$

三、仪器和药品

仪器：圆底烧瓶；温度计（200℃）；烧杯（500mL）；分馏柱；带支管试管；石棉网。

药品：新蒸馏过的苯胺；冰醋酸；锌粉；活性炭。

四、实验步骤

在 150mL 圆底烧瓶中，放置 10mL 新蒸馏过的苯胺（10.2g，0.11mol），15mL 冰醋酸（15.7g，0.26mol）及少许锌粉（约 0.1g）[1]，装上一分溜柱，柱顶插一支温度计，用一个带支管的试管收集蒸出的水和乙酸，全部装置如图 5-13 所示。圆底烧瓶放在石棉网上用小火加热回流，保持温度计读数于 105℃约 1h，反应生成的水及少量冰醋酸被蒸出，当温度下降则表示反应已经完成，在搅拌下趁

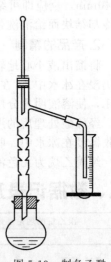

图 5-13   制备乙酰
苯胺的装置

热将反应物倒入盛有 250mL 冷水的烧杯中[2]，冷却后抽滤，用冷水洗涤粗产品。将粗产品移至 500mL 烧杯中，加入 300mL 水，置烧杯于石棉网上加热使粗产品溶解[3]，稍冷即过滤，滤液冷却[4]，乙酰苯胺结晶析出，抽滤。用少许冷水洗涤，产品放在空气中晾干后测定其熔点。产量约为 10g，纯乙酰苯胺的熔点为 114℃。

五、数据记录及处理

乙酰苯胺的理论产量/g	乙酰苯胺的实际产量/g	产率

【注释】

[1] 加锌粉的目的是防止苯胺在反应中被氧化，但必须注意，不能加得过多，否则在后处理中会出现不溶于水的氢氧化锌。

[2] 若让反应混合物冷却，则固体析出沾在瓶壁上不易处理。

[3] 100℃ 时 100mL 水溶解乙酰苯胺 5.55g；80℃ 时，溶解 3.45g；50℃ 时，溶解 0.84g；20℃ 时，溶解 0.46g。

[4] 若滤液有颜色，则加入活性炭 1~2g，在搅拌下，慢慢加热煮沸趁热过滤，滤渣用 50mL 热水冲洗，洗液并入滤液中，冷却使乙酰苯胺重新结晶析出。注意不要将活性炭加入沸腾的溶液中，否则，沸腾的溶液易溢出容器外。

思 考 题

1. 用冰醋酸作酰化剂制备乙酰苯胺方法如何提高产率？为什么要安装分馏柱？

2. 根据方程式计算，反应完成时理论上应产生几毫升水？为什么实际收集的液体量多于理论量？

实验 5-5　　阿司匹林的制备

一、实验目的

1. 熟悉酚羟基乙酰化反应的原理，掌握阿司匹林的合成方法。
2. 初步掌握重结晶和抽滤操作。

二、实验原理

水杨酸的化学名称叫邻羟基苯甲酸，为无色针状结晶，熔点为 159℃，$pK_a = 2.98$，是比苯甲酸（$pK_a = 4.21$）和对羟基苯甲酸（$pK_a = 4.56$）都强的酸。水杨酸本身就是一个可以止痛、治疗风湿病和关节炎的药物。

水杨酸是一个具有双官能团的化合物，它的官能团一个是酚羟基，一个是羧基。羟基和羧基都可发生酯化反应，当与乙酸酐作用时就可以得到乙酰水杨酸，即阿司匹林；如与过量的甲醇反应就可生成水杨酸甲酯，它是第一个作为冬青树的香味成分被发现的，因此水杨酸甲酯通称为冬青油。乙酰水杨酸是一种非常普遍的治疗感冒的药物，有解热止痛的作用。

至于反应进行的完全与否可以通过三氯化铁进行检测，未反应的水杨酸可与三氧化铁水溶液反应形成深紫色的溶液，这是因为水杨酸有一个酚基，和稀的三氯化铁溶液反应呈紫色。纯净的阿司匹林不会产生紫色。

主反应

副反应

三、仪器和药品

仪器：三颈瓶（100mL）；温度计（100℃）；球形冷凝管（200mm）；烧杯（150mL）；锥形瓶（50mL）；抽滤装置（250mL）；表面皿（80mm）；电热套和调压器；玻璃棒；滴管；布氏漏斗；玻璃塞；玻璃漏斗。

药品：0.02mol 水杨酸；0.05mol 乙酸酐；饱和碳酸钠；1%三氯化铁；浓硫酸；浓盐酸；苯；石油醚。

四、实验步骤

1. 酰化

取 2g 水杨酸放入 125mL 锥形瓶中，加入 5mL 乙酸酐，随后用滴管加入 6 滴浓硫酸，摇动锥形瓶使水杨酸全部溶解后，在水浴上加热 5～10min，放置冷却至室温，即有乙酰水杨酸结晶析出。如无结晶析出，可用玻璃棒摩擦锥形瓶壁促其结晶，或放入冰水中冷却使结晶产生。结晶析出后再加 50mL 水，继续在冰水中冷却，直至结晶全部析出为止。

2. 结晶抽滤

将粗品放入 150mL 烧杯中，边搅拌边加入 25mL 饱和碳酸钠溶液，加完后继续搅拌几分钟，直至无二氧化碳气泡产生为止。用布氏漏斗过滤，并用 5～10mL 水冲洗漏斗，将滤液合并，倾入预先盛有 3～5mL 浓盐酸和 10mL 水的烧杯中，搅拌均匀，即有乙酰水杨酸沉淀开始析出。在冰浴中冷却，使结晶完全析出后，减压过滤，结晶用玻璃铲或干净玻璃塞压紧，尽量抽去滤液，再用冷水洗涤 2～3 次，抽去水分，将结晶移至表面皿上干燥，测定熔点并计算产率。乙酰水杨酸熔点为 135～136℃。为了检验产品纯度，可取少量结晶加入 1%三氧化铁溶液中观察有无颜色反应。

为了得到更纯的产品，可将上述结晶加入到 10mL 热苯中，安装冷凝管在水浴上加热回流。如有不溶物出现，可用预热过的玻璃漏斗趁热过滤（注意：避开火源，以免着火），待滤液冷至室温，此时应有结晶析出，如结晶很难析出时可加入少许石油醚摇匀，把混合溶液稍微在冰水中冷却（注意：冷却温室不要低于 5℃，因苯的凝固点为 5℃）。减压过滤，干燥，测定熔点。

五、注意事项

1. 水杨酸分子内能形成氢键，阻碍酚羟基的酰基化反应。加入少量浓硫酸（或磷酸），可破坏水杨酸的氢键，使酰基化反应容易发生，故反应可在70℃进行。

2. 反应温度不宜过高，否则将增加副产物的生成，同时水杨酸受热易发生分解。

思 考 题

1. 制备乙酰水杨酸时，反应物中为何加入少量浓硫酸？反应温度应控制在什么范围？为何温度不宜过高？

2. 反应中产生的副产物是什么？如何将产品与副产物分开？

3. 制备乙酰水杨酸时，为什么仪器必须干燥？

4. 试设计一个实验，鉴定乙酰水杨酸的粗品、精晶以及母液中是否含有水杨酸，并说明重结晶的效果。

实验 5-6　甲基橙的制备

一、实验目的

1. 了解重氮化反应和偶联反应的原理与条件，掌握甲基橙的制备方法。
2. 熟悉低温操作技术。
3. 进一步巩固重结晶操作。

二、实验原理

1. 重氮化反应

$$H_2N{-}\langle\rangle{-}SO_3H + NaOH \longrightarrow H_2N{-}\langle\rangle{-}SO_3Na + H_2O$$

$$H_2N{-}\langle\rangle{-}SO_3Na + 3HCl + NaNO_2 \xrightarrow{0\sim5℃} HO_3S{-}\langle\rangle{-}N_2Cl + 2NaCl + 2H_2O$$

2. 偶联反应

$$HO_3S{-}\langle\rangle{-}N_2Cl + {-}\langle\rangle{-}N(CH_3)_2 \xrightarrow[0\sim5℃]{CH_3COOH} \left[HO_3S{-}\langle\rangle{-}N{=}N{-}\langle\rangle{-}\overset{H}{\underset{}{N}}(CH_3)_2\right]^+ CH_3COO^-$$

$$\left[HO_3S{-}\langle\rangle{-}N{=}N{-}\langle\rangle{-}\overset{H}{\underset{}{N}}(CH_3)_2\right]^+ CH_3COO^- + 2NaOH \longrightarrow$$

$$NaO_3S{-}\langle\rangle{-}N{=}N{-}\langle\rangle{-}N(CH_3)_2 + CH_3COONa + H_2O$$

芳香族伯胺在酸性介质中，与亚硝酸作用生成重氮盐的反应叫作重氮化反应。

重氮盐与芳胺或酚可发生偶联反应，生成有颜色的偶氮化合物。在偶联反应中，介质的酸碱性对反应影响很大。酚类偶联，需在中性或弱碱性介质中进行，而胺类偶联，需在中性或弱酸性介质中进行。

大多数重氮盐很不稳定，温度高容易发生分解，所以重氮化反应与偶联反应都需要在低温下进行。重氮化反应必须在强酸性介质中进行，以防止重氮盐与未起反应的芳胺发生偶联反应。

三、仪器和药品

仪器：100mL 烧杯；温度计（100℃）；水浴锅；抽滤瓶；玻璃棒。

药品：5％氢氧化钠溶液；对氨基苯磺酸；亚硝酸钠；冰醋酸；活性炭浓盐酸；淀粉-碘化钾试液[1]；N,N-二甲基苯胺。

四、实验步骤

1. 重氮盐的制备

在 100mL 烧杯中放置 10mL 5％氢氧化钠溶液和 2.1g 对氨基苯磺酸晶体，玻璃棒搅拌下温热使其溶解[2]。另溶解 0.8g 亚硝酸钠于 6mL 水中。将溶解好的亚硝酸钠水溶液加入上述烧杯内，搅拌均匀后将烧杯置于冰盐浴中冷却至 0～5℃。另将 3mL 浓盐酸与 10mL 水配成溶液。在不断搅拌下，将配制好的盐酸水溶液慢慢滴加到上述烧杯内的混合溶液中，并控制温度在 5℃以下。滴加完后用淀粉-碘化钾试液检验是否立即变蓝[3]。然后在冰盐浴中放置 15min 使重氮化反应进行完全。

2. 偶合反应

在另一小烧杯中将 1.2g N,N-二甲基苯胺溶于 1mL 冰醋酸中。在不断搅拌下，将此溶液慢慢加到上述冷却的重氮盐溶液中。加完后，继续搅拌 15min 使偶合反应进行完全。然后慢慢加入 25mL 5％氢氧化钠溶液，直至反应物变为橙色，这时反应液呈弱碱性[4]，粗制的甲基橙呈细粒状沉淀析出。将反应物在沸水浴上加热 5min 使沉淀溶解，冷却至室温后再在冰水浴中冷却，使甲基橙成晶体析出。抽滤，晶体用少量水洗涤，压干[5]。

若要制得纯度较高的产品，可用溶有少量氢氧化钠（约 0.15g）的沸水（每克粗产品约需 25mL）进行重结晶（包括加活性炭脱色）。这样可得到有鲜艳橙色的小鳞片状甲基橙结晶。产量约为 2g。纯甲基橙是橙黄色片状晶体，pH＝3.1（红）～4.4（橙黄）

3. 定性检验（显色试验）

溶解少许甲基橙于水中，观察溶液的颜色，然后加入 2 滴 5％盐酸，观察颜色的变化，再用 3 滴 5％氢氧化钠中和，再观察颜色的变化。

【注释】

[1] 可用淀粉-碘化钾试液：按（0.2g 淀粉＋15mL 水＋20％KI 2 滴）的比例配制而成。

[2] 对氨基苯硝酸是两性化合物，其酸性比碱性强，所以它能溶于碱中而不能溶于酸中。

[3] 若不显蓝色，尚需酌情补加亚硝酸钠溶液。

[4] 若是中性，则继续加入少量碱液至恰呈碱性（因为强碱性下又易生成树脂状聚合物而得不到所需产物）。

[5] 湿的甲基橙在空气中受光的照射后，颜色会很快变深，故一般得紫红色粗产物。如再依次用少量乙醇、乙醚洗涤晶体，可使其迅速干燥。

思 考 题

1. 重氮盐的制备为什么在低温、强酸条件下进行？
2. 对氨基苯磺酸进行重氮化反应时，为什么要先加碱把它变成钠盐？

3. 本实验的偶合反应是在什么条件下进行的?

4. 试用反应式表示甲基橙作为酸碱滴定指示剂在酸、碱介质中的颜色变化,并说明其原因。

实验 5-7　肉桂酸的制备

一、实验目的

掌握水蒸气蒸馏的操作方法。

二、实验原理

反应式

三、仪器和药品

仪器:100mL 圆底烧瓶;500mL 圆底烧瓶;球形冷凝管;锥形瓶;沸石;石棉网。

药品:无水乙酸钾;乙酸酐;固体碳酸钠;活性炭;浓盐酸;70%乙醇;冰水。

四、实验步骤

① 在 100mL 圆底烧瓶中,加 3g 无水乙酸钾,7.5mL 乙酸酐和几粒沸石,装上回流冷凝管,在石棉网上加热回流 2h。

② 回流结束,趁热将反应液倒入 500mL 圆底烧瓶中,并用少量热水洗反应瓶 3 次,将洗液并入 500mL 烧瓶中,慢慢加入 5～8g 固体碳酸钠,使溶液呈碱性,进行水蒸气蒸馏至馏出液无油珠状为止。

③ 在上述圆底烧瓶中,加少量活性炭,装回流冷凝管,回流 10min,趁热过滤,将滤液转移到锥形瓶中,冷却至室温,搅拌下缓慢加浓盐酸使溶液呈酸性,冷却,待晶体全部析出,抽滤,冷水洗涤晶体,干燥后称重,产品约 4g。

④ 粗品在 70%乙醇或热水中进行重结晶,粗品熔点为 131.5～132℃。肉桂酸有顺反异构体,常以反式存在,其熔点为 133℃。

五、注意事项

无水乙酸钾需新鲜烘焙,方法是将含水乙酸钾放入蒸发皿中加热,先在自身的结晶水中熔化,水分蒸发后又结成固体,再猛烈加热使其熔融,不断搅拌,趁热倒在金属板上,冷后研碎,放在干燥器中待用。

思 考 题

1. 制备中,回流完毕反应体系的颜色如何变化?加入固体碳酸钠使溶液呈碱性,此时溶液中有哪些化合物?

2. 缩合反应之后，为什么要用水蒸气蒸馏的方法除去苯甲醛？

3. 加盐酸酸化时，发生了什么反应？试写出反应方程式。

实验 5-8   肥皂的制备（手工皂 DIY）

一、实验目的

1. 了解皂化反应原理及肥皂的制备方法。
2. 熟悉盐析原理，掌握水浴加热、沉淀的洗涤以及减压过滤等操作技术。

二、实验原理

动物脂肪的主要成分是高级脂肪酸甘油酯。将其与氢氧化钠溶液共热，就会发生碱性水解（皂化反应），生成高级脂肪酸钠（即肥皂）和甘油。在反应混合液中加入溶解度较大的无机盐，以降低水对有机酸盐（肥皂）的溶解作用，可使肥皂较为完全地从溶液中析出，这一过程叫作盐析。利用盐析的原理，可将肥皂和甘油较好地分离开。

本实验以猪油为原料制取肥皂。反应式如下：

$$
\begin{array}{l}
R^1-\overset{\overset{\displaystyle O}{\|}}{C}-O-CH_2 \\
R^2-\overset{\overset{\displaystyle O}{\|}}{C}-O-CH \\
R^3-\overset{\overset{\displaystyle O}{\|}}{C}-O-CH_2
\end{array}
\xrightarrow[\triangle]{NaOH/H_2O}
\begin{array}{l}
R^1COOH \\
R^2COOH \\
R^3COOH
\end{array}
+
\begin{array}{ccc}
CH_2 & -CH & -CH_2 \\
| & | & | \\
OH & OH & OH
\end{array}
$$

甘油三羧酸酯　　　　　　　　　　肥皂　　　　甘油
（三种羧酸钠盐的混合物）

三、仪器和药品

仪器：锥形瓶（250mL）；烧杯（500mL、250mL）；减压过滤装置 1 套；电炉和调压器 1 套。

药品：猪油；乙醇（95％）；氢氧化钠溶液（40％）；饱和食盐水。

四、实验步骤

1. 加入物料

在 250mL 锥形瓶中加入 10g 新制的猪油、30mL 95％的乙醇（加入乙醇是为了使猪油、碱液和乙醇互溶，成为均相溶液，便于反应进行）和 30mL 40％的氢氧化钠溶液。

2. 安装仪器

用铁夹将锥形瓶固定在铁架台上。在 500mL 烧杯中加入约为其容积 1/2 的水，将锥形瓶浸入水浴中，烧杯可直接置于电炉上（图 5-14）。电炉的温度通过调压器进行调控。

3. 皂化反应

装置安装好之后，接通电源，调节供电电压，缓慢加热，使锥形瓶内液体沸腾。再调节适当电压使溶液保持微沸并不断搅拌 40min，此时若瓶内产生大量泡沫，可向其中滴加少量 1：1 乙醇（95％）和氢氧化钠（40％）混合液，以防泡沫溢出瓶外。

皂化反应结束（可用玻璃棒蘸取几滴反应液，放入盛有少量热水的试管中，振荡观察，若无油珠出现，说明已皂化完全。否则，需补加碱液，继续加热皂化）后，先停止加热，稍冷后再拆除实验装置，取下锥形瓶。

4. 盐析分离

在搅拌下，趁热将反应混合液倒入盛有 150mL 饱和食盐水的烧杯中，静置冷却，使肥皂析出完全。

5. 减压过滤

安装减压过滤装置，将充分冷却后的皂化液倒入布氏漏斗中，减压过滤。用冷水洗涤沉淀两次，抽干。

6. 干燥称量

滤饼取出后，随意压制成型，自然晾干，称量质量并计算产率［猪油的化学式可表示为：$(C_{17}H_{35}COO)_3C_3H_5$。计算产率时，可由此式算出其摩尔质量］。

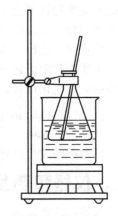

图 5-14 皂化反应装置

五、注意事项

1. 实验中应使用新炼制的猪油。因为长期放置的猪油会部分变质，生成醛、羧酸等物质，影响皂化效果。

2. 皂化反应过程中，应始终保持小火加热，以防温度过高，泡沫溢出。

3. 皂化液和准备添加的混合液中乙醇含量较高，易燃烧，应注意防火！

思 考 题

1. 肥皂是根据什么原理制备的？除猪油外，还有哪些物质可以用来制备肥皂？试列举两例。

2. 皂化反应后，为什么要进行盐析分离？

3. 本实验为什么要采用水浴加热？

4. 废液中含有副产物甘油，试设计其回收方法。

实验 5-9　乙醇的制备

一、实验目的

1. 学习用微生物发酵法制备乙醇。

2. 学会分馏操作。

二、实验原理

乙醇，俗称酒精，是透明液体，有特殊的芳香味儿，它的用途很广，可作为溶剂、有机合成原料、饮料、燃料、消毒剂（医疗上也常用体积分数为 70%～75% 的乙醇作消毒剂）等，按产品质量可分为绝对乙醇（99.99%），无水乙醇（99.5%），普通乙醇（95.57%）[1]。

乙醇的合成主要有发酵法和化学合成法，人类很早就会用糖类发酵制造乙醇，这也是最早的几项生物技术之一，发酵原料可以是含淀粉的农产品，如谷类、薯类或野生植物果实，也可用制糖厂的废糖蜜，或者用含有纤维素的木屑、植物茎秆等，这类物质借助于微生物酶的催化作用，进行一系列化学的变化，可得到乙醇。

本实验利用面包干酵母提供催化酶，对稀糖溶液进行发酵，形成乙醇稀溶液，这是一个复杂的化学变化过程，用反应式简单表示如下：

$$C_{12}H_{22}O_{11}+H_2O \xrightarrow{\text{转化酶}} C_6H_{12}O_6+C_6H_{12}O_6 \longrightarrow 4C_2H_5OH+4CO_2$$

蔗糖   果糖   葡萄糖

发酵液经过简单分馏，可以提高乙醇含量

三、仪器和药品

仪器：圆底烧瓶（500mL）；电子天平；量筒；烧杯；调压电炉；刺形分馏柱；直形冷凝管；应接管；锥形瓶；温度计（100℃）；酒度计。

药品：蔗糖；巴斯德盐溶液；浓硫酸；酵母菌种。

四、实验步骤

1. 糖液的发酵

在500mL圆底烧瓶中加入60g蔗糖、300mL水，35mL巴斯德盐溶液[2]，和3～4滴浓硫酸，加热使糖溶解并煮沸3～5min。将糖液放置冷却到室温，加入少量干酵母菌种[3]，摇匀。将瓶口用棉花塞好，在室温下（25～35℃）放置发酵4～7天。发酵过程中有大量气泡放出，并生成碳酸盐粉末状沉淀，发酵完成后液面平静，不再有气泡放出，这时打开棉花塞，可以闻到酒和面包混杂的香味。

2. 乙醇的分馏

在发酵用的烧瓶上装好分馏装置进行分馏，收集60mL馏出液，（每10mL记录温度一次），用酒度计测出乙醇含量，并计算产率。

合并两份上述所得馏出液，再进行分馏，收集78～82℃、82～95℃的馏分，分别测定各馏分以及残液的浓度和体积。

【注释】

[1] 普通乙醇含95.57%（质量分数）的乙醇，和4.43%的水，是恒沸点混合物，沸点是78.15℃，比纯乙醇的沸点（78.5℃）低，把这种混合物蒸馏时，气相和液相的组成是相同的，即乙醇和水，始终以这个混合比例蒸出，不能用蒸馏法制得无水乙醇。实验室制备无水乙醇时，在95.57%的乙醇中加入生石灰，加热回流，乙醇中的水与氧化钙反应，生成不挥发的氢氧化钙，从而除去水分，然后再蒸馏，这样可得99.5%的无水乙醇。

[2] 巴斯德盐溶液由2.0g磷酸钙，0.2g硫酸镁和10g酒石酸铵，溶于860mL水配制而成，用来提供微生物繁殖所需要的养分。

[3] 酵母在酸性条件下发酵，有利于乙醇产生，并可以抑制细菌生长，达到防止其他细菌入侵的作用。

实验 5-10   乙醚的制备

一、实验目的

1. 学习醚的制备。

2. 学习萃取、洗涤以及低沸点有机物的蒸馏操作。

二、实验原理

大多数有机化合物在醚中都有良好的溶解度，有些反应（如格氏反应），也必须在醚中进行，因此醚是有机合成中常用的溶剂。制备醚的方法，有醇的脱水和醇钠与卤代烃作用。醇的脱水是醇类在酸性脱水剂的存在下，通过分子间脱去一分子水而制备醚，在实验室常用浓硫酸和氧化铝作脱水剂，这种方法只适用于制备两边基团相同的简单脂肪族低级醚，而且这种方法主要用于从低级伯醇制备醚，从仲醇制醚的产量不高，叔醇脱水则主要生成烯烃。对于两边基团不同的混合不对称醚的制备，则要采用威廉姆森（Williamson）醚合成法等方法，即醇（酚）钠与卤代烃的作用，该方法制备芳基烷基醚时，产率较高，醇钠（酚钠）可由相应的醇与强碱作用制得。

本实验以浓硫酸作脱水剂，控制温度在 $140 \sim 150 ℃$，通过乙醇分子间脱水制备醚，反应机理为乙醇先与浓硫酸反应，生成硫酸氢乙酯，后者再被乙醇进攻生成乙醚，为了减少副产物的生成，在操作时必须特别注意控制反应温度，因为醇和浓硫酸的作用随温度不同，生成的产物不同，例如，乙醇和浓硫酸，在室温下生成锌盐，在 $100 ℃$ 时反应生成硫酸氢乙酯，在 $140 ℃$ 时生产乙醚，在大于 $160 ℃$ 时，产物是乙烯。一般将乙醇蒸气不断通入加热到 $140 \sim 150 ℃$ 的硫酸氢乙酯溶液中，生成的乙醚不断被蒸出，反应方程式为：

$$CH_3CH_2OH + H_2SO_4 \xrightarrow{50℃} CH_3CH_2OSO_2OH + H_2O$$
$$CH_3CH_2OSO_2OH + CH_3CH_2OH \xrightarrow{140 \sim 150℃} CH_3CH_2OCH_2CH_3 + H_2SO_4$$

用浓硫酸作脱水剂时，由于它的氧化作用，还往往生成少量氧化产物和二氧化硫，为了避免氧化反应，有时用芳香族磺酸作为脱水剂。

因此粗产品中除了醚以外，还有水、乙醛、乙酸、亚硫酸以及未反应的乙醇。利用碱洗涤除去酸性杂质，用饱和氯化钙洗涤除去乙醇，再经过干燥后蒸馏，可得到产物。

乙醚是常用的有机溶剂之一，医药上用作全身麻醉剂，由于它的沸点（$34.5 ℃$）较低，其蒸气比空气重 2.5 倍，易燃，与空气混合达一定比例时，爆炸，因此操作时要特别小心。

三、仪器和药品

仪器：三颈瓶；滴液漏斗；温度计；直形冷凝管；应接管；圆底烧瓶；分液漏斗；长颈漏斗；蒸馏头。

药品：95％乙醇；浓硫酸；氢氧化钠；氯化钠；氯化钙；无水氯化钙；沸石。

四、实验步骤

在干燥的 250mL 三颈瓶上装上 250mL 滴液漏斗（注意，吸入管应进入混合液，有利于充分反应）、温度计（注意：温度计水银球应进入混合液才能测得反应温度）以及低沸点的溶剂简易蒸馏装置（图 5-15）。在三颈瓶中加入 15mL 95％的乙醇，在冷水浴冷却下，边摇动烧瓶，边慢慢加入 15mL 浓硫酸，再投入两三粒沸石，在滴液漏斗中放入 20mL 95％乙醇。装好装置，并注意所有连接处必须严密不漏气。

在石棉网上，用小火慢慢加热三颈瓶，当反应液的温度升高到 140℃ 时，开始滴加乙醇，反应开始进行，反应温度严格控制在 $140 \sim 150 ℃$[1]，同时控制火焰大小和乙醇滴加速度（每秒 1～2 滴），使乙醚蒸出速度为每秒钟 1～2 滴（滴入乙醇和馏出乙醚的速度大致相等），加完乙醇后，迅速关闭滴液漏斗活塞，继续加热三颈瓶内反应液 10min，直到没有馏分蒸出为止。

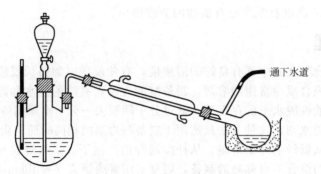

通下水道

图 5-15   乙醚的制备装置图

关闭电源后，取下接收器，把馏出液倒入分液漏斗中，用 15mL 10％氢氧化钠溶液洗涤，彻底分去氢氧化钠层后，依次用 20mL 饱和食盐水[2]和氯化钙溶液各洗涤两次，将洗涤后的酯层转移到干燥的锥形瓶中，用无水氯化钙干燥[3]。通过长颈漏斗把干燥后的乙醚转移到 60mL 蒸馏烧瓶中，加入 2～3 粒沸石，装好蒸馏装置，接收瓶置于冰水浴中冷却，用热水浴进行蒸馏[4]，收集 35～40℃的馏分（切勿蒸干[5]），产量为 15～20g。

纯乙醚为无色液体，沸点为 34.5℃，密度为 0.7138。

【注释】

[1] 在温度超过 150℃时，容易有乙烯气体生成，若温度低于 130℃，则反应很慢。

[2] 用饱和食盐水洗涤，可以降低乙醚在水中的溶解度，提高醚的产量，并可除去出乙醚中的碱液，以免在用饱和氯化钙溶液洗涤时，将氢氧化钙沉淀析出。

[3] 用氯化钙作干燥剂，还可以络合除去残留的乙醇。

[4] 必须用热水浴蒸馏乙醚，并且在实验室中也不能有明火。

[5] 不蒸干的目的是防止可能残留的过氧化物因过热而引起爆炸。

实验 5-11   1-溴丁烷的制备

一、实验目的

1. 熟悉由醇制备溴代烷的原理，掌握 1-溴丁烷的制备方法。
2. 掌握带有气体吸收的回流装置的安装与操作。
3. 了解干燥剂的使用，掌握利用萃取和蒸馏精制液体粗产物的操作技术。

二、实验原理

1-溴丁烷也称正溴丁烷，是无色透明液体，沸点为 101.6℃，不溶于水，易溶于醇、醚等有机溶剂，是麻醉药盐酸丁卡因的中间体，也用于生产染料和香料。

本实验采用正丁醇与氢溴酸在硫酸催化下发生溴代反应制取 1-溴丁烷。

主反应：

$$NaBr + H_2SO_4 \Longrightarrow HBr + NaHSO_4$$

$$CH_3CH_2CH_2CH_2OH + HBr \underset{\triangle}{\overset{H^+,\ \triangle}{\rightleftharpoons}} CH_3CH_2CH_2CH_2Br + H_2O$$

正丁醇   1-溴丁烷

副反应：

$$CH_3CH_2CH_2CH_2OH \xrightarrow[\triangle]{\text{浓 } H_2SO_4} CH_3CH_2CH =\!\!=\!CH_2 + H_2O$$

$$2CH_3CH_2CH_2CH_2OH \xrightarrow[\triangle]{\text{浓 } H_2SO_4} CH_3CH_2CH_2CH_2OCH_2CH_2CH_2CH_3 + H_2O$$

$$2HBr + H_2SO_4 \xrightleftharpoons{\triangle} Br_2 + SO_2 \uparrow + 2H_2O$$

醇与氢溴酸的反应是可逆的，为使化学平衡向右移动，提高产率，本实验中增加了溴化钠和硫酸用量，以使反应物之一氢溴酸过量来加速正反应的进行。

溴代反应结束后，利用蒸馏的方法将产物从反应混合液中分出，副产物硫酸氢钠及过量的硫酸则留在残液中。粗产物中含有未反应完全的正丁醇、氢溴酸及副产物正丁醚等，可通过水洗和酸洗分离除去，而少量的1-丁烯则因沸点低，在回流过程中不能被冷凝逸散而除去。

由于反应中逸出的溴化氢气体有毒，所以本实验中采用了带有气体吸收的回流装置。

三、仪器和药品

仪器：直形冷凝管；球形冷凝管；接液管；电热套（或电炉与调压器）；温度计（200℃）；锥形瓶（100mL）；蒸馏头；玻璃漏斗；圆底烧瓶（100mL）；分液漏斗（100mL）；蒸馏头；烧杯（200mL）。

药品：氢氧化钠溶液（5%）；碳酸钠溶液（1%）；硫酸溶液（70%）；正丁醇；浓硫酸；无水氯化钙；溴化钠；沸石。

四、实验步骤

1. 溴代

在100mL圆底烧瓶中加入35mL硫酸溶液，振摇下加入13mL正丁醇，混匀后再加入17g研细的溴化钠和几粒沸石。充分振摇后立刻装上球形冷凝管及气体吸收装置（图5-16）。用200mL烧杯盛放100mL氢氧化钠溶液作吸收液（注意：漏斗口要接近液面而不能浸入液面下）。

用电热套（或石棉网）加热，缓慢升温，使反应液呈微沸。此间应经常轻轻振摇烧瓶，直至溴化钠完全溶解。从第一滴回流液落入反应器中开始计算时间，回流1h。

2. 蒸馏

停止加热（但暂时不停冷却水）。待稍冷后拆除气体吸收装置及冷凝管。补加沸石后，在烧瓶上安装蒸馏头（可不装温度计，将蒸馏头上口用塞子塞上）或蒸馏弯头，改为蒸馏装置，加热蒸馏，用锥形瓶接收馏出液。

当圆底烧瓶内油层消失，接收器中不再有油珠落下时[1]，停止蒸馏。烧瓶中的残液应趁热倒入废液缸中[2]。

图5-16 1-溴丁烷的
制备装置图

3. 水洗

将蒸出的粗1-溴丁烷倒入分液漏斗中，用15mL水洗涤[3]，小心地将下层粗产物放入干燥的锥形瓶中。

4. 酸洗

在不断振摇下，向盛有粗产物的锥形瓶中滴加3～5mL浓硫酸[4]，至溶液明显分层且上层液澄清透明（此间若瓶壁发热，可置冷水中冷却）。将此混合液倒入干燥的分液漏斗中，静置分层后，仔细地分去下层酸液[5]。

5. 水洗、碱洗、水洗

将分液漏斗中的有机层依次用 10mL 水、15mL 碳酸钠溶液、10mL 水洗涤后，将下层液放入一干燥的锥形瓶中。

6. 干燥

向盛有粗产物的锥形瓶中加入 2g 无水氯化钙，配上塞子。充分振摇至液体变为澄清透明（若不透明，应适量补加干燥剂），再放置 20min。

7. 蒸馏

将干燥好的液体通过漏斗滤入圆底烧瓶中，加入几粒沸石，参照图 5-6 安装一套干燥的普通蒸馏装置，加热蒸馏。用事先称量过质量的锥形瓶作接收器，收集 99～103℃的馏分。

五、注意事项

1. 1-溴丁烷有毒，不要与皮肤直接接触！

2. 回流过程中，振摇烧瓶时应注意保护气体吸收装置。

3. 实验的粗产物在分液漏斗中进行洗涤和分离操作的次数较多，每一次分离前必须明确产品在哪一层。为预防造成不可弥补的损失，应将所有液层都保留到实验结束。整个洗涤过程中，静置要充分，分离要完全，以确保实验产率。

4. 最后一步蒸馏要求全套仪器必须干燥，否则蒸出的产品将出现混浊。可在第一次蒸馏后立即清洗仪器并送入烘箱干燥，也可另备一套干燥的仪器。

【注释】

[1] 可取一支试管，收集几滴馏出液，加入少许水摇动，如无油珠出现，则表示有机物已蒸完。

[2] 残液中的硫酸氢钠冷却后会结块，不易倒出。所以要趁热将其倾出，并及时清洗烧瓶。

[3] 用水洗去溶解在溴丁烷中的溴化氢。否则滴加浓硫酸后，溶液会变成红色并有白烟产生，这是由于浓硫酸与溴化氢发生了氧化还原反应：

$$2HBr + H_2SO_4 === Br_2 + SO_2 \uparrow + 2H_2O$$

[4] 用浓硫酸洗去粗产物中少量未反应完全的正丁醇和副产物正丁醚等杂质。

[5] 浓硫酸具有较强的氧化性和腐蚀性，所以该酸层不能随意倒入下水道，应倒入指定的废液缸中。

思 考 题

1. 加入物料时，是否可以先将溴化钠与硫酸混合，然后再加入正丁醇？为什么？

2. 加热回流时，烧瓶内有时会出现红棕色，为什么？

3. 在用碳酸钠溶液洗涤粗产物之前，为什么要先用水洗？用碳酸钠溶液洗涤时，要特别注意什么问题？

4. 在本实验的气体吸收装置中，为什么要用氢氧化钠溶液作吸收液？

第6章

高聚物的合成实验技术

【知识目标】

1. 掌握高聚物聚合机理。
2. 掌握甲基丙烯酸甲酯精制的原理。
3. 掌握重结晶法提纯物质的方法。
4. 理解引发剂精制的原理。
5. 掌握聚合反应的实施方法。

【技能目标】

1. 学会使用萃取、重结晶等基本操作。
2. 学会甲基丙烯酸甲酯精制的实验方法。
3. 通过实验能得到合格的有机玻璃棒材和板材。
4. 会应用 WGT-S 透射率雾度测定仪测定有机玻璃板材的透射率和雾度。
5. 学会聚苯乙烯、聚甲基丙烯酸甲酯、酚醛树脂的合成方法。

高分子化学衍生于有机化学，因此高分子化学实验与有机化学实验有着许多共同之处。学好了有机化学实验这门课程，掌握了基本有机化学实验操作，做高分子化学实就会驾轻就熟。但是，高分子化学具有自身的特点，许多应用于高分子合成的方法和手段在有机化学实验中并不常见，高分子化合物的结构和组成分析也有其独特之处，需要学生领会和掌握。

6.1　聚合机理简介

1929 年，Carothers 借用有机化学中加成反应和缩合反应的概念，根据单体和聚合物之间的组成差异，将聚合反应分为加聚反应和缩聚反应。单体通过相互加成而形成聚合物的反应称为加聚反应；带有多个可相互反应的官能团的单体通过有机化学中各种缩合反应消去小分子而形成聚合物的反应称为缩聚反应。

1951 年，Flory 从聚合机理的和反应动力学角度出发，将聚合反应分为连锁聚合反应和逐步聚合反应。连锁聚合反应单体间不直接反应，必须有活性中心参与，根据活性中心不同分为自由基聚合反应、阳离子聚合反应、阴离子聚合反应、配位离子聚合反应。聚合过程一般由多个基元反应（链引发、链增长和链终止）组成（三部曲）。逐步聚合反应是由一系列单体上所带的能相互反应的官能团间有机反应所组成，在反应中相互反应的官能团形成小分子而游离于大分子链以外，而单体上相互不反应的部分则连在一起形成大分子链。另外，逐步聚合有逐步特性，一方面反应的活化能高，体系中一般要加入催化剂；另一方面由于每一步反应为平衡反应，因此影响平衡移动的因素都会影响到逐步聚合反应。从产物的分子结构看，逐步聚合反应可分为线型聚合和体型聚合反应两大类。

6.2　聚合方法简介

与无机合成、有机合成不同，聚合物合成除了要研究反应机理外，还存在一个聚合方法问题，即完成一个聚合反应所采用的方法。从聚合物的合成看，第一步是化学合成路线的研究，主要是聚合反应机理、反应条件（如引发剂、溶剂、温度、压力、反应时间等）的研究，第二步是聚合工艺条件的研究，主要是聚合方法、原料精制、产物分离及后处理等的研究。聚合方法的研究，虽然与聚合反应工程密切相关，但与聚合反应机理亦有很大关联。

聚合方法是为完成聚合反应而确立的，聚合机理不同，所采用的聚合方法也不同，连锁聚合反应采用的聚合方法，主要有本体聚合、悬浮聚合、溶液聚合、乳液聚合，进一步看，由于自由基相对稳定，因而自由基聚合可以采用上述四种聚合方法，离子型聚合则由于活性中心对杂质的敏感性而多采用溶液聚合或本体聚合。逐步聚合采用的聚合方法，主要有熔融缩聚、溶液缩聚、界面缩聚和固相缩聚。

反应机理相同而聚合方法不同时，体系的聚合反应动力学、自动加速效应、链转移反应等，往往有不同的表现，因此单体和聚合反应机理相同，但采用不同聚合方法，所得产物的分子结构、分子量、分子量分布等，往往会有很大差别。为满足不同的制品性能，工业一种单体采用多种聚合方法十分常见，如同样是苯乙烯自由基聚合（分子量为 10 万～40 万，分子量分布为 2～4），用于挤塑或注塑成型的通用型聚苯乙烯多采用本体聚合，可发型聚苯乙烯主要采用悬浮聚合，而高抗冲聚苯乙烯采用溶液聚合、本体聚合联用。

聚合方法本身没有严格的分类标准，它是以体系自身的特征为基础确立的，相互间既有共性，又有个性，从不同的角度出发，可以有不同的划分。上面所介绍的聚合方法种类，主要是以体系组成而划分的，如以最常用的相容性为标准，则本体聚合、溶液聚合、熔融缩聚、溶液缩聚分归为均相聚合；悬浮聚合、乳液聚合、界面缩聚和固相缩聚归为非均相聚合。但从单体聚合物的角度看，划分并不严格，如聚氯乙烯不溶于氯乙烯，则氯乙烯无论是本体聚合，还是溶液聚合，都是非均相聚合。苯乙烯是聚苯乙烯的良溶剂，苯乙烯不论是悬浮聚合，还是乳液聚合，都为均相聚合。而乙烯、丙烯在烃类溶剂中进行配对聚合时，聚乙烯、聚丙烯将从溶液中沉淀出来形成悬浮液，这种聚合称为溶液沉淀聚合或淤浆聚合。如果再进一步，则需要考虑引发剂、单体、聚合物、反应介质等诸多因素间的互溶性，会更复杂。

实验 6-1　甲基丙烯酸甲酯的精制

甲基丙烯酸甲酯为无色透明液体，常压下沸点为 100.3～100.6℃。为了防止甲基丙烯酸甲酯在储存时发生自聚，应加适量的阻聚剂对苯二酚，在聚合前需将其除去。对苯二酚可与氢氧化钠反应，生成溶于水的对苯二酚钠盐，再通过水洗即可除去大部分的阻聚剂。

水洗后的甲基丙烯酸甲酯还需进一步蒸馏精制。由于甲基丙烯酸甲酯沸点较高，加之本身活性较大，如果采用常压蒸馏会因强烈加热而发生反应。减压蒸馏可以降低化合物的沸点温度。单体的精制常采用减压蒸馏。

由于液体表面分子逸出体系所需的能量随外界压力的降低而降低，因此降低外界压力便可以降低液体的沸点。沸点与真空度之间的关系可近似表示为：

$$\lg p = A + \frac{B}{T}$$

式中，p 为真空度；T 为液体的沸点；A 和 B 都是常数，可通过测定两个不同外界压力时的沸点求出。

甲基丙烯酸甲酯沸点与压力的关系，见表 6-1。

表 6-1 甲基丙烯酸甲酯沸点与压力的关系

沸点/℃	10	20	30	40	50	60	70	80	90	100
压力/mmHg	24	35	53	81	124	189	279	397	543	760

一、实验目的

1. 掌握甲基丙烯酸甲酯精制的原理。
2. 学会甲基丙烯酸甲酯精制的实验方法。
3. 学会使用萃取等基本操作。

二、仪器和药品

仪器：250mL 三颈瓶一个；毛细管；刺形分馏柱；直形冷凝管；0～250℃温度计两根；250mL 圆底烧瓶两个；天平；烧杯；分液漏斗；量筒；锥形瓶。

药品：甲基丙烯酸甲酯；氢氧化钠；无水硫酸钠。

三、实验步骤

① 5%氢氧化钠溶液的配制（如何配制）。

② 碱洗（试漏、装液、振荡、静置、分液） 在 250mL 分液漏斗中加入 50mL 甲基丙烯酸甲酯单体，用 5%氢氧化钠溶液洗涤数次至无色（每次用量为 20mL），然后用去离子水洗至中性。

③ 用无水硫酸钠干燥三天。

④ 为防止自聚，精制好的单体要在高纯氮的保护下密封后放入冰箱中保存待用。

减压蒸馏装置如图 6-1 所示。

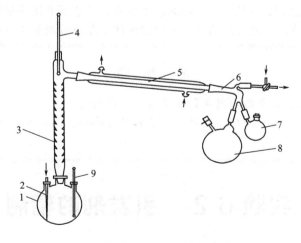

图 6-1 减压蒸馏装置

1—蒸馏瓶；2—毛细管；3—刺形分馏柱；4—温度计；5—直形冷凝管；
6—分馏头；7—前馏分接收瓶；8—接收瓶；9—温度计

四、数据记录及处理

甲基丙烯酸甲酯粗品的体积/mL	精制后甲基丙烯酸甲酯的体积/mL	产率

五、萃取操作及注意事项

1. 准备

选择较萃取剂和被萃取溶液总体积大一倍以上的分液漏斗，检查分液漏斗的盖子和旋塞是否严密。检查分液漏斗是否泄漏的方法是先加入一定量的水，振荡，看是否泄漏。

注意：①不可使用有泄漏的分液漏斗，以保证操作安全；②盖子不能涂油。

2. 加料

将被萃取溶液和萃取剂分别由分液漏斗的上口倒入，盖好盖子。萃取剂的选择要根据被萃取物质在此溶剂中的溶解度而定，同时要易于和溶质分离开，最好用低沸点溶剂。

3. 振荡

振荡分液漏斗，使两相液层充分接触。振荡操作一般是把分液漏斗倾斜，使漏斗的上口略朝下。注意：振荡时用力要大，同时要绝对防止液体泄漏。

4. 放气

振荡后，让分液漏斗仍保持倾斜状态，旋开旋塞，放出蒸气或产生的气体，使内外压力平衡。注意：放气时分液漏斗的上口要倾斜朝下，而下口处不要有液体。

5. 静置

将分液漏斗放在铁环中，静置使液体分为清晰的两层。静置的目的是使不稳定的乳浊液分层。一般情况需静置10min左右，较难分层者需更长时间静置。

6. 放液

当漏斗内液体明显分层后，打开旋塞，使下层液体慢慢流入接收器里。下层液体流完后，关闭旋塞。上层液体从漏斗上口倒入另一个接收器里。

注意：分液漏斗不能加热；漏斗用后要洗涤干净，长时间不用的分液漏斗要把旋塞处擦拭干净，塞芯与塞槽之间放一纸条，以防磨砂处粘连；注意不能用手拿住分液漏斗进行分离液体；上口玻璃塞打开后才能开启活塞；上层的液体不要由分液漏斗下口放出。

思 考 题

1. 单体甲基丙烯酸甲酯为何在聚合前需要进行精制？

2. 单体甲基丙烯酸甲酯中的阻聚剂一般是何种物质？其作用是什么？如何在聚合前除去？

实验 6-2 引发剂的精制

一、偶氮二异丁腈的精制

偶氮二异丁腈（AIBN）是一种广泛应用的引发剂，为白色结晶，熔点为102～104℃，有毒，溶于乙醇、乙醚、甲苯和苯胺等，易燃。

偶氮二异丁腈是一种有机化合物，可采用常规的重结晶方法进行精制。

（一）实验目的

1. 掌握重结晶法提纯物质的方法。
2. 理解引发剂精制的原理。
3. 学会重结晶操作。

（二）仪器和药品

仪器：锥形瓶；恒温水浴；温度计；布氏漏斗；表面皿；真空干燥箱；棕色瓶。

药品：偶氮二异丁腈；乙醇。

（三）实验步骤

① 在 500mL 锥形瓶中加入 35mL 95％的乙醇，然后在 80℃水浴中加热至乙醇将近沸腾。迅速加入 2g 偶氮二异丁腈，摇荡使其溶解。

② 溶液趁热抽滤，滤液冷却后，即产生白色结晶。若冷却至室温仍无结晶产生，可将锥形瓶置于冰水浴中冷却片刻，即会产生结晶。

③ 结晶出现后静置 30min，用布氏漏斗抽滤。滤饼摊开于表面皿中，自然干燥至少 24h，然后置于真空干燥箱中常温干燥 24h。称量，计算产率。

④ 精制后的偶氮二异丁腈置于棕色瓶中低温保存备用。

（四）数据记录及处理

偶氮二异丁腈粗品的质量/g	精制后偶氮二异丁腈的质量/g	产率

思 考 题

1. 偶氮二异丁腈常作为何种聚合反应的引发剂？其常规分解温度是多少？分解反应式如何表达？

2. 精制后的偶氮二异丁腈为何要储存在棕色瓶中？

二、过氧化二苯甲酰的精制

过氧化二苯甲酰为白色晶体，溶于苯、氯仿、乙醚，微溶于乙醇及水，易燃烧，受撞击、摩擦时会爆炸，用作聚氯乙烯、不饱和聚酯类、聚丙烯酸酯等的单体聚合引发剂，也可作聚乙烯的交联剂，还可作橡胶硫化剂。过氧化二苯甲酰是一种有机化合物，可采用常规的重结晶方法进行精制。

（一）实验目的

1. 掌握重结晶法提纯物质的方法。
2. 理解引发剂精制的原理。
3. 学会重结晶操作。

（二）仪器和药品

仪器：锥形瓶；恒温水浴；温度计；布氏漏斗。

药品：过氧化二苯甲酰；氯仿；甲醇。

（三）实验步骤

① 在 100mL 烧杯中加入 5g BPO 和 20mL 氯仿，不断搅拌使之溶解、过滤。

② 将滤液直接滴入 50mL 甲醇中，则有白色针状结晶生成。

③ 将白色针状结晶过滤，用冰冷的甲醇洗净三次，抽干。

④ 重结晶两次后，将沉淀在真空干燥器中干燥。

⑤ 精制后的 BPO 放于棕色瓶中，保存于干燥器中。

（四）数据记录及处理

过氧化二苯甲酰粗品的质量/g	精制后过氧化二苯甲酰的质量/g	产率

思 考 题

1. 过氧化二苯甲酰常作为何种聚合反应的引发剂？其常规分解温度是多少？分解反应式如何表达？

2. 精制后的过氧化二苯甲酰为何要储存在棕色瓶中？

实验 6-3　甲基丙烯酸甲酯本体聚合——有机玻璃的制造

一、实验目的

1. 了解本体聚合的特点。

2. 掌握本体聚合的实施方法。

3. 通过实验得到合格的有机玻璃棒材和板材。

二、实验原理

本体聚合是不加其他介质，只有单体本身在引发剂或光、热等作用下进行的聚合，又称块状聚合。本体聚合的产物纯度高、工序及后处理简单，但随着聚合的进行，转化率提高，体系黏度增大，聚合热难以散发，系统的散热是关键。同时由于黏度增大，长链自由基末端被包埋，扩散困难使自由基双基终止速率大大降低，致使聚合速率急剧增加而出现所谓自动加速现象或凝胶效应。这些效应轻则造成体系局部过热，使聚合物分子量分布变宽，从而影响产品的力学性能；重则体系温度失控，引起爆聚。为克服这一缺点，现一般采用两段聚合：第一阶段保持较低转化率，这一阶段体系黏度较小，散热尚无困难，可在较大的反应器中进行；第二阶段转化率和黏度较大，可进行薄层聚合或在特殊设计的反应器内聚合。

有机玻璃板就是甲基丙烯酸甲酯（MMA）通过本体聚合方法制成的。聚甲基丙烯酸甲酯（PMMA）由于有庞大的侧基存在，为无定形固体，具有高度透明性，密度小，有一定的耐冲击强度与良好的低温性能，是航空工业与光学仪器制造工业的重要原料。

MMA 是含不饱和双键、结构不对称的分子，易发生聚合反应，其聚合热为 $56.5kJ \cdot mol^{-1}$。

MMA 在本体聚合中的突出特点是有"凝胶效应"，即在聚合过程中，当转化率达 10％～20％时，聚合速率突然加快。物料的黏度骤然增大，以致发生局部过热现象。其原因是随着聚合反应的进行，物料的黏度增大，活性增长链移动困难，致使其相互碰撞而产生的链终止反应速率常数下降；相反，单体分子扩散作用不受影响，因此活性链与单体分子结合进行链增长的速率不变，总的结果是聚合总速率增加，以致发生爆发性聚合。由于本体聚合没有稀释剂存在，聚合热的排散比较困难，"凝胶效应"放出大量反应热，使产品含有气泡影响其光学性能。因此在生产中要通过严格控制聚合温度来控制聚合反应速率，以保证有机玻璃产品的质量。

　　本实验采用分段聚合方式，先在聚合釜内进行预聚合，后将聚合物浇注到制品型模内，再开始缓慢后聚合成型。预聚合的优点：一是缩短聚合反应的诱导期并使"凝胶效应"提前到来，以便在灌模前移出较多的聚合热，以利于保证产品质量；二是可以减少聚合时的体积收缩，因 MMA 由单体变成聚合体体积要缩小 20％～22％，通过预聚合可使收缩率小于12％；三是浆液黏度大，可减少灌模的渗透损失。

三、仪器和药品

仪器：

锥形瓶	250mL	1 只
烧杯	500mL	1 只
电炉	1kW	1 只
变压器	1kV	1 只
温度计	100℃	1 支
量筒	50mL、25mL	各 1 只
试管	10mm×70mm	1 支
烧杯	300mL	1 只
制模玻璃	100mm×100mm	2 块
橡胶条	3mm×15mm×80mm	3 根

玻璃纸；描图纸；胶水；试管夹；玻璃棒。

药品：

甲基丙烯酸甲酯（MMA）	新鲜蒸馏	30mL
偶氮二异丁腈（AIBN）	重结晶	0.05g
邻苯二甲酸二丁酯（DBP）	分析纯（CP）	2mL

四、实验步骤

一般分为下列几个主要步骤：①制模；②预聚制浆；③聚合；④脱模。

1. 制模

将一定规格的两块普通玻璃板洗净烘干。用透明玻璃纸将橡胶条包好，使之不外露。将包好的橡胶条放在两块玻璃板之间的三边，用沾有胶水的描图纸把玻璃板三边封严，留出一边作灌浆用。制好的模放入烘箱内，于 50℃烘干。

2. 预聚制浆

在洗净烘干的锥形瓶中，加入 30mL MMA、0.05g AIBN 及 2mL DBP，DBP 完全溶解后，将锥形瓶放入水浴中，逐步加热至 90～92℃，保温（注意：聚合过程中，需不断用玻璃棒搅拌，使之均匀散热并感知浆液的黏度），当浆液黏度如甘油时，立即取出锥形瓶，在盛冷水的烧杯中冷却至 40℃左右，立即将预聚浆液注入模中，另取一张描图纸封住模子的最后一边。

3. 聚合

将注有浆液的模子放入 50℃烘箱内低温聚合，当成柔软透明固体时，升温至 100℃下继续聚合 2h，使之反应完全，然后再冷却至室温。

4. 脱模

取出模子，将其放入水中浸泡少顷，撑开玻璃板，即得有机玻璃平板。

五、数据记录及处理

内容	现象
制品形状尺寸(长、宽、高)	
有无气泡褶皱	
其他说明(颜色、透明等)	

思 考 题

1. 本体聚合的特点是什么？为什么要预聚？

2. 经聚合后的浆液为何要在低温下聚合，然后再升温？试用自由基聚合机理解释。

3. 在制造有机玻璃平板时，加入少量 DBP，DBP 起什么作用？

4. 制品中的"气泡"和"皱褶"是如何产生的，如何防止？

实验 6-4　聚甲基丙烯酸甲酯的性能测试

一、实验目的

1. 了解透射率的概念。
2. 测定制品的透射率。

二、实验原理

当光线入射到玻璃时，表现有反射、吸收和透射三种性质。光线透过玻璃的性质，称为"透射"，以透射率表示。光线被玻璃阻挡，按一定角度反射出来，称为"反射"，以反射率表示。光线通过玻璃后，一部分光能量被损失，称为"吸收"，以吸收率表示。玻璃的反射率＋吸收率＋透光率＝100%。普通采光玻璃的透射率平均来说略高于 80%。

WGT-S 透射率/雾度测度仪是根据 GB 2410—2008《透明塑料透光率和雾度的测定》及美国材料实验协会标准 ASTM D1003-61（1997）"Standard Test Method for Haze and Luminous Transmittance of Transparent Plastics"设计的微机化全自动测量仪器，适用于一切透明、半透明平行平面样品（塑料板材、片材、塑料薄膜、平板玻璃）的透射率、透射雾度、反射率的测试，也适于液体样品（水、饮料、药剂、着色液、油脂）浊度的测量，在国防科研及工农业生产中具有广泛的应用领域。

三、仪器和药品

有机玻璃样品；WGT-S 透光率/雾度测度仪。

四、实验步骤

1. 准备工作

① 将仪器电源插头插入插座（三眼），注意应确保接地线有效。然后将仪器的三只保护盖旋下。

② 测小样及液体样品时，须先将样品架于接收器左侧（拧上二只螺钉即可）。

2. 校正

① 开启电源进行预热，两窗口显示两位小数，准备指示灯（ready）指示红光，不久"ready"灯指示绿光，左边读数窗出现"P"，右边出现"H"，并发出呼叫声。

② 此时在空白样品的情况下按测试开关，仪器将显示"P100.00""H0.00"，如不显示"P100.0""H0.00"即 $P<100$、$H>0.00$，说明光源预热不够，可重关电源后再开机，重复 1～2 次，在"P100"、"H0.00"下仪器预热稳定数分钟。

③ 按"TEST"开关，微机采集仪器自身数据后，再度出现"P""H"并呼叫，即可进行测量。

3. 测定

① 装上样品，按测试钮，指示灯转为红光，不久就在指示屏上显示出透射率数值及雾度数值，前者显示单位为 0.1%，后者为 0.01%。此时，指示灯转为绿光，需要进行复测时，可不拿下样品，重按测试钮可得到多次测数，然后取其算术平均值作测量结果，以提高测量准确度。

② 更换样品批号时，应先按测试钮测空白值，指示灯转红光，然后仪器将显示"P100"及"H0.00"结果，指示灯显示绿色。一般每测完一组样品应测空白值一次，注意测空白值后，应再按测试钮，等到准备灯显示绿光、仪器发出呼叫后，再测下一组样品。

五、数据记录及处理

同一试样测三次，取算数平均值。

项目 \ 次数	第一次	第二次	第三次	平均值
透射率（P）				
雾度（H）				

实验 6-5　聚苯乙烯的合成
（苯乙烯的本体聚合实验）

一、实验目的

1. 掌握高分子化学合成实验的基本技能。
2. 了解本体聚合的特点。
3. 了解自由基聚合的机理特点。
4. 了解苯乙烯的性质及聚苯乙烯的性质用途。
5. 掌握本体聚合的实施方法。

二、实验原理

苯乙烯聚合反应式：

$$n\,CH_2=CH \longrightarrow \left[CH_2-CH \right]_n$$

聚苯乙烯是广泛应用的聚合物材料，一般由单体苯乙烯通过自由基聚合生产。自由基聚合的实施方法有本体聚合、溶液聚合、悬浮聚合和乳液聚合。

本次实验采用本体聚合，所谓本体聚合是不加其他介质，只有单体本身在引发剂或光、热等作用下进行的聚合，又称块状聚合。为防止产生爆聚现象，常采用两段聚合：第一阶段保持较低转化率，这一阶段体系黏度较低，散热尚无困难，可在较大的反应器中进行；第二阶段转化率和黏度较大，可进行薄层聚合或在特殊设计的反应器内聚合。

三、仪器和药品

仪器：

仪器名称	规格	数量	仪器名称	规格	数量
锥形瓶	100mL	1 只	试管夹		2 支
试管	25mL	2 支	铁架台		1 支
调压电炉	1kW	1 只	电子天平		1 台
水浴锅	1000mL	1 只	保鲜膜		1 卷
温度计	100℃	1 支	量筒	25mL	1 支

药品：苯乙烯；AIBN。

四、实验步骤

1. 预聚

取 20mL 苯乙烯单体放入干净的 100mL 干燥锥形瓶中，加入 0.2g 引发剂 AIBN，搅拌均匀后，将锥形瓶密闭。在 80℃ 水浴加热锥形瓶，进行预聚合，并间歇振荡锥形瓶，观察体系的黏度。当瓶内预聚物黏度与甘油黏度相近时，立即停止加热并用冷水使预聚物冷至室温，以终止聚合反应（本次过程大约 40min）。

2. 灌模

将上面所得的预聚物灌入小试管中，灌模时要小心，不使预聚物溢至试管外，且不要全灌满，稍留一段空间，以免预聚物受热膨胀而溢出试管外。用保鲜膜将试管口封住，使预聚物与空气隔绝。

3. 聚合

模口朝上，将上述封好口的试管放入 100℃ 烘箱中，继续使单体聚合 2h。关掉烘箱热源，使聚合物在烘箱中随着烘箱一起逐渐冷却至室温。

4. 脱模

将模具缓慢冷却到 50～60℃，脱模，得到聚苯乙烯型材。

五、注意事项

1. 预聚时不要一直摇动锥形瓶，而应间歇振荡，以减少氧气在单体中的溶解。
2. 苯乙烯有毒，实验操作中应注意安全。
3. 体系黏度控制是实验成功的关键，应注意温度控制。

实验 6-6　苯乙烯悬浮聚合

一、实验目的

1. 学习悬浮聚合的实验方法，了解悬浮聚合的配方及各组分的作用。
2. 了解控制粒径的成珠条件及不同类型悬浮剂的分散机理、搅拌速率，搅拌器形状对悬浮聚合物粒径等的影响，并观察单体在聚合过程中的演变。

二、实验原理

悬浮聚合是由烯类单体制备高聚物的重要方法之一。悬浮聚合的特点：由于水为分散介质，聚合热可以迅速排除，因而反应温度容易控制；生产工艺简单；制成的成品呈均匀的颗粒状，故又称为珠状聚合；产品不经造粒即可直接成型加工。

悬浮聚合是将单体以微珠形式分散于介质中进行的聚合。从动力学的观点看，悬浮聚合与本体聚合完全一样，每一个微珠相当于一个小的本体。悬浮聚合克服了本体聚合中散热困难的问题，但因珠粒表面附有分散剂，使纯度降低。当微珠聚合到一定程度，珠子内粒度迅速增大，珠与珠之间很容易碰撞黏结，不易成珠子，甚至黏成一团，为此必须加入适量分散剂，选择适当的搅拌器与搅拌速率。由于分散剂的作用机理不同，在选择分散剂的种类和确定分散剂用量时，要随聚合物种类和颗粒要求而定，如颗粒大小、形状、树脂的透明性和成膜性能等，同时也要注意合适的搅拌强度和转速，水与单体比等。

苯乙烯（St）通过聚合反应生成聚合物，反应式如下：

$$\text{C}_6\text{H}_5-\text{CH}=\text{CH}_2 \longrightarrow \left[\text{C}_6\text{H}_5-\text{CH}-\text{CH}_2 \right]_n$$

本实验要求聚合物体具有一定的粒度。粒度的大小通过调节悬浮聚合的条件来实现。

三、仪器和药品

仪器：电动搅拌器；温度计；三颈瓶；直形冷凝管；恒温水浴锅；布氏漏斗；抽滤瓶；真空泵。

药品：苯乙烯；聚乙烯烯醇；BPO。

四、实验步骤

按图 6-2 安装好实验装置，为保证搅拌速率均匀，整套装置安装要规范。尤其是搅拌器安装后，用手转动，应阻力小转动轻松自如。

用电子天平准确称取 0.3g BPO 放于 100mL 锥形瓶中。再用量筒按配方量取苯乙烯，加入锥形瓶中。轻轻振动，待 BPO 完全溶解于苯乙烯后将溶液加入三颈瓶中。再加入 20mL 1.5%的聚乙烯醇溶液。最后用 130mL 去离子水分别冲洗锥形瓶和量筒，洗液加入三颈瓶中。

通冷凝水，启动搅拌器并控制在一恒定转速，在 20～30min 内将温度升至 85～90℃，开始聚合反应。在整个过程中除了要控制好反应温度外，关键是要控制好搅拌速率。尤其是反应一个多小时以后，体系中分散的颗粒变得发黏（为什么），这时搅拌速率如果忽快忽慢或者停止都会导致颗粒粘在一起，或粘在搅拌器中结块，致使反应失败。所以反应中一定要控制好搅拌速率。可在反应后期将温度升至反应温度上限，以加快反应，提高转化率。

反应1.5～2h后，可用吸量管吸取少量颗粒置于表面皿中进行观察，如颗粒变硬发脆，可结束反应。停止加热，撤出加热器，一边搅拌以便用冷水将聚合体系冷却至室温（为什么）。停止搅拌，取下三颈瓶。产品用布氏漏斗滤干，并用热水洗数次（为什么）。最后插屏在鼓风干燥箱烘干（50℃），称重并计算产率。

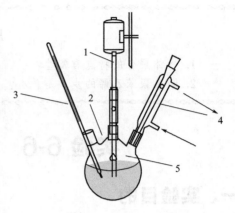

图 6-2　聚合装置图
1—搅拌器；2—聚四氟乙烯密封塞；
3—温度计；4—冷凝管；5—三颈瓶

五、注意事项

1. 反应时搅拌要快，均匀，使单体能形成良好的珠状液滴。

2. (80±1)℃保温阶段是实验成败的关键阶段，此时聚合热逐渐放出，油滴开始变黏易发生粘连，需密切注意温度和转速的变化。

3. 如果聚合过程中发生停电或聚合物粘在搅拌棒上等异常现象，应及时降温终止反应并倾出反应物，以免造成仪器报废。

思　考　题

1. 结合悬浮聚合的理论，说明配方中各种组分的作用。如改为苯乙烯的本体聚合或乳液聚合，此配方需做哪些改动，为什么？

2. 分散剂作用原理是什么？如何确定用量，改变用量会产生什么影响？如不用聚乙烯醇可用什么别的代替？

3. 悬浮聚合对单体有何要求？聚合前单体应如何处理？

4. 根据实验体会，结合聚合反应机理，在悬浮聚合的操作中，应特别注意哪些问题？

实验 6-7　苯乙烯乳液聚合

一、实验目的

1. 了解乳液聚合的基本原理和特点。
2. 掌握乳液聚合的实验技术。

二、实验原理

乳液聚合是指非水溶性或低水溶性单体借助搅拌作用以乳状液形式分散在溶解有乳化剂

的水中进行的聚合反应。

乳液聚合主要发生在胶束和乳胶粒子内，乳胶粒子通过胶束成核和均相成核两种途径生成。高水溶性单体和低乳化剂浓度，有利于均相成核；水溶性小的单体如苯乙烯，主要是胶束成核。乳液聚合分为三个阶段。

① 成核期：从聚合开始到胶束全部消失，随着胶乳粒子数目的增加，聚合反应速率递增。

② 粒子成长期：从胶束消失开始到单体液滴消失为止。该阶段乳胶粒数目保持恒定，单体液滴不断向乳胶粒提供单体以维持其单体浓度的恒定，聚合速率基本保持恒定。

③ 减速阶段：从单体液滴消失开始到聚合结束。反应完成后，最终获得的聚合物粒子为球形，其粒径一般为 50～1000nm。乳液聚合的速率和分子量与乳胶粒子数目成正比，因此提高乳化剂的用量，会同时增加乳液聚合速率和聚合物的分子量。

乳液聚合的优点是：①以水作介质，价廉安全。乳液聚合中，聚合的分子量可以提高，但体系的黏度却可以很低，故有利于传热、搅拌和管道输送，便于连续操作。②聚合速率大，聚合物分子量高，利用氧化还原引发剂可以在较低温度下进行聚合。③直接利用乳液的场合更有利于乳液聚合。

乳液聚合的缺点：①需要固体聚合物时，乳液需要经凝聚、过滤、洗涤、干燥等工序，生产成本较悬浮聚合高。②产品中的乳化剂难以除净，影响聚合物性能。乳液聚合在工业上得到了广泛应用，例如丁苯橡胶和丁腈橡胶、聚丙烯酸酯类涂料和黏合剂、聚醋酸乙烯酯胶乳等都是用乳液聚合方法生产的。

本实验以十二烷基磺酸钠作为乳化剂，以过硫酸钾-焦硫酸钠组成氧化还原引发体系，进行苯乙烯乳液聚合，反应可以在较低温度下进行。

三、仪器和药品

仪器：机械搅拌器；回流冷凝管；温度计；三颈瓶；通氮系统；氮气瓶；表面皿；抽滤装置。

药品：苯乙烯；十二烷基磺酸钠；过硫酸钾；焦硫酸钠；氯化钠；乙醇。

四、实验步骤

按图 6-3 安装好实验装置。向装有机械搅拌器、回流冷凝管、温度计的三颈瓶中加入 1g 十二烷基磺酸钠和 80mL 蒸馏水，搅拌使乳化剂混合均匀，通氮 15min 后加入 20mL 苯乙烯，适当提高搅拌速率使单体乳化。将 0.13g 过硫酸钾和 0.065g 焦硫酸钠分别用 10mL 蒸馏水溶解，待反应混合液升温至50℃时，在搅拌下将引发剂两组分溶液加入。维持温度为 50℃，反应 3h，此时单体残留气味基本消失，停止聚合。取 2g 乳液（准确称重，W_0）置于

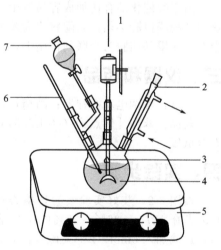

图 6-3　乳液聚合装置图
1—搅拌电动机；2—回流冷凝管；3—搅拌器；4—三颈瓶；5—电加热套；6—温度计；7—滴液漏斗

表面皿中，放入100℃烘箱中烘至恒重（约 4h），称重（W），由此可以得到乳液的固体含量（W/W_0），进而求得单体的转化率。

向剩余乳液中加入 10g 氯化钠，加热并搅拌，待乳液凝聚后抽滤，并用蒸馏水洗涤，直至滤液中无氯离子。固体用少量乙醇浸泡 15min，过滤，于 50℃真空干燥至恒重，计算收率。

思 考 题

1. 乳液聚合的特点有哪些?
2. 如何由固体含量计算单体的转化率? 在测定固体含量过程中应该注意什么?

实验 6-8　酚醛树脂的制备

一、实验目的

1. 掌握制备热塑型酚醛树脂的合成方法。
2. 分析逐步聚合的含义,进一步明确缩聚反应的特性与机理。

二、实验原理

以苯酚与甲醛为原料,经逐步聚合而得到的树脂称为酚醛树脂。酚醛树脂加上一些填料、助剂,最终制得产品是体型网状结构的产物,又称为热固性酚醛树脂,但在形成体型网状结构之前的树脂应是线型的,称为热塑性酚醛树脂。热塑性酚醛树脂是一种分子量不太高,本身再加热不能直接形成交联结构的树脂,成型时加入交联剂;还有一种是以线型、交联型共混存在的,分子量不太高,经再加热能进一步形成交联结构的树脂,两者因酚醛配料摩尔比不同,酸碱催化不同而异。

由于酸催化缩合比加成容易发生,碱催化加成比缩合容易,所以酸催化下要想得到线型热塑性酚醛树脂必须控制配料比为苯酚∶甲醛＝1∶(0.86～0.9)。所得的线型热塑性酚醛树脂在六亚甲基四胺为交联剂作用下,经加热反应成为体型结构。

三、仪器和药品

仪器:可调电动搅拌器;酒精灯;表面皿;小烧杯;量筒;三颈瓶;铁板。

药品:苯酚[熔点为(40±0.5)℃];甲醛(36%～38%水溶液);盐酸(6mol·L^{-1});石蕊试纸。

四、实验步骤

按图 6-2,装好实验装置,检查运转正常,水浴加水,加热,定温为(60±2)℃,将40g苯酚,27mL 36%～38%的甲醛溶液从三颈瓶的温度计口倒入,启动搅拌,运转稳定后,逐滴加入6mol·L^{-1}盐酸9滴,插好温度计,反应温度保持在(60±2)℃。

当反应到浑浊,聚合物明显分相时,再继续反应30min,然后停止搅拌,将反应物倒入表面皿中,在酒精灯上加热,脱除水分直至聚合物光亮清透,停止加热,将树脂倒在光洁的铁板上冷却,称量。

思 考 题

1. 写出热塑性酚醛树脂的结构式。
2. 写出热塑性酚醛树脂加交联剂苯的方式。
3. 结合实验过程中观察到的情况,分析逐步聚合的特点。

第7章

高聚物材料分析技术

【知识目标】

1. 掌握滴定分析、仪器分析基本概念、基本知识和基本计算。
2. 掌握定量分析中仪器基本操作方法，对天平操作、滴定分析仪器操作应比较熟练。
3. 能独立完成样品的测试，能准确记录实验现象和数据，并能正确分析处理实验数据，并写出实验报告。
4. 培养学生严格、认真、实事求是的科学态度和细致、整洁的良好实验习惯。

【技能目标】

1. 掌握分析天平的称量操作。
2. 掌握酸式滴定管、碱式滴定管、容量瓶、吸量管的正确使用方法。
3. 掌握标准滴定溶液的制备和标定。
4. 掌握721或722分光光度计和气相色谱仪的正确使用和操作。
5. 掌握卡尔费休水分测定仪的使用和操作。

7.1 概　述

7.1.1 定量分析的过程和方法

定量分析的任务是测定物质中各组分的含量。要完成一项定量分析工作，通常包括采样、制样、试样的分解、消除干扰、分析测定和数据处理及分析结果的表示等步骤。关于分析测定和数据处理及分析结果的表示等内容将在后面章节讲解。下面仅就样品的采集与制备、试样的分解、消除干扰、分析方法的选择做简单介绍。

7.1.1.1 定量分析的过程

（1）样品的采集与制备

样品的采集简称采样，是为了进行检验而从大量物料中抽取的一定量具有代表性的样品。在实际工作中，必须正确地采取具有足够代表性的"平均试样"，并将其制备成分析试样。否则测定结果再准确，也是毫无意义的。

① 采样的原则　一般情况下，经常使用随机采样和计数采样的方法。对不同的分析对象，从各组分在试样中的分布情况看，有分布得比较均匀和分布得不均匀两种。因此采样及制备样品的具体步骤应根据分析的要求、试样的性质、均匀程度、数量多少等来决定。这些

步骤和细节在有关产品的国家标准和部颁标准中都有详细规定。

② 样品的制备 从较大数量的原始样品制成试验样品（简称试样）的过程，叫作样品的制备。试样应符合检验试验要求，并在数量上满足检验和备查的需要。样品制备过程中，不得改变样品的组成，不得使样品受到污染和损失。

样品制备一般应包括粉碎、混合、缩分3个步骤。应根据具体情况，一次或多次重复操作，直至得到符合要求的试样。

（2）样品的分解

在一般分析工作中，除了少量使用干法分析外，通常都用湿法分析，即先将样品分解，使被测组分定量地转入溶液中，然后进行分析测定。

无机试样的分解方法如下。

① 溶解法 溶解法是将试样溶解于水、酸、碱或其他溶剂中。其操作简单、快速，应尽量先采用。

② 熔融法 熔融法是利用酸性或碱性熔剂与试样混合，在高温下进行反应，将试样中的被测组分转化成易溶于水或酸的化合物。

③ 烧结法 烧结法又称半熔法，是在低于熔点的温度下，让试样与固体试剂发生反应。

有机试样的分解方法如下。

① 干法灰化法 是以大气中的氧作氧化剂，在高温下将有机物燃烧掉，留下无机残留物，以供分析。典型的分解方式有：氧瓶燃烧法、定温灰化法。

② 湿法消化法 常用硝酸、硫酸或混合酸分解试样。试样在凯氏烧瓶中加热时，试样中的有机物分解完全，金属元素转化成硝酸盐或硫酸盐，非金属元素转化成相应的阴离子。此法适用于测定有机物中的金属、硫、卤素等元素。

（3）干扰的消除

复杂物质中常含有多种组分，在测定其中某一组分时，共存的其他组分可能对测定产生干扰，故应设法消除其干扰。

（4）测定方法的选择

根据被测组分的性质、含量和对分析结果准确度的要求，再根据实验室的具体情况，选择合适的化学分析或仪器分析方法进行测定。

一般对高含量组分的测定来说，分析方法要求有较高的准确度，对灵敏度要求较低，通常可选择化学分析法；对低含量的组分来说，要求有较高的灵敏度，对准确度要求不高，允许有较大的相对误差，常选择仪器分析法。

7.1.1.2 定量分析的方法

定量分析的方法一般分为两大类，即化学分析法和仪器分析法。

（1）化学分析法

以化学反应为基础的分析方法称为化学分析法，它包括重量分析法和滴定分析法。

通过化学反应使试样中的待测组分转化为另一种纯粹的、固定的化学组成的化合物，再称量该化合物的重量，求得待测组分的含量的方法，称为重量分析法。

将已知准确浓度的试剂溶液，滴加到待测物质溶液中，使其与待测组分发生反应，根据试剂的浓度和加入的准确体积，计算出待测组分的含量，这样的分析方法称为滴定分析法。

化学分析法通常用于待测组分的质量分数在1%以上的分析中。其中重量分析的准确度较高，但分析操作速度较慢，耗时较多，目前应用较少。滴定分析操作简便，省时快速，测定结果准确度较高（相对误差在0.2%左右），是原材料、成品、生产过程中产品质量监控和科学实验上常用的检测手段之一。

（2）仪器分析法

借助光电仪器通过测量试样溶液的光学性质、电学性质等物理或物理化学性质来求出待测组分含量的方法，称为仪器分析法。其分析灵敏度高，操作简便快速，适用于低含量组分的测定。由于仪器分析中关于试样的处理、方法准确度的校准等往往用到化学分析的操作技术，故化学分析法是仪器分析方法的基础。在实际分析测定中，两者应互为补充。

7.1.2　定量分析结果的表示

定量分析的任务是测定试样组分的含量。根据试样的质量、测量所得数据和分析过程中有关反应的计量关系，计算试样中有关组分的含量。

（1）以被测组分的化学形式表示

分析结果常以被测组分实际存在形式的含量表示。例如测得试样中氮的含量后，根据实际情况，以 NH_3、NO_3^-、N_2O_5、NO_2^- 或 N_2O_3 等形式的含量表示分析结果；而电解质溶液的分析结果常以所存在离子的含量表示。

如被测组分的实际存在形式不清楚，则分析结果常以氧化物或元素形式的含量表示。例如矿石分析中，各种元素的含量常以氧化物形式表示，如 CaO、Fe_2O_3 等。在金属材料和有机物质分析中，常以元素形式（如 Fe、Cu 和 C、S、H、O 等）的含量表示分析结果。

（2）以被测组分的含量表示

① 固体试样　固体试样中被测组分 B 的含量通常以质量分数（w_B）表示，常用百分数表示，其计算式为：

$$w_B = \frac{被测组分质量}{试样质量}$$

② 液体试样　液体试样中被测组分含量有下列几种表示方法：

a. 被测组分 B 的质量分数（w_B）表示被测组分 B 的质量 m_B 与试样溶液的质量 m 之比：

$$w_B = \frac{被测组分 B 的质量}{试样溶液的质量}$$

例如，$w_{NaCl} = 10\%$，即表示 100g NaCl 溶液中含 10g NaCl。

b. 被测组分 B 的体积分数（φ_B）表示被测组分 B 的体积与试样溶液的体积之比：

$$\varphi_B = \frac{被测组分 B 的体积}{试样溶液的体积}$$

例如，$\varphi_{HCl} = 5\%$，即表示 100mL HCl 溶液中含 HCl 5mL。

c. 被测组分的质量浓度（ρ_B）表示被测组分 B 的质量 m_B 与试样溶液的体积 V 之比：

$$\rho_B = \frac{被测组分 B 的质量}{试样溶液的体积}$$

例如，$\rho_{NaCl} = 50g \cdot L^{-1}$，即表示 1L NaCl 溶液中含 NaCl 50g。

（3）定量分析结果计算的注意事项

用不同的分析方法测定组分的含量，由于原理不同，分析结果的计算过程将有所区别，具体计算方法详见有关章节。定量分析结果计算应注意如下事项。

① 一定要清楚测定的原理，正确写出有关化学反应方程式并配平，找出各物质之间的正确的化学计量关系。

② 注意所取试样的量和测定用量之间的关系，即稀释倍数。

③ 注意计算过程中单位的换算。

④ 根据对分析结果准确度的要求，计算时应对测量数据按照有效数字的计算规则进行

修约，分析结果保留规定位数的有效数字。

7.1.3　定量分析的误差问题

在实际测量中，由于受到分析方法、测量仪器、采用试剂和分析人员主观条件等多方面的影响，使测得结果与真实值之间存在一定的差别，这种差别叫误差。误差是客观存在的，这就要求了解产生误差的原因及误差出现的规律，以便采取有效的措施尽量减少误差，并对所得的数据进行分析处理，使测定结果尽可能接近真实值。

7.1.3.1　误差的产生原因

在定量分析中，根据误差的产生原因和误差的性质，可将误差分为以下几种。

（1）系统误差

系统误差又称为可测误差。它是由某种固定的原因造成的，对分析结果的影响比较固定，在同一条件下重复测定时，它会重复出现。因此，增加测定次数，不能使系统误差减小。但是，这种误差往往可以测定出来，并能设法减少或加以校正。系统误差又分为以下几种。

① 方法误差　是由于分析方法本身所造成的误差。在滴定分析中，反应进行不完全，干扰离子影响，滴定终点与理论终点不相符，以及其他副反应的发生等，都会系统地影响测定结果。

② 仪器误差　主要是仪器本身不够准确或未经校准所引起的误差。例如天平、砝码和量器刻度不够准确等。

③ 试剂误差　由于试剂不纯和蒸馏水中含有微量杂质所引起的误差。

④ 操作误差　主要是指在正常操作情况下，由于分析工作者操作不够规范引起的误差。如滴定读数习惯偏高或偏低等原因造成的误差。

（2）随机误差

随机误差，又称偶然误差，它是由于某些偶然的因素造成的。如测定时环境的温度、湿度和气压有微小波动，仪器性能的微小变化，分析人员对各份试样处理时的微小差别等。其影响时大时小，时正时负，难以察觉和控制。但随着测量次数增多，就可发现它的统计规律性（图7-1）。

① 大小相等的正、负误差出现的概率相等。

② 小误差出现的机会多，大误差出现的机会少，特别大误差出现的机会极少。

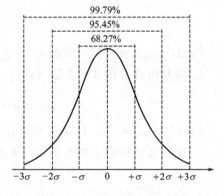

图 7-1　误差的正态分布曲线

7.1.3.2　误差的减免

（1）系统误差的减免方法

① 对照试验　用标准试样或标准方法来检验所选用的分析方法是否可靠，分析结果是否正确。

a. 用标准试样做对照试验。为消除方法误差，用所选方法对已知组分的标准试样做多次测定，若测定结果符合要求，说明所选方法是可行的。

b. 用标准方法做对照试验。此法是国标、部标或经典方法与所选用的分析方法对同试样进行测定，比较两种分析方法所得结果，如果结果符合允许误差范围，表明所选用的方法可靠。

② 空白试验　在没有待测试样的情况下，按测定条件和分析步骤所进行的测定叫空白

试验。它可以检验和消除由试剂和蒸馏水不纯或由仪器引入杂质所产生的系统误差。

③ 校准仪器　由仪器不准所产生的系统误差可用仪器校正来减免。做精密测量时，则必须校准仪器。

（2）随机误差的减免方法

在消除系统误差的前提下，平行测定次数越多，平均值越接近真实值，所以采用多次测定取平均值的方法减小随机误差。一般平行测定 3～4 次即可，对结果准确度要求较高的，可平行测定 5～6 次，最多不超过 10 次。

7.1.3.3　分析结果的准确度与精密度

（1）准确度

准确度是指通过一定分析方法所获得的分析结果与假定的真实值之间的符合程度。准确度用误差（E）来表示。E 越小，分析结果的准确度越高，说明测量值和真值越接近；反之，E 越大，分析结果的准确度越低。误差有绝对误差（E）与相对误差（E_r）之分。

如果以 x_i 表示测量值或测量的均值，μ 表示真实值，则误差表达式如下：

$$E = x_i - \mu \tag{7-1}$$

$$E_r = \frac{x_i - \mu}{\mu} \times 100\% \tag{7-2}$$

与绝对误差相比，相对误差能更确切反映测定结果的准确度，因此，分析结果的准确度常用相对误差表示。E 和 E_r 都有正负之分，正号表示偏高，负号表示偏低。

（2）精密度

在实际工作中，真实值常常是不知道的，因此无法求得分析结果的准确度。在这种情况下分析结果的好坏可用精密度来判定。精密度是指在相同条件下，对同一试样进行多次平行测定后结果接近的程度，它表现了测定结果的再现性，用偏差来表示，现介绍几种常用的表示方法：

① 绝对偏差和相对偏差　绝对偏差是指单次测定结果与平均值的差值。即：

$$d_i = x_i - \bar{x} \tag{7-3}$$

相对偏差是指绝对偏差在平均值中所占的百分率。即：

$$d_r = \frac{d_i}{\bar{x}} \times 100\% \tag{7-4}$$

② 平均偏差与相对平均偏差　平均偏差（$\bar{d}$）又称算术平均偏差，常用来表示一组测定结果的精密度，因为它考虑了全部的测量数据。具体表达式为：

$$\bar{d} = \frac{1}{n} \sum_{i=1}^{n} |x_i - \bar{x}| \tag{7-5}$$

式中，x_i 为任意一个测得值；$\bar{x}$ 为测量值的算术平均值；n 为测量次数。

考虑到测量值本身的大小不同，对测量精度的要求也不同，实际应用时常将测量平均值参与计算，用相对平均偏差表示。

$$相对平均偏差 = \frac{\bar{d}}{\bar{x}} \times 100\% \tag{7-6}$$

③ 标准偏差　用平均偏差表示精密度比较简单，但测量中如果出现一两个大偏差的数，往往因为小偏差数较多，使大偏差得不到应有的反映。考虑到大偏差数的影响较大，实际应用时也常用标准偏差表示精密度。在一般的分析工作中，只做有限次数（$n < 20$）的测定，在有限次数的测定时标准偏差称为样本标准偏差，以 s 表示，计算式为：

$$s = \sqrt{\frac{\sum\limits_{i=1}^{n}(x_i - \bar{x})^2}{n-1}} \tag{7-7}$$

同样，考虑到测量值本身大小对测量精度有不同的要求，将测量平均值参与计算，用样本相对标准偏差表示精密度。

相对标准偏差也叫变异系数，是指标准偏差在平均值中所占的百分数，用 CV 表示：

$$CV = \frac{s}{\bar{x}} \times 100\% \tag{7-8}$$

④ 公差 "公差"是生产部门对于分析结果允许误差的一种表示方法，用公差范围来表示允许误差的大小。如果分析结果超出允许的公差范围，称为"超差"，该项分析工作应重做。

（3）准确度与精密度的关系

由准确度和精密度的定义可知，二者既有差别，又有联系。精密度是保证准确度的先决条件，准确度高一定需要精密度好，但精密度高，不一定准确度也高，只有在消除了系统误差之后，精密度好，准确度才高。

思 考 题

1. 定量分析过程一般包括哪些步骤？常用的定量分析方法有哪些？

2. 下列情况分别引起什么误差？如果是系统误差，应如何消除？

(1) 砝码被腐蚀；

(2) 天平两臂不等长；

(3) 容量瓶和移液管不配套；

(4) 天平称量时最后一位读数估计不准。

3. 已知分析天平能称准至 ±0.1mg，要使试样称量误差不大于 0.1%，则至少要称取试样多少克？

7.2 电子天平的使用

电子天平是最新一代的天平，它是利用电子装置完成电磁力补偿的调节，使物体在重力场中实现力的平衡，或通过电磁力矩的调节，使物体在重力场中实现力矩的平衡。

自动调零、自动校准、自动扣皮和自动显示称量结果是电子天平最基本的功能。这里的"自动"，严格地说应该是"半自动"，因为需要经人工触动指令键后方可自动完成指定的动作。

7.2.1 基本结构及称量原理

随着现代科学技术的不断发展，电子天平产品的结构设计一直在不断改进和提高，向着功能多、平衡快、体积小、质量轻和操作简便的趋势发展。但就其基本结构和称量原理而言，各种型号的电子天平都是大同小异的。

常见电子天平的结构是机电结合式的，核心部分是由载荷接收与传递装置、测量及补偿控制装置两部分组成。常见电子天平的基本结构及称量原理示意如图 7-2 所示。

众所周知，把通电导线放在磁场中时，导线将产生电磁力，力的方向可以用左手定则来判定。当磁场强度不变时，力的大小与流过线圈的电流强度成正比。如果使重物的重力方向向下，电磁力的方向向上，并二者平衡，则通过导线的电流与被称物体的质量成正比。

秤盘通过支架与线圈相连，线圈置于磁场中，秤盘与被称物体的重力通过连杆支架作用于线圈上，方向向下。线圈内有电流通过，产生一个向上作用的电磁力，与秤盘重力方向相反，大小相等。位移传感器处于预定的中心位置，当秤盘上的物体质量发生变化时，位移传感器检出位移信号，经调节器和放大器改变线圈的电流直至线圈回到中心位置为止，通过数字显示出物体质量。

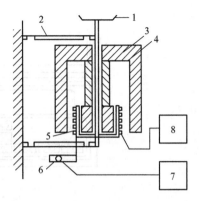

图 7-2　电子天平基本结构示意
（上皿式）
1—称量盘；2—簧片；
3—磁钢；4—磁回路体；
5—线圈及线圈架；
6—位移传感器；7—放大器；
8—电流控制电路

7.2.2　电子天平的性能特点

① 电子天平支撑点采用弹性簧片，没有机械天平的宝石或玛瑙刀，取消了升降框装置，采用数字显示方式代替指针刻度式显示，使用寿命长，性能稳定，灵敏度高，操作方便。

② 电子天平采用电磁力平衡原理，称量时全量程不用砝码，放上物体后，在几秒钟内即达到平衡，显示读数，称量速度快，精度高。

③ 有的电子天平具有称量范围和读数精度可变的功能，如瑞士梅特勒 AE 240 天平，在 0～205g 称量范围，读数精度为 0.1mg，在 0～41g 称量范围内，读数精度为 0.01mg，可以一机多用。

④ 分析天平及半微量电子天平一般具有内部校准功能。天平内部装有标准砝码，使用校准功能，标准砝码被启用，天平的微处理器将标准砝码的质量作为校准标准，以获得正确的称量数据。自动校准的基本原理是，当人工给出校准指令后，天平便自动对标准砝码进行测量，而后微处理器将标准砝码的测量值与存储的理论值（标准值）进行比较，并计算出相应的修正系数，存于计算器中，直至再次进行校准时方可能改变。

⑤ 电子天平是高智能化的，可在全量程范围内实现去皮重、累加、超载显示、故障报警等。

⑥ 电子天平具有质量电信号输出功能，这是机械天平无法做到的。它可以连接打印机、计算机，实现称量、记录和计算的自动化，同时也可以在生产科研中作为称量、检测的手段，或组成各种新仪器。

7.2.3　电子天平的使用方法

电子天平的外形及相关部件如图 7-3 所示。

一般情况下，只使用"开/关"键、"除皮/调零"键和"校准/调整"键，使用时的操作步骤如下。

① 接通电源（电插头），预热 30min 以上。

② 检查水平仪（在天平后面），如不水平，通过调节天平前边左、右两个水平支脚而使其达到水平状态。

③ 按一下"开/关"键，显示屏很快出现"0.0000g"。

④ 如果显示不正好是"0.0000g"，则要按一下"调零"键。

⑤ 将被称物轻轻放在秤盘上，这时可见显示屏上的数字在不断变化，待数字稳定并出

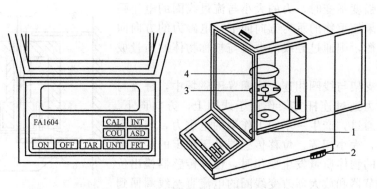

图 7-3   电子天平的外形及相关部件
1—水平仪；2—水平调节脚；3—秤盘；4—盘托

现质量单位"g"后，即可读数（最好再等几秒）并记录称量结果。

⑥ 称量完毕，取下被称物，如果不久还要继续使用天平，可暂不按"开/关"键，天平将自动保持零位，或者按一下"开/关"键（但不可拔下电源插头），让天平处于待命状态，即显示屏上数字消失，左下角出现一个"0"，再来称样时按一下"开/关"键就可使用。如果较长时间（半天以上）不再用天平，应拔下电源插头，盖上防尘罩。

⑦ 如果天平长时间没有用过，或天平移动过位置，应进行一次校准。校准要在天平通电预热 30min 以后进行，程序是：调整水平，按下"开/关"键，显示稳定后如不为零则按一下"调零"键，稳定地显示"0.0000g"后，按一下"校准"键（CAL），天平将自动进行校准，屏幕显示"CAL"，表示正在进行校准。10s 左右，"CAL"消失，表示校准完毕，应显示出"0.0000g"，如果显示不正好为零，可按一下"调零"键，然后即可进行称量。

7.2.4   电子天平的称量方法

用电子天平进行称量，快捷是其主要特点。下面介绍几种最常用的称量方法。

（1）差减法

取适量待称样品置于一洁净干燥的容器（称固体粉状样品用称量瓶，称液体样品可用小滴瓶）中，在天平上准确称量后，转移出欲称量的样品置于实验器皿中，再次准确称量，两次称量读数之差，即为所称取样品的质量。如此重复操作，可连续称取若干份样品。这种称量方法适用于一般的颗粒状、粉状及液态样品。由于称量瓶和滴瓶都有磨口瓶塞，对于称量较易吸湿、氧化、挥发的试样很有利。

称量瓶的使用方法：称量瓶（图 7-4）是差减法称量粉末状、颗粒状样品最常用的容器，用前要洗净烘干或自然晾干，称量时不可直接用手抓，而要用纸条套住瓶身中部，用手指捏紧纸条进行操作，这样可避免手汗和体温的影响。先将称量瓶放在台秤上粗称，然后将瓶盖打开放在同一秤盘上，根据所需样品量（应略多一点）向右移动游码或加砝码，用药匙缓慢加入样品至台秤平衡。盖上瓶盖，再拿到电子天平上准确称量并记录读数。取出称量瓶，在盛接样品的容器上方约 1cm 处，慢慢倾斜瓶身，使称量瓶身接近水平，瓶底略高于瓶口，以防样品冲出。打开瓶盖并用瓶盖的下面轻敲瓶口的上沿或右上边沿，使样品缓缓落入容器（图 7-5）。

估计倾出的样品已够量时，再边敲瓶口边将瓶身扶正，盖好瓶盖后方可离开容器的上方（在此过程中，称量瓶不得碰接收容器），再准确称量。如果一次倾出的样品量不到所需量，可再次倾倒样品，直到移出的样品质量满足要求（在欲称质量的 ±10% 以内为宜）后，再记录天平读数，但添加样品次数不得超过 3 次，否则应重称。在敲出样品的过程中，要保证样

图 7-4 称量瓶

图 7-5 称量瓶使用

品没有损失，边敲边观察样品的转移量，切不可在还没盖上瓶盖时就将瓶身和瓶盖都离开容器上方，因为瓶口边沿处可能粘有样品，容易损失。务必在敲回样品并盖上瓶塞后才能离开容器。

（2）增量法

将干燥的小容器（例如小烧杯）轻轻放在天平秤盘上，待显示平衡后按一下"去皮"键扣除皮重并显示零点，然后打开天平门往容器中缓缓加入试样并观察屏幕，当达到所需质量时停止加样，关上天平门，显示平衡后即可记录所称取试样的净重。采用此法进行称量，最能体现电子天平称量快捷的优越性。

（3）减量法

相对于上述增量法而言，减量法是以天平上的容器内试样量的减少值为称量结果。当用不干燥的容器（例如烧杯、锥形瓶）称取样品时，不能用上述增量法，为了节省时间，可采用减量法。用称量瓶粗称试样后放在电子天平的秤盘上，显示稳定后，按一下"去皮"键使显示为零，然后取出称量瓶向容器中敲出一定量样品，再将称量瓶放在天平上称量，如果所示质量达到要求范围，即可记录称量结果。若需连续称取第二份试样，则再按一下"去皮"键，显示零后向第二个容器中转移试样。

此种电子天平的功能较多，除上述在分析化学实验中常用的几种称量方法外，还有几种特殊的称量方法及数据处理显示方式，这里不予介绍，使用时可参阅天平说明书。

7.2.5 电子天平的使用注意事项

① 电子天平的自重较小，容易被碰移位，从而可能造成水平改变，影响称量结果的准确性。所以使用时应特别注意，动作要轻、缓，并时常检查水平是否改变。

② 要注意克服可能影响天平示值变动的各种因素，例如：空气对流、温度波动、容器不够干燥、开门及放置被称物时动作过重等。

③ 试样决不能撒落在秤盘上和天平内。

④ 称好的试样必须定量地转入接收瓶中。

⑤ 称量完毕后要仔细检查是否有试样撒落在天平箱的内外，必要时加以清除。

实验 7-1 减量法称量练习

一、实验目的

1. 熟练掌握调节电子天平的水平和零点的操作。
2. 掌握减量法称量的方法及步骤。

3. 熟练用称量瓶敲样的操作。

二、仪器和药品

仪器：电子天平；锥形瓶；称量瓶。
药品：Na_2CO_3 固体。

三、实验步骤

① 取一个装有固体 Na_2CO_3 的称量瓶，放在电子天平上显示稳定后，按"去皮"键显示为零；估计一下样品的质量，转移 0.3g 左右样品至第一个锥形瓶中，称量并记录样品质量；称取三份。
② 完成以上操作后，进行计时称量练习并考核。

四、数据记录与处理

记录项目	Ⅰ	Ⅱ	Ⅲ
称量瓶＋试样的质量(倾出样前)/g			
称量瓶＋试样的质量(倾出样后)/g			
倾出试样质量/g			

五、注意事项

1. 称量前要做好准备工作（调水平、清扫、调零点）。
2. 纸条应在称量瓶的中部，不得太靠上。
3. 夹取称量瓶时，纸条不得碰称量瓶口。
4. 敲样过程中，称量瓶口不能碰接收容器。
5. 敲样过程中，称量瓶口不能离开接收容器。
6. 读数或看零点时，要关闭天平门。

思　考　题

1. 减量法称量调节天平零点时未调至零，对称量结果是否有影响？
2. 减量法称量过程中能否重新调零点？

7.3　滴定分析仪器的使用

滴定管、移液管、吸量管、容量瓶等是化学分析实验中准确测量溶液体积的常用量器。

7.3.1　滴定管

滴定管是滴定时可准确放出滴定剂体积的玻璃量器。它的主要部分管身是用细长且内径均匀的玻璃管制成，上面刻有均匀的分度线，线宽不超过 0.3mm，下端的流液口为一尖嘴，中间通过玻璃活塞或乳胶管（配以玻璃珠）连接以控制滴定速度。滴定管分为酸式滴定管 [图 7-6(a)] 和碱式滴定管 [图 7-6(b)]；按被测组分的含量，还可分为常量滴定管、半微量滴定管和微量滴定管 [图 7-6(c)]。还有一种自动滴定管 [图 7-6(d)] 是将储液瓶与具塞滴定管通过磨口塞连接在一起的滴定装置，加液方便，自动调零点，主要适用于常规分析中的经常性滴定操作。

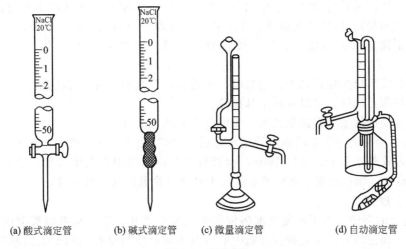

图 7-6　滴定管

滴定管的总容量最小的为 1mL，最大的为 100mL，常用的是 50mL、25mL 和 10mL 的滴定管。滴定管的容量精度分为 A 级和 B 级。通常以喷、印的方法在滴定管上制出耐久性标志如制造厂商标、标准温度（20℃）、量出式符号（Ex）、精度级别（A 或 B）和标称总容量（mL）等。

酸式滴定管用来装酸性、中性及氧化性溶液，但不适宜装碱性溶液，因为碱性溶液能腐蚀玻璃的磨口和活塞。碱式滴定管用来装碱性及无氧化性溶液，能与橡胶起反应的溶液如高锰酸钾、碘和硝酸银等溶液，都不能加入碱式滴定管中。现有活塞为聚四氟乙烯的滴定管，酸、碱及氧化性溶液均可采用。

新拿到一根滴定管，用前应先做一些初步检查，如酸式滴定管活塞是否匹配，滴定管尖嘴和上口是否完好，碱式滴定管的乳胶管孔径与玻璃珠大小是否合适，乳胶管是否有孔洞、裂纹和硬化等。初步检查合格后，进行下列准备工作。

（1）滴定管的准备

① 洗涤　一般用自来水冲洗，零刻度线以上部位可用毛刷蘸洗涤剂刷洗，零刻度线以下部位如不干净，则采用洗液洗（碱式滴定管应除去乳胶管，用橡胶乳头将滴定管下口套住）。少量的污垢可装入约 10mL 洗液，先从下端放出少许，然后用双手平托滴定管的两端，不断转动滴定管，使洗液润洗滴定管内壁，操作时管口对准洗液瓶口，以防洗液外流。洗完后将洗液从上口倒出。如果滴定管太脏，可将洗液装满整根滴定管浸泡一段时间。为防止洗液流出，在滴定管下方可放一烧杯（注意，若进行水中化学耗氧量测定时，滴定管不可用铬酸洗液洗涤）。最后用自来水、蒸馏水洗净。洗净后的滴定管内壁应被水均匀润湿而不挂水珠。如挂水珠，应重新洗涤。注意，酸式滴定管应先涂凡士林再进行洗涤。

② 涂凡士林　酸式滴定管简称酸管，为了使其玻璃活塞转动灵活，必须在塞子与塞座内壁涂少许凡士林。活塞涂凡士林可按下法进行：将滴定管平放在桌面上，取下活塞，把活塞及活塞座内壁用吸水纸擦干（擦活塞座时应使滴定管平放在桌面上），然后用手指蘸上凡士林，均匀地在活塞部分涂上薄薄的一层（注意：滴定管活塞套内壁不涂凡士林）。

涂凡士林时，不要涂得太多，以免活塞孔被堵住，也不要涂得太少，达不到转动灵活和防止漏水的目的。涂凡士林后，将活塞直接插入活塞套中（注意：滴定管不能竖起，应仍平放在桌面上，否则管中的水会流入活塞座内）。插入时活塞孔应与滴定管平行，此时活塞不要转动，这样可以避免将凡士林挤到活塞孔中，然后，向同一方向不断旋转活塞，直至凡士林全部呈透明状为止。旋转时，应有一定的向活塞小头部分方向挤压的力，以免来回移动活塞，使塞孔受堵。最后将滴定管活塞的小头朝上，用橡胶圈套在活塞的小头沟槽上（注意：不允许用橡皮筋绕），以防活塞脱落。在涂凡士林过程中要特别小心，切莫让活塞跌落在地上，造成整根滴定管的报废。涂凡士林后的滴定管，活塞应转动灵活，凡士林层中没有纹络。

若活塞孔或出口尖嘴被凡士林堵塞时，可将滴定管充满水后，将活塞打开，用洗耳球在滴定管上部挤压、鼓气，可以将凡士林排除。

注意：若使用活塞为聚四氟乙烯的滴定管不需涂凡士林。

③ 检漏　检漏的方法是将滴定管用水充满至"0"刻线附近，然后夹在滴定管夹上，用吸水纸将滴定管外壁擦干，静置 1min，检查管尖及活塞周围有无水渗出，然后将活塞转动 180°，重新检查，如有漏水，必须重新涂凡士林或更换乳胶管（玻璃珠）。

（2）滴定操作

① 滴定管的润洗　为了不使标准溶液的浓度发生变化，装入标准溶液前应先用待装溶液润洗 3 次，润洗的方法是先将试剂瓶中的溶液摇匀，使凝结在瓶内壁上的水珠混入溶液，在天气比较热或室温变化较大时，此项操作更为必要。向滴定管中加入 10～15mL 待装溶液，先从滴定管下端放出少许，然后双手平托滴定管的两端，边转动滴定管，边使溶液润洗滴定管整个内壁，最后将溶液全部从上口放出。重复 3 次。

② 标准溶液的装入　溶液应直接倒入滴定管中，不得用其他容器（如烧杯、漏斗等）来转移。装入前应先用标准溶液润洗滴定管内壁 3 次。最后将标准溶液直接倒入滴定管，直至充满至零刻度以上。

③ 滴定管嘴气泡的检查及排除　滴定管充满标准溶液后，应检查滴定管的出口下部尖嘴部分是否充满溶液，是否留有气泡。为了排除碱管中的气泡，可将碱管垂直地夹在滴定管架上，左手拇指和食指捏住玻璃珠部位，使橡胶管向上弯曲翘起，并捏挤医用胶管，使溶液从管口喷出即可排除气泡。酸管的气泡，一般较易看出，当有气泡时，右手拿滴定管上部无刻度处，并使滴定管倾斜 30°，左手迅速打开活塞，使溶液冲出管口，反复数次，一般即可达到排除酸管出口处气泡的目的。由于目前酸管制作有时不符合规格要求，因此，有时按上法仍无法排除酸管出口处的气泡，这时可在活塞打开的情况下，上下晃动滴定管以达到排除气泡的目的；也可在出口尖嘴上接上一根约 10cm 的医用胶管，然后，按碱管排气的方法进行。

④ 零点调定和读数方法　先将溶液装至零刻度线以上 5mm 左右，不可过高，慢慢打开活塞使溶液液面慢慢下降，直至弯月面下缘恰好与零刻度线相切。将滴定管夹在滴定管架上，滴定之前再复核一下零点。

滴定管读数前，应注意管出口嘴尖上有无气泡或挂着水珠。若在滴定后管出口嘴尖上有气泡或挂有水珠，是无法准确读数的。一般读数应遵守下列原则。

a. 读数时应将滴定管从滴定管架上取下，用右手大拇指和食指捏住滴定管上部无刻度处，其他手指从旁辅助，使滴定管保持垂直，然后再读数。滴定管夹在滴定管架上读数的方法，一般不宜采用，因为很难确保滴定管的垂直和准确读数。

b. 由于水的附着力和内聚力的作用，滴定管内的液面呈弯月形，无色和浅色溶液的弯月面比较清晰，读数时，应读弯月面下缘实线的最低点，为此，读数时，视线应与弯月面下缘实线的最低点相切，即视线应与弯月面下缘实线的最低点在同一水平面上，如图 7-7 所示。视线高于液面，读数将偏低；反之，读数偏高。对于深色溶液（如 $KMnO_4$、I_2 等），其弯月面是不够清晰的，读数时，视线应与液面两侧的最高点相切，这样才易读准，如图 7-8 所示。

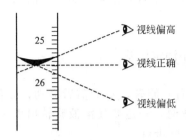

图 7-7 读数视线的位置

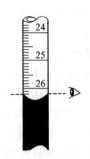

图 7-8 深色溶液的读数

c. 为便于读数准确，在滴定管装满或放出溶液后，必须等 1～2min，使附着在内壁的溶液流下来后，再读数。如果放出溶液的速度较慢（如接近化学计量点时就是如此），那么可等 0.5～1min 后，即可读数。记住，每次读前，都要看一下，滴定管内壁有没有挂水珠，滴定管的出口尖嘴处有无悬液滴，滴定管尖嘴内有无气泡。

d. 读取的值必须读至小数点后两位，即要求估计到 0.01mL。正确掌握估计 0.01mL 读数的方法很重要。滴定管上两个小刻度之间为 0.1mL，要估计其 1/10 的值，对一个分析工作者来说是要进行严格训练的。为此，可以这样来估计：当液面在两小刻度之间时，即为 0.05mL；若液面在两小刻度的 1/3 处，即为 0.03mL 或 0.07mL；当液面在两小刻度的 1/5 时，即为 0.02mL 或 0.08mL 等。

e. 为便于读数，可采用读数卡，它有利于初学者练习读数。读数卡是用贴有黑纸或涂有黑色的长方形（约 3cm×1.5cm）的白纸板制成。读数时，将读数卡放在滴定管背后，使黑色部分在弯月面下约 1mm 处，此时即可看到弯月面的反射层全部成为黑色。然后，读此黑色弯月面下缘的最低点。对深色溶液需读其两侧最高点时，需用白色卡片作为背景。

⑤ 滴定姿势　站着滴定时要求站立好。有时为操作方便也可坐着滴定。

⑥ 酸管的操作　使用酸管时，左手握滴定管，其无名指和小指向手心弯曲，轻轻地贴在活塞座小头的下边，用其余三指控制活塞的转动，如图 7-9 所示，但应注意，不要向外用力，以免推出活塞造成漏水，应使活塞稍有一点向手心的回力。当然，也不要过分往里用太大的回力，以免造成活塞转动困难。注意：手心不能顶到活塞，以免造成活塞漏水。

⑦ 碱管的操作　使用碱管时，仍以左手握管，拇指在前，食指在后，其他三指辅助夹住出口管。用拇指和食指捏住玻璃珠右侧中部，向右边挤压胶管，使玻璃珠移至手心一侧，这样，溶液即可从玻璃珠旁边的缝隙流出，必须指出，不要用力捏玻璃珠，也不要使玻璃珠上下移动，不要捏玻璃珠下部胶管，以免空气进入形成气泡，影响读数。

⑧ 边滴边摇瓶要配合好　滴定操作可在锥形瓶或烧杯中进行。在锥形瓶中进行滴定时，用右手的拇指、食指和中指拿住锥形瓶，其余两指辅助在下侧，使瓶底离滴定台高 2～3cm，滴定管下端伸入瓶口内约 1cm。左手握住滴定管，按前述方法，边滴加溶液，边用右手摇动锥形瓶，边滴边摇动。两手操作姿势如图 7-9 所示。

图 7-9 酸式滴定管的操作

在烧杯中滴定时，将烧杯放在滴定台上，调节滴定管的高度，使其下端伸入烧杯内约 1cm。滴定管下端应在烧杯中心的左后方处（放在中央影响搅拌，离杯壁过近不利搅拌均匀）。左手滴加溶液，右手持玻璃棒搅拌溶液。玻璃棒应做圆周搅动，不要碰到烧杯壁和底部。当滴定至接近终点，只需滴加半滴溶液或更少量时，用玻璃棒下端承接此悬挂的半滴溶液于烧杯中，但要注意，玻璃棒只能接触液滴，不能接触管尖，其余操作同前所述。

进行滴定操作时，应注意如下几点。

a. 最好每次滴定都从 0.00mL 开始，这样可以减小滴定误差。

b. 滴定时，左手不能离开活塞而任溶液自流。

c. 摇瓶时，应微动腕关节，使溶液向一方向（向右）旋转，不能前后振动，以免溶液溅出。不要摇动瓶口碰在管口上，以免造成事故。摇瓶时，一定要使溶液旋转出现一漩涡，因此，要求有一定速度，不能摇得太慢，影响化学反应的进行。

d. 滴定时，要观察滴落点周围颜色的变化。不要去看滴定管上的刻度变化，而不顾滴定反应的进行。

e. 滴定速度的控制方面，一般开始时，滴定速度可稍快，呈"见滴成线"，这时为 $10mL \cdot min^{-1}$，即每秒 3～4 滴，而不要滴成"水线"。接近终点时，应改为一滴一滴加入，即加一滴摇几下，再加，再摇。最后是每加半滴，摇几下锥形瓶，直至溶液出现明显的颜色变化为止。

⑨ 半滴的控制和吹洗 快到滴定终点时，要一边摇动，一边逐滴地滴入，甚至是半滴半滴地滴入。学生应该扎扎实实地练好加入半滴溶液的方法。用酸管时，可轻轻转动活塞，使溶液悬挂在出口管嘴上，形成半滴，用锥形瓶内壁将其沾落（尽量往下沾），再用洗瓶吹洗。对碱管，加半滴溶液时，应先松开拇指与食指，将悬挂的半滴溶液沾在锥形瓶内壁上，再放开无名指和小指，这样可避免出口管尖出现气泡。

滴入半滴溶液时，也可采用倾斜锥形瓶的方法，将附于壁上的溶液涮至瓶中。这样可避免吹洗次数太多，造成被滴物过度稀释。

7.3.2　容量瓶

容量瓶是一种细颈梨形的平底玻璃瓶，带有玻璃磨口、玻璃塞或塑料塞，可用橡皮筋将塞子系在容量瓶的颈上。容量瓶颈上有标度刻线（标线），一般表示在 20℃ 时液体充满标度刻线时的准确容积。容量瓶的精度级别分为 A 级和 B 级。

容量瓶主要用于配制准确浓度的溶液或定量地稀释溶液，故常和分析天平、移液管配合使用，把配成溶液的某种物质分成若干等份或不同的质量。为了正确地使用容量瓶，应注意以下几点。

（1）容量瓶的检查

① 瓶塞是否漏水。

② 标度刻线位置距离瓶口是否太近。如果漏水或标线离瓶口太近，不便混匀溶液，则不宜使用。

检查瓶塞是否漏水的方法如下：加水至标度刻线附近，盖好瓶塞后用滤纸擦干瓶口。然后，用左手食指按住塞子，其余手指拿住瓶颈标线以上部分，右手用 3 个指尖托住瓶底边缘，如图 7-10(a) 所示。将瓶倒立 2min 以后不应有水渗出（可用滤纸片检查），如不漏水，将瓶直立，转动瓶塞180°后，再倒立 2min 检查，如不漏水，方可使用。

使用容量瓶时，不要将其玻璃磨口塞随便取下放在桌面上，以免沾污或搞错，可用橡皮筋或细绳将瓶塞系在瓶颈上，如图 7-10(b) 所示。当使用平顶的塑料塞子时，操作时也可将塞子倒置在桌面上。

（2）容量瓶的洗涤

洗净的容量瓶也要求倒出水后，内壁不挂水珠，否则必须用洗涤液洗。可用合成洗涤剂浸泡或用洗液浸洗。用铬酸洗液洗时，先尽量倒出容量瓶中的水，倒入 10～20mL 洗液，转动容量瓶使洗液布满全部内壁，然后放置数分钟，将洗液倒回原瓶。再依次用自来水、纯水洗净。

（3）溶液的配制

用容量瓶配制标准溶液或分析试液时，最常用的方法是将待溶固体称出置于小烧杯中，加水或其他溶剂将固体溶解，然后将溶液定量转入容量瓶中。定量转移溶液时，右手将玻璃棒悬空伸入容量瓶口中1～2cm，玻璃棒的下端应靠在瓶颈内壁上，但不能碰容量瓶的瓶口。左手拿烧杯，使烧杯嘴紧靠玻璃棒（烧杯离容量瓶口1cm左右），使溶液沿玻璃棒和内壁流入容量瓶中，如图7-10(b)所示。烧杯中溶液流完后，将烧杯沿玻璃棒稍微向上提起，同时使烧杯直立，待竖直后移开。将玻璃棒放回烧杯中，不可放于烧杯尖嘴处，也不能让玻璃棒在烧杯中滚动，可用左手食指将其按住。然后，用洗瓶吹洗玻璃棒和烧杯内壁，再将溶液定量转入容量瓶中。如此吹洗、转移溶液的操作，一般应重复5次以上，以保证定量转移。然后加入水至容量瓶的3/4左右容积时，用右手食指和中指夹住瓶塞的扁头，将容量瓶拿起，按同一方向摇动几周，使溶液初步混匀。继续加水至距离标度刻线约1cm处后，等1～2min使附在瓶颈内壁的溶液流下后，再用洗瓶加水至弯月面下缘与标度刻线相切。无论溶液有无颜色，其加水位置均为使水至弯月面下缘与标度刻线相切为标准。当加水至容量瓶的标度刻线时，盖上干的瓶塞，用左手食指按住塞子，其余手指拿住瓶颈标线以上部分，而用右手的3个指尖托住瓶底边缘，如图7-10(a)所示，然后将容量瓶倒转，使气泡上升到顶，旋摇容量瓶混匀溶液，如图7-10(c)所示。再将容量瓶直立过来，再将容量瓶倒转，使气泡上升到顶部，旋摇容量瓶混匀溶液。如此反复14次左右。注意：每摇几次后应将瓶塞微微提起并旋转180°，然后塞上再摇。

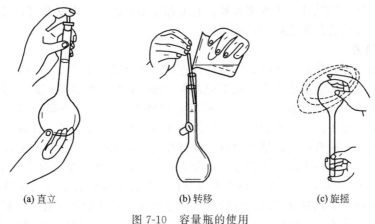

(a) 直立　　　　　　　(b) 转移　　　　　　　(c) 旋摇

图7-10　容量瓶的使用

（4）稀释溶液

用移液管移取一定体积的溶液于容量瓶中，加水至3/4左右容积时初步混匀，再加水至标度刻线。按前述方法混匀溶液。

注意：①容量瓶不宜长期保存试剂溶液，如配好的溶液需保存时，应转移至磨口试剂瓶中，不要将容量瓶当作试剂瓶使用；②容量瓶使用完毕应立即用水冲洗干净，如长期不用，磨口处应洗净擦干，并用纸片将磨口隔开。容量瓶不得在烘箱中烘烤，也不能在电炉等加热器上直接加热。如需使用干燥的容量瓶时，可将容量瓶洗净后，用乙醇等有机溶剂荡洗后晾干或用电吹风的冷风吹干。

7.3.3　移液管和吸量管

移液管是用于准确量取一定体积溶液的量出式玻璃量器，它的中间有一膨大部分。管颈上部刻一圈标线，在标明的温度下，使溶液的弯月面与移液管标线相切，让溶液按一定的方法自由流出，则流出的体积与管上标明的体积相同。移液管按其容量精度分为 A 级和 B 级。

吸量管是具有分刻度的玻璃管。它一般只用于量取小体积的溶液。常用的吸量管有 1mL、2mL、5mL、10mL 等规格，吸量管吸取溶液的准确度不如移液管。应该注意：有些吸量管其分刻度不是刻到管尖，而是离管尖尚差 1～2cm。为了能正确使用移液管和吸量管，现分述下面几点。

（1）移液管的洗涤

吸取洗液至球部的 1/4～1/3 处，立即用右手食指按住管口，将移液管横过来，用两手的拇指及食指分别拿住移液管的两端，转动移液管并使洗液布满全管内壁，将洗液从上口倒出，依次用自来水和纯水洗净。

（2）移液管和吸量管的润洗

移取溶液前，可用吸水纸将洗干净的移液管的尖端内外的水除去，然后用待吸溶液润洗 3 次。润洗方法是：先从试剂瓶中倒出少许溶液至一干燥的小烧杯中，然后用左手持洗耳球，将食指或拇指放在洗耳球的上方，其余手指自然地握住洗耳球，用右手的拇指和中指拿住移液管或吸量管标线以上的部分，无名指和小指辅助拿住移液管，如图 7-11 所示，将管尖伸入小烧杯的溶液或洗液中，待吸液吸至球部的 1/4～1/3 处（注意：勿使溶液流回，即溶液只能上升不能下降，以免稀释溶液）时，立即用右手食指按住管口并移出。将移液管横过来，用两手的拇指及食指分别拿住移液管的两端，边转动边使移液管中的溶液浸润内壁，当溶液流至标度刻线以上且距上口 2～3cm 时，将移液管直立，使溶液由尖嘴放出、弃去。如此反复润洗 3 次。润洗这一步骤很重要，它能保证使移液管的内壁及有关部位与待吸溶液处于同一浓度。吸量管的润洗操作与此相同。

（3）移取溶液

移液管经润洗后，移取溶液时，将移液管直接插入待吸液面下 1～2cm 处。管尖不应伸入太浅，以免液面下降后造成吸空；也不应伸入太深，以免移液管外部附有过多的溶液。吸液时，应注意容器中液面和管尖的位置，应使管尖随液面下降而下降。当洗耳球慢慢放松时，管中的液面徐徐上升，当液面上升至标线以上 5mm（不可过高、过低）时，迅速移去洗耳球。与此同时，用右手食指堵住管口，并将移液管往上提起，使之离开小烧杯，用吸水纸擦拭移液管的下端原伸入溶液的部分，以除去管壁上的溶液。左手改拿一干净的小烧杯，然后使烧杯倾斜成 30°角，其内壁与移液管尖紧贴，停留 30s 后右手食指微微松动，使液面缓慢下降，直到视线平视时弯月面与标线相切，这时立即将食指按紧管口。移开小烧杯，左手改拿接收溶液的容器，并将接收容器倾斜，使内壁紧贴移液管尖成 30°角左右。然后放松右手食指，使溶液自然地顺壁流下，如图 7-12 所示。待液面下降到管尖后，等 15s 左右，移出移液管。这时，尚可见管尖部位仍留有少量溶液，对此，除特别注明"吹"字的移液管以外，一般此管尖部位留存的溶液是不能吹入接收容器中的，因为在工厂生产检定移液管时是没有把这部分体积算进去的。但必须指出，由于一些管口尖部做得不很圆滑，因此可能会由于随靠接收容器内壁的管尖部位不同而留存在管尖部位的体积有变化，为此，可在等 15s 后，将管身往左右旋动一下，这样管尖部分每次留存的体积将会基本相同，不会造成平行测定时的过大误差。

用吸量管吸取溶液时，大体与移液管操作相同。但吸量管上常标有"吹"字，特别是 1mL 以下的吸量管尤其是如此，对此，要特别注意。同时，吸量管中，它的刻度离管尖尚差 1～2cm，放出溶液时也应注意。实验中要尽量使用同一支吸量管，以免带来误差。

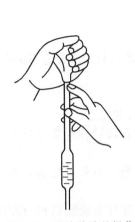
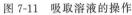

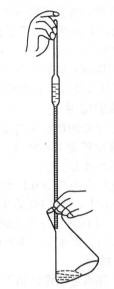

图 7-11　吸取溶液的操作　　　　　图 7-12　放出溶液的操作

实验 7-2　滴定分析仪器基本操作

一、实验目的

1. 掌握滴定分析仪器的洗涤方法和使用方法。
2. 练习滴定分析基本操作。

二、仪器和药品

仪器：常用滴定分析仪器。
药品：无水 Na_2CO_3 固体。

三、实验步骤

1. 移液管的使用

（1）检查移液管的质量及有关标志

移液管的上管口应平整，流液口没有破损；主要的标志应有商标、标准温度、标称容量数字及单位、移液管的级别、有无规定等待时间。

（2）移液管的洗涤

依次用自来水、洗涤剂或铬酸洗液洗涤移液管，洗至不挂水珠并用蒸馏水淋洗 3 次以上。

（3）移液操作

用 25mL 移液管移取蒸馏水，练习移液操作。

① 用待吸液润洗 3 次。

② 吸取溶液。用洗耳球将待吸液吸至刻度线稍上方（注意握持移液管及洗耳球的手形），堵住管口，用滤纸擦干外壁。

③ 调定液面。将弯月面最低点调至与刻度线上缘相切。注意观察视线应水平，移液管要保持垂直，用一小烧杯在流液口下接取并注意处理管尖外的液滴。

④ 放出溶液。将移液管移至另一接收器中，保持移液管垂直，接收器倾斜，移液管的流液口紧触接收器内壁。放松手指，让液体自然流出，流完后停留 15s，保持触点，将管尖在靠点处靠壁左右转动。

⑤ 洗净移液管，放置在移液管架上。

以上操作反复练习，直至熟练为止。

2. 容量瓶的使用

① 检查容量瓶的质量和有关标志。容量瓶应无破损，磨口瓶塞应合适不漏水。

② 洗净容量瓶至不挂水珠。

③ 容量瓶的操作。

a. 在小烧杯中用约 50mL 水溶解所称量的无水 Na_2CO_3 样品。

b. 将 Na_2CO_3 溶液沿玻璃棒注入容量瓶中（注意杯嘴和玻璃棒的靠点及玻璃棒和容量瓶颈的靠点），洗涤烧杯并将洗涤液也注入容量瓶中。

c. 初步摇匀。加水至总体积的 3/4 左右时，摇动容量瓶（不要盖瓶塞，不能颠倒，水平转动摇匀）数圈。

d. 定容。注水至刻度线稍下方，放置 1~2min，调定弯月面最低点和刻度线上缘相切（注意容量瓶垂直，视线水平）。

e. 混匀。塞紧瓶塞，颠倒摇动容量瓶 14 次以上（注意要数次提起瓶塞），混匀溶液。

f. 用毕后洗净，在瓶口和瓶塞间夹一纸片，放在指定位置。

3. 滴定管的使用

① 检查滴定管的质量和有关标志。

② 涂油、试漏。

③ 洗净滴定管至不挂水珠。

④ 滴定管的使用。

a. 用待装溶液润洗。

b. 装溶液，赶气泡。

c. 调零。

d. 滴定操作练习，需练习 3 种滴定速度。

e. 读数。

⑤ 用毕后洗净，倒夹在滴定台上，或充满蒸馏水夹在滴定台上。

四、注意事项

1. 用待吸溶液润洗移液管时，插入溶液之前要将移液管内外的水尽量沥干。

2. 要将移液管外壁擦干再调节液面至刻度线。

3. 放溶液时注意移液管在接收容器中的位置，溶液流完后应停留 15s，最后再左右旋转。

4. 定量转移时注意玻璃棒下端和烧杯的位置。

5. 容量瓶加水至 3/4 处应水平摇动，水平摇动不要塞瓶塞。

6. 容量瓶定容时稀释至近刻线时应放置 1~2min。

思 考 题

1. 移液管、滴定管和容量瓶这 3 种仪器中，哪些要用溶液润洗 3 次？

2. 润洗前为什么要尽量沥干？

3. 使用铬酸洗液时应注意些什么？
4. 玻璃仪器洗净的标志是什么？

实验 7-3 滴定终点练习

一、实验目的

1. 熟练掌握酸式滴定管和碱式滴定管的使用。
2. 正确地判断甲基橙和酚酞的滴定终点。

二、实验原理

滴定终点判断的正确与否是影响滴定分析准确度的重要因素，必须学会正确判断终点以及检验终点的方法。酸碱滴定所用的指示剂大多数是可逆的，这有利于练习判断滴定终点和验证终点。

甲基橙（简写为 MO）的 pH 值变色范围是 3.1（红）～4.4（黄），pH＝4.0 附近为橙色。以 MO 为指示剂，用 NaOH 溶液滴定酸性溶液时，终点颜色变化是由橙变黄；而用 HCl 溶液滴定碱性溶液时，则应以由黄变橙时为终点。判断橙色，对初学者有一定的难度，所以在做滴定练习之前，应先练习判断和验证终点。具体做法是：在锥形瓶中加入约 30mL 水和 1 滴 MO 指示液，从碱式滴定管中放出 2～3 滴 NaOH 溶液，观察其颜色（黄色）；然后用酸式滴定管滴加 HCl 溶液至由黄变橙，如果已滴到红色，再滴加 NaOH 溶液至黄色。如此反复滴加 HCl 和 NaOH 溶液，直至能做到加半滴 NaOH 溶液由橙变黄（验证：再加半滴 NaOH 溶液颜色不变，或加半滴 HCl 溶液则变橙），而加半滴 HCl 溶液由黄变橙（验证：再加半滴 HCl 溶液变红，或加半滴 NaOH 溶液则变黄）为止，达到能通过加入半滴溶液而确定终点。熟悉了判断终点的方法后，再按实验步骤中步骤 4 和步骤 5 进行滴定练习。

在以后的各次实验中，每遇到一种新的指示剂，均应先练习至能正确判断终点颜色变化后再开始实验。

三、仪器和药品

仪器：常用滴定分析仪器。

药品：浓 HCl；NaOH 固体；1g•L^{-1}甲基橙（MO）溶液；2g•L^{-1}酚酞（PP）乙醇溶液。

四、实验步骤

1. 配制 500mL 0.1mol•L^{-1} HCl 溶液

量取一定量的蒸馏水于 500mL 烧杯中，迅速加入 4.3mL 浓 HCl，搅拌后再加蒸馏水稀释至 500mL，转移到试剂瓶中，盖上瓶塞，摇匀。

2. 配制 500mL 0.1mol•L^{-1} NaOH 溶液

称取 2g NaOH 固体于 500mL 烧杯中，加入 100mL 蒸馏水溶解后，再稀释至 500mL，转移到试剂瓶中，盖上瓶塞，摇匀。

3. 洗涤滴定管

将酸式滴定管和碱式滴定管洗净，并用待装的溶液润洗 3 次。

4. 用 HCl 液滴定 NaOH 溶液

在碱式滴定管中装入 NaOH 溶液,排除玻璃珠下部管中的气泡,并将液面调节至 "0.00mL" 标线。在酸式滴定管中装入 HCl 溶液,赶除气泡后调定零点。以 10mL·min^{-1} 的流速放出 20.00mL NaOH 溶液至锥形瓶中(或者先快速放出 19.5mL,等待 30s,再继续放到 20.00mL),加 1 滴 MO 指示液,用 HCl 溶液滴定到由黄变橙,记录所耗 HCl 溶液的体积(读准至 0.01mL)。再放出 2.00mL NaOH 溶液(此时碱式滴定管读数为 22.00mL),继续用 HCl 溶液滴定至橙色,记录滴定终点读数。如此连续滴定 5 次,得到 5 组数据,均为累计体积。计算每次滴定的体积比 $V(\text{HCl})/V(\text{NaOH})$ 及体积比的相对平均偏差,其相对平均偏差应不超过 0.2%,否则要重新连续滴定 5 次。

5. 用 NaOH 溶液滴定 HCl 溶液

在酸式滴定管中装入 HCl 溶液,赶除气泡后调定零点。在碱式滴定管中装入 NaOH 溶液,排除玻璃珠下部管中的气泡,并将液面调节至 "0.00mL" 标线。以 10mL·min^{-1} 的流速放出 20.00mL HCl 溶液至锥形瓶中(或者先快速放出 19.5mL,等待 30s,再继续放到 20.00mL),加 2 滴 PP 指示液,用 NaOH 溶液滴定到溶液由无色变为粉红色且 30s 之内不褪色即到终点,记录所耗 NaOH 溶液的体积(读准至 0.01mL)。再放出 2.00mL HCl 溶液(此时酸式滴定管读数为 22.00mL),继续用 HCl 溶液滴定至粉红色,记录滴定终点读数。如此连续滴定 5 次,得到 5 组数据,均为累计体积。计算每次滴定的体积比 $V(\text{HCl})/V(\text{NaOH})$ 及体积比的相对平均偏差,其相对平均偏差应不超过 0.2%,否则要重新连续滴定 5 次。

6. 实验结束

将实验仪器洗净,并将滴定管倒夹在滴定台上(酸式滴定管的活塞要打开)。将仪器收回仪器柜子里。最后将实验台擦净,以后的每次实验都应该这样。

五、注意事项

1. 滴定管装溶液前要用待装溶液润洗。
2. 指示剂不得多加,否则终点难以观察。
3. 碱式滴定管在滴定过程中不得产生气泡。
4. 滴定过程中要注意观察溶液颜色变化的规律。
5. 读数要准确。
6. $V(\text{HCl})/V(\text{NaOH})$ 亦可用 $V(\text{NaOH})/V(\text{HCl})$ 表示。

六、数据记录与处理

1. 用 NaOH 溶液滴定 HCl 溶液(指示剂为酚酞)

项 目	1	2	3	4	5
$V(\text{HCl})/\text{mL}$	20.00	22.00	24.00	26.00	28.00
$V(\text{NaOH})/\text{mL}$					
$V(\text{HCl})/V(\text{NaOH})$					
$V(\text{HCl})/V(\text{NaOH})$ 平均值					
相对平均偏差/%					

2. 用 HCl 溶液滴定 NaOH 溶液（指示剂为甲基橙）

项　目	1	2	3	4	5
$V(\text{NaOH})/\text{mL}$	20.00	22.00	24.00	26.00	28.00
$V(\text{HCl})/\text{mL}$					
$V(\text{HCl})/V(\text{NaOH})$					
$V(\text{HCl})/V(\text{NaOH})$ 平均值					
相对平均偏差/%					

思　考　题

1. 锥形瓶使用前是否要干燥？为什么？
2. 若滴定结束时发现滴定管下端挂溶液或有气泡应如何处理？
3. 酸式滴定管和碱式滴定管是否要用待装溶液润洗？如何润洗？

7.4　酸碱滴定法

实验 7-4　氢氧化钠标准滴定溶液的配制与标定

一、实验目的

1. 掌握用邻苯二甲酸氢钾标定氢氧化钠溶液的原理和方法。
2. 熟练减量法操作技术。
3. 熟练滴定操作和用酚酞指示剂判断滴定终点。

二、仪器和药品

仪器：托盘天平；烧杯；试剂瓶；分析天平；烘箱；电炉；滴定管；表面皿；锥形瓶。
药品：氢氧化钠固体；酚酞指示液（10g·L^{-1}乙醇溶液）；邻苯二甲酸氢钾基准物。

三、实验步骤

1. $c(\text{NaOH})= 0.1\text{mol} \cdot \text{L}^{-1}$ NaOH 溶液的配制

在托盘天平上用表面皿迅速称取 2.2～2.5g NaOH 固体于小烧杯中，以少量蒸馏水洗去固体表面可能含有的 Na_2CO_3。然后用一定量的蒸馏水溶解，倾入 500mL 试剂瓶中，加水稀释到 500mL，用胶塞盖紧，摇匀［或加入 0.1g $BaCl_2$ 或 $Ba(OH)_2$ 以除去溶液中可能含有的 Na_2CO_3］，贴上标签，待测定。

2. $c(\text{NaOH})= 0.1\text{mol} \cdot \text{L}^{-1}$ NaOH 溶液的标定

在分析天平上准确称取 3 份已在 105～110℃干燥至恒重的基准物质邻苯二甲酸氢钾 0.4～0.6g（准确至 0.0001g），置于 250mL 锥形瓶中，各加入煮沸后刚刚冷却的水使之溶解（如没有完全溶解，可稍微加热）。滴加 2 滴酚酞指示液，用欲标定的氢氧化钠溶液滴定至溶液由无色变为微红色 30s 不消失即为终点。记下氢氧化钠溶液消耗的体积。要求 3 份标定的相对平均偏差应小于 0.2%。

四、数据记录与处理

$$c(NaOH)=\frac{m(KHC_8H_4O_4)}{M(KHC_8H_4O_4)}\times\frac{10^3}{V(NaOH)}$$

$$x=\frac{c(NaOH)\times(V-V_0)\times10^{-3}\times138.12}{m_s}\times100\% \tag{7-9}$$

式中　$c(NaOH)$——NaOH 标准滴定溶液的浓度，$mol\cdot L^{-1}$；

$m(KHC_8H_4O_4)$——邻苯二甲酸氢钾的质量，g；

$M(KHC_8H_4O_4)$——邻苯二甲酸氢钾的摩尔质量，$g\cdot mol^{-1}$；

　　$V(NaOH)$——滴定时消耗 NaOH 标准滴定溶液的体积，mL。

项　目	I	II	III
倾样前称量瓶＋邻苯二甲酸氢钾质量/g			
倾样后称量瓶＋邻苯二甲酸氢钾质量/g			
邻苯二甲酸氢钾质量/g			
NaOH 溶液初读数/mL			
NaOH 溶液终读数/mL			
消耗 NaOH 溶液体积/mL			
$c(NaOH)$/mol·L^{-1}			
平均浓度 $c(NaOH)$/mol·L^{-1}			
相对平均偏差			

五、注意事项

1. 配制 NaOH 溶液，以少量蒸馏水洗去固体 NaOH 表面可能含有的碳酸钠时，不能用玻璃棒搅拌，操作要迅速，以免氢氧化钠溶解过多而减小溶液浓度。

2. 由于玻璃、陶瓷中含有 SiO_2，易受氢氧化钠侵蚀，因此，实验室盛装氢氧化钠溶液的玻璃瓶需用橡胶塞，不能用玻璃塞。否则时间一长，氢氧化钠会与瓶口玻璃中的 SiO_2 生成黏性的硅酸钠，同时还吸收 CO_2 生成易结块的碳酸钠，玻璃塞与瓶口黏结，瓶塞难以打开。

思 考 题

1. 配制不含碳酸钠的氢氧化钠溶液有几种方法？

2. 怎样得到不含二氧化碳的蒸馏水？

3. 称取氢氧化钠固体时，为什么要迅速称取？

4. 用邻苯二甲酸氢钾标定氢氧化钠为什么用酚酞而不用甲基橙作指示剂？

5. 标定氢氧化钠溶液时，可用基准物 $KHC_8H_4O_4$，也可用盐酸标准溶液做比较。试比较两种方法的优缺点。

6. $KHC_8H_4O_4$ 标定 NaOH 溶液的称取量如何计算？为什么要确定 $0.4\sim0.6g$ 的称量范围？

实验 7-5　防焦剂水杨酸纯度的测定

一、实验目的

1. 掌握用氢氧化钠标准溶液测定防焦剂水杨酸的原理和方法。
2. 熟练滴定操作和用 1-萘酚酞指示剂判断滴定终点。

二、仪器和药品

仪器：分析天平；锥形瓶；滴定管等。

药品：防焦剂水杨酸（工业品）；95％乙醇（A.R.）；$0.1mol \cdot L^{-1}$ NaOH 溶液；1-萘酚酞；0.2％乙醇溶液（称取 0.2g 1-萘酚酞溶于 50mL 乙醇中，然后加入蒸馏水 50mL）。

三、实验步骤

用分析天平准确称取 2 份水杨酸试样约 0.4g（准确至 0.0002g），置于 250mL 锥形瓶中，加 25mL 95％乙醇，待试样完全溶解后加 25mL 蒸馏水，摇匀。加入 5 滴 1-萘酚酞指示剂，用 $0.1mol \cdot L^{-1}$ NaOH 溶液滴定至浅绿色不褪色为终点。在相同条件下做空白试验。要求两次测定结果的平均偏差不能大于 0.2％。

四、数据记录与处理

水杨酸纯度的计算公式为：

$$x = \frac{(V_1 - V_2) \times c(\text{NaOH}) \times 0.1381}{m} \times 100\% \qquad (7\text{-}10)$$

式中　V_1——滴定试样所消耗的 NaOH 标准溶液的体积，mL；

　　　V_2——空白试验时所消耗的 NaOH 标准溶液的体积，mL；

　　　m——试样的质量，g；

　　0.1381——水杨酸的毫摩尔质量，$g \cdot mmol^{-1}$。

项目	I	II	III（空白）
倾样前称量瓶＋防焦剂水杨酸质量/g			—
倾样后称量瓶＋防焦剂水杨酸质量/g			—
防焦剂水杨酸质量/g			
NaOH 溶液初读数/mL			
NaOH 溶液终读数/mL			
消耗 NaOH 溶液体积/mL			
$c(\text{NaOH})/mol \cdot L^{-1}$			
水杨酸纯度 x/％			—
平均水杨酸纯度 $\bar{x}$/％			—
相对平均偏差			—

五、注意事项

1. 防焦剂水杨酸取样时，因是工业品，应注意可能混入的杂质要及时除去，结块的应粉碎。

2. 用 95％乙醇溶解试样时应充分完全，然后才能加蒸馏水。

思 考 题

1. 防焦剂水杨酸中可能含有哪些杂质，对胶料性能有何影响？
2. 平行测定 3 次与平行测 2 次加空白试验有何不同？
3. 为什么溶剂选取 95％乙醇而不用蒸馏水？
4. 请说明 1-萘酚酞指示剂的变色范围？

实验 7-6　　盐酸标准滴定溶液的配制与标定

一、实验目的

1. 熟悉减量法称取基准物的操作方法。
2. 学习用无水 Na_2CO_3 标定 HCl 溶液的方法。
3. 熟练滴定操作和滴定终点的判断。

二、实验原理

市售盐酸（分析纯）的相对密度为 1.19，含 HCl 37％，其物质的量浓度约为 $12mol \cdot L^{-1}$。浓盐酸易挥发，不能直接配制成准确浓度的盐酸溶液。因此，常将浓盐酸稀释成所需近似浓度，然后用基准物质进行标定。当用无水 Na_2CO_3 为基准标定 HCl 溶液的浓度时，由于 Na_2CO_3 易吸收空气中的水分，因此使用前应在 $270 \sim 300℃$ 条件下干燥至恒重，密封保存在干燥器中。称量时的操作应迅速，防止再吸水而产生误差。标定 HCl 时的反应式为：

$$2HCl + Na_2CO_3 \rightleftharpoons 2NaCl + CO_2 + H_2O$$

滴定时，以甲基橙为指示剂，滴定至溶液由黄色变为橙色为滴定终点。

三、仪器和药品

仪器：电子天平；称量瓶；烧杯；量筒；试剂瓶；滴定管；锥形瓶。

药品：盐酸（相对密度为 1.19）；无水 Na_2CO_3 基准物质；溴甲酚绿-甲基红混合指示剂；甲基橙水溶液（$1g \cdot L^{-1}$）。

四、实验步骤

1. c(HCl)= 0.1mol · L⁻¹ HCl 溶液的配制

通过计算求出配制 500mL 0.1mol · L⁻¹ HCl 溶液所需浓盐酸（相对密度为 1.19，约 $12mol \cdot L^{-1}$）的体积。然后用小量筒量取此量的浓盐酸，倒入 500mL 的烧杯中，加入 200mL 蒸馏水，搅匀后再稀释至 500mL，移入试剂瓶中，摇匀并贴上标签，待标定（考虑到浓盐酸的挥发性，配制时所取 HCl 的量应比计算的量适当多些）。

2. c(HCl)= 0.1mol · L⁻¹ HCl 标准滴定溶液的标定

① 用甲基橙指示液指示终点　用称量瓶按差减法准确称取 3 份已烘干的基准物质无水碳酸钠 0.15～0.20g，分别放入 250mL 锥形瓶中。各加入 50mL 蒸馏水使其溶解，加甲基

橙指示液 2 滴，用 HCl 溶液滴至溶液由黄色变为橙色即为终点。记下消耗 HCl 标准滴定溶液的体积。

② 用溴甲酚绿-甲基红混合指示液指示终点　准确称取 3 份已烘干的基准物质无水碳酸钠 0.15～0.2g，分别放入 250mL 锥形瓶中。各加入 50mL 蒸馏水溶解，加 10 滴溴甲酚绿-甲基红混合指示液，用欲标定的 0.1mol·L^{-1} HCl 溶液滴定至溶液由绿色变成暗红色，煮沸 2min，冷却后继续滴定至溶液呈暗红色，记下消耗的 HCl 标准滴定溶液的体积。

五、数据记录与处理

$$c(\text{HCl}) = \frac{m(\text{Na}_2\text{CO}_3)}{M(1/2\text{Na}_2\text{CO}_3)} \times \frac{1}{V(\text{HCl})} \tag{7-11}$$

式中　　$c(\text{HCl})$——HCl 标准滴定溶液的浓度，mol·L^{-1}；

　　　　$V(\text{HCl})$——滴定时消耗 HCl 标准滴定溶液的体积，mL；

　$m(\text{Na}_2\text{CO}_3)$——Na$_2CO_3$ 基准物的质量，g；

$M(1/2\text{Na}_2\text{CO}_3)$——1/2Na$_2CO_3$ 基准物的摩尔质量，g·mol^{-1}。

按照法定计量单位制的一惯性原则，溶液体积的计量单位用升（L）表示，将实验数据代入公式时必须换为 L。

项目	I	II	III
倾样前称量瓶＋碳酸钠质量/g			
倾样后称量瓶＋碳酸钠质量/g			
碳酸钠质量/g			
盐酸溶液终读数/mL			
盐酸溶液初读数/mL			
消耗盐酸溶液体积/mL			
$c(\text{HCl})$/mol·L^{-1}			
平均浓度 $c(\text{HCl})$/mol·L^{-1}			
相对平均偏差			

六、注意事项

1. 标定时，一般采用小份标定。在标准溶液浓度较稀（如 0.01mol·L^{-1}），基准物质摩尔质量较小时，若采用小份称样误差较大，可采用大份标定，即稀释法标定。

2. 无水碳酸钠标定 HCl 溶液，在接近滴定终点时，应剧烈摇动锥形瓶加速 H$_2$CO$_3$ 分解；或将溶液加热至沸，以赶除 CO$_2$，冷却后再滴定至终点。

思 考 题

1. HCl 标准滴定溶液能否采用直接标准法配制？为什么？

2. 配制 HCl 溶液时，量取浓盐酸的体积是如何计算的？

3. 标定盐酸溶液时，基准物质无水碳酸钠的质量是如何计算的？若用稀释法标定，需称取碳酸钠质量又如何计算？

4. 无水碳酸钠所用的蒸馏水的体积，是否需要准确量取？为什么？

5. 碳酸钠作为基准物质标定盐酸溶液时，为什么不用酚酞作指示剂？

6. 除用无水碳酸钠作基准物质标定盐酸溶液外，还可用什么作基准物？有何优点？选用何种指示剂？

7. 如基准物质碳酸钠保存不当，吸水 1％，用此基准物质标定盐酸溶液的浓度，对其结果有何影响？

8. 为什么移液管必须用所移取溶液润洗，而锥形瓶则不用所装溶液润洗？

实验 7-7　　酸碱滴定法测定混合碱各组分含量及总碱度（双指示剂法）

一、实验目的

1. 进一步熟练滴定操作和滴定终点的判断。
2. 掌握双指示剂法测定混合碱各组分含量的原理和方法。
3. 掌握双指示剂法测定混合碱各组分含量的计算方法。

二、仪器和药品

仪器：烧杯、容量瓶、移液管、锥形瓶、滴定管、分析天平等。

药品：0.1mol·L^{-1} HCl 标准滴定溶液；酚酞指示液 10g·L^{-1} 乙醇溶液；甲基橙指示液 10g·L^{-1} 水溶液；甲酚红-百里酚蓝混合指示液 [0.1g 甲酚红溶于 100mL 50％乙醇中，0.1g 百里酚蓝溶于 100mL 20％乙醇中，将甲酚红和百里酚蓝溶液混合（1＋3）]；混合碱试样。

三、实验步骤（双指示剂法）

1. 方法一

准确称取碱试样 1.5～2.0g 于 250mL 烧杯中，加水使之溶解后，定量转移至 250mL 容量瓶中，用水稀释至刻度，摇匀。移取上述试液 25.00mL 置于 250mL 锥形瓶中，加酚酞指示剂 2～3 滴，用 $c(HCl)=0.1mol·L^{-1}$ 盐酸标准溶液滴定至溶液由红色恰好褪至无色，记录所消耗的盐酸的标准溶液的体积 V_1，再加甲基橙指示剂 1～2 滴，继续用 $c(HCl)=0.1mol·L^{-1}$ 盐酸标准溶液滴定至溶液由黄色刚好变为橙色，记录所消耗的盐酸的标准溶液的体积 V_2。平行测定三次。计算混合碱中各组分的含量。

2. 方法二

移取上述试液 25.00mL 置于 250mL 锥形瓶中，加 5 滴甲酚红-百里酚蓝混合指示液，用 $c(HCl)=0.1mol·L^{-1}$ 盐酸标准溶液滴定至溶液由蓝色变为粉红色，记录所消耗的盐酸标准溶液的体积 V_1，再加甲基橙指示液 1～2 滴，继续用 $c(HCl)=0.1mol·L^{-1}$ 盐酸标准溶液滴定至溶液由黄色变为橙色，加热煮沸约 2min（加热时橙色会褪去），再继续滴加盐酸标准溶液至刚好变为橙色，记录所消耗的盐酸标准溶液的体积 V_2。平行测定三次。计算混合碱中各组分的含量。

四、数据记录与处理

项目	1	2	3
混合碱体积/mL		25	
$c(HCl)$/mol·L^{-1}			

续表

项目	1	2	3
HCl 溶液初读数/mL			
HCl 溶液终读数 1/mL			
HCl 溶液终读数 2/mL			
V_1(HCl)/mL			
V_2(HCl)/mL			
NaOH 含量			
NaOH 含量的平均值			
相对平均偏差/%			
Na_2CO_3 含量			
Na_2CO_3 含量的平均值			
相对平均偏差/%			

① 当 $V_1>V_2$ 时，试样为 NaOH 和 Na_2CO_3 混合物。各组分的含量按下式计算：

$$w(NaOH)=\frac{c(HCl)\times(V_1-V_2)\times M(NaOH)\times 10^{-3}}{m_s\times\frac{25.00}{250.0}} \tag{7-12}$$

$$w(Na_2CO_3)=\frac{c(HCl)\times 2\times V_2\times M\left(\frac{1}{2}Na_2CO_3\right)\times 10^{-3}}{m_s\times\frac{25.00}{250.0}} \tag{7-13}$$

② 当 $V_1=V_2$ 时，试样为 Na_2CO_3 单一物质。其含量按下式计算：

$$w(Na_2CO_3)=\frac{c(HCl)\times 2\times V_1\times M\left(\frac{1}{2}Na_2CO_3\right)\times 10^{-3}}{m\times\frac{25.00}{250.0}} \tag{7-14}$$

③ 当 $V_1<V_2$ 时，试样为 Na_2CO_3 和 $NaHCO_3$ 的混合物。各组分的含量按下式计算：

$$w(Na_2CO_3)=\frac{c(HCl)\times 2\times V_1\times M\left(\frac{1}{2}Na_2CO_3\right)\times 10^{-3}}{m_s\times\frac{25.00}{250.0}} \tag{7-15}$$

$$w(NaHCO_3)=\frac{c(HCl)\times(V_2-V_1)\times M(NaHCO_3)\times 10^{-3}}{m_s\times\frac{25.00}{250.0}} \tag{7-16}$$

$$总碱度\ w(Na_2CO_3)=\frac{c(HCl)\times(V_1+V_2)\times M\left(\frac{1}{2}Na_2CO_3\right)\times 10^{-3}}{m_s\times\frac{25.00}{250.0}} \tag{7-17}$$

式中　　$c(HCl)$——HCl 标准滴定溶液的浓度，$mol \cdot L^{-1}$；

V_1——酚酞为指示剂时，滴定消耗 HCl 标准滴定溶液的体积，mL；

V_2——甲基橙为指示剂时，滴定消耗 HCl 标准滴定溶液的体积，mL；

$M(NaOH)$——NaOH 的摩尔质量，$g \cdot mol^{-1}$；

$M\left(\frac{1}{2}Na_2CO_3\right)$——$\frac{1}{2}Na_2CO_3$ 的摩尔质量，$g \cdot mol^{-1}$；

$M(NaHCO_3)$——$NaHCO_3$的摩尔质量，$g \cdot mol^{-1}$；

　　　　　m_s——试样的质量，g。

五、注意事项

1. 含氢氧化钠的样品或溶解后的溶液不能在空气中放置太久，以免吸收空气中的 CO_2。

2. 用甲基橙作指示液当滴定至橙色时，要加热煮沸除去溶液中的 CO_2，防止终点提前出现，煮沸时以保持微沸为宜。

六、问题讨论

混合碱的测定，除了双指示剂法，还有别的方法测定吗？

对于混合碱的测定，除了双指示剂法，也可以采用 $BaCl_2$ 沉淀法，测定 $NaOH$-Na_2CO_3 混合碱，但不能测定 Na_2CO_3-$NaHCO_3$ 混合组分。其方法是：称取一定量的混合碱样品，同双指示剂法一样，制成待测溶液，移取 25.00mL 待测溶液，以甲基橙为指示剂，用盐酸标准溶液滴定至终点，测定混合碱总量，记录消耗盐酸的体积 V_1，再取另一份待测液 25.00mL，加入过量 $BaCl_2$ 溶液，Na_2CO_3 将生成 $BaCO_3$ 沉淀，以酚酞为指示剂，用盐酸标准溶液滴定至红色刚好消失为终点，记录消耗盐酸标准溶液的体积 V_2；V_2 是 $NaOH$ 消耗的盐酸标准溶液的体积，由此可计算出 $NaOH$ 的含量，Na_2CO_3 消耗的盐酸标准溶液的体积为 V_1-V_2，由此可计算出 Na_2CO_3 的含量。

思 考 题

1. 是否存在 $NaOH$ 和 $NaHCO_3$ 的混合碱？为什么？

2. 双指示剂法测定混合碱的方法中，用酚酞指示剂滴定至终点和用甲基橙指示剂滴定至终点，$NaOH$、Na_2CO_3、$NaHCO_3$ 消耗 HCl 标准溶液的体积各有何特点？

3. 在混合碱的测定中，加入酚酞指示液后即为无色，这是为什么？

实验 7-8　食用碱总碱度的测定

一、实验目的

1. 了解食用碱总碱度的测定原理。

2. 掌握滴定操作和滴定终点的判断。

3. 学会计算纯碱中的总碱度。

二、实验原理

$$Na_2CO_3 + 2HCl = 2NaCl + H_2CO_3$$

三、仪器和药品

仪器：电子天平；称量瓶；烧杯；量筒；试剂瓶；滴定管；锥形瓶；移液管；调压电炉（1000W）。

药品：$0.1mol \cdot L^{-1}$ 的 HCl 标准溶液；甲基橙水溶液（$1g \cdot L^{-1}$）；食用碱试样。

四、实验步骤

用减量法准确称取食用碱试样三份，每份约 0.2g，分别放在 250mL 锥形瓶内，加 50mL 水溶解，摇匀，加 2 滴甲基橙指示剂，用 HCl 溶液滴定到溶液刚好由黄色变为橙色，记下所消耗的 HCl 溶液的体积，计算食用碱的总碱度。平行测定三份。

五、数据记录与处理

$$w(Na_2CO_3) = \frac{c(HCl)VM\left(\frac{1}{2}Na_2CO_3\right)}{m_s} \times 100\% \tag{7-18}$$

式中　　$c(HCl)$——HCl 标准滴定溶液的浓度，$mol \cdot L^{-1}$；

　　　　V——滴定时消耗 HCl 标准滴定溶液的体积，mL；

　　　　m_s——试样的质量，g；

$M\left(\frac{1}{2}Na_2CO_3\right)$——$\frac{1}{2}Na_2CO_3$ 的摩尔质量，$g \cdot mol^{-1}$。

六、注意事项

1. 由于第一终点变化不明显，每次滴定的终点颜色要一致。
2. 开始滴定时不可太快，避免 HCl 局部过浓，反应至第二步，引起误差。
3. 在接近滴定终点时，应剧烈摇动锥形瓶加速 H_2CO_3 分解；或将溶液加热至沸，以赶除 CO_2，冷却后再滴定至终点。

实验 7-9　食醋总酸度的测定

一、实验目的

1. 熟练掌握移液管、滴定管、容量瓶的使用方法和滴定操作技术。
2. 了解强碱滴定弱酸的反应原理及指示剂的选择。
3. 学会食用醋中总酸度的测定方法。

二、实验原理

食醋的主要成分是乙酸，此外还含有少量其他弱酸如乳酸等。用 NaOH 标准溶液滴定，在化学计量点时溶液呈弱碱性，选用酚酞作指示剂，测得的是总酸，以乙酸的质量浓度（$g \cdot L^{-1}$）表示。

$$CH_3COOH + NaOH \longrightarrow CH_3COONa + H_2O$$

三、仪器和药品

仪器：容量瓶；烧杯；量筒；试剂瓶；滴定管；锥形瓶；移液管；调压电炉（1000W）。

药品：$0.1mol \cdot L^{-1}$ 的 NaOH 标准滴定溶液；酚酞指示液（$10g \cdot L^{-1}$ 乙醇溶液）；食醋试样。

四、实验步骤

准确吸取醋样 50.00mL 于 250mL 容量瓶中，以新煮沸并冷却的蒸馏水稀释至刻度，摇匀。用移液管吸取 25.00mL 稀释过的醋样于 250mL 锥形瓶中，加入 25.00mL 新煮沸并冷却的蒸馏水，加 2～3 滴酚酞指示剂，用已标定的 NaOH 标准溶液滴定至溶液刚好由无色变为粉红色，并保持 30s 不褪色，即为终点。根据所消耗的 NaOH 溶液体积，计算食醋的总酸度。平行测定三份。

五、数据记录与处理

$$\rho(CH_3COOH) = \frac{c(NaOH)VM(CH_3COOH)}{V_s} \tag{7-19}$$

式中 $c(NaOH)$——NaOH 标准滴定溶液的浓度，$mol \cdot L^{-1}$；

　　　　V_s——食醋试样的体积，mL；

$M(CH_3COOH)$——CH_3COOH 的摩尔质量，$g \cdot mol^{-1}$；

　　　　V——滴定时消耗 NaOH 标准滴定溶液的体积，mL。

六、注意事项

1. 食醋中乙酸的浓度较大，且颜色较深，故必须稀释后再滴定。

2. 测定乙酸含量时，所用的蒸馏水不能含有 CO_2，否则 CO_2 溶于水生成 H_2CO_3 将同时被滴定。

7.5　配位滴定法

在配位滴定中，被测的是金属离子。所以，滴定过程中随着 EDTA 标准滴定溶液的滴入，溶液中金属离子的浓度不断减小。由于金属离子浓度一般较小（$10^{-2} mol \cdot L^{-1}$），常用 $pM = -lgc(M)$ 来表示，滴定到达化学计量点时，pM 将发生突变，可利用适当方法指示。利用滴定过程中 pM 随滴定剂 EDTA 滴入量的变化而变化的关系来绘制成曲线，该曲线称为配位滴定曲线。图 7-13 表示在不同 pH 值下，用 $c(EDTA)=0.01mol \cdot L^{-1}$ EDTA 标准滴定溶液滴定 $c(Ca^{2+})=0.01mol \cdot L^{-1}$ Ca^{2+} 溶液时，滴定过程中 Ca^{2+} 浓度随 EDTA 加入量的变化而变化的情况。

由图可知，该滴定曲线与酸碱滴定曲线相似，随着滴定剂 EDTA 的加入，金属离子的浓度在化学计量点附近有突跃变化。

讨论配位滴定的滴定曲线主要是为了选择适当的条件，其次是为选择指示剂提供一个大概的范围。表 7-1 是部分金属离子用 EDTA 溶液滴定时最低 pH 值。

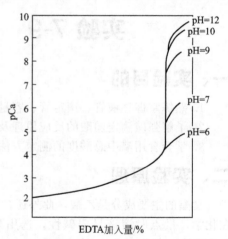

图 7-13　不同 pH 值时用 $c(EDTA)=0.01mol \cdot L^{-1}$ EDTA 溶液滴定 $c(Ca^{2+})=0.01mol \cdot L^{-1} Ca^{2+}$ 的滴定曲线

表 7-1　部分金属离子被 EDTA 溶液滴定的最低 pH 值

金属离子	lgK_{MY}	最低 pH 值	金属离子	lgK_{MY}	最低 pH 值
Mg^{2+}	8.7	约 9.7	Pb^{2+}	18.04	约 3.2
Ca^{2+}	10.96	约 7.5	Ni^{2+}	18.62	约 3.0

续表

金属离子	lgK_{MY}	最低 pH 值	金属离子	lgK_{MY}	最低 pH 值
Mn^{2+}	13.87	约 5.2	Cu^{2+}	18.80	约 2.9
Fe^{2+}	14.32	约 5.0	Hg^{2+}	21.80	约 1.9
Al^{3+}	16.30	约 4.2	Sn^{2+}	22.12	约 1.7
Co^{3+}	16.31	约 4.0	Cr^{3+}	23.40	约 1.4
Cd^{2+}	16.46	约 3.9	Fe^{3+}	25.10	约 1.0
Zn^{2+}	16.50	约 3.9	ZrO^{2+}	29.50	约 0.4

实验 7-10　EDTA 标准滴定溶液的配制和标定

一、实验目的

1. 掌握 EDTA 标准溶液的配制和标定方法。
2. 掌握铬黑 T 指示液的配制方法，能正确使用铬黑 T 指示液确定滴定终点。
3. 掌握标定 EDTA 标准滴定溶液的原理和浓度计算。

二、实验内容

1. 配制 0.02mol·L^{-1} EDTA 标准滴定溶液

（1）仪器和药品

仪器：烧杯；试剂瓶；托盘天平等。

药品：EDTA 二钠盐（A.R.）。

（2）配制方法

EDTA 难溶于水，通常采用它的二钠盐（$Na_2H_2Y·2H_2O$）来配制标准滴定溶液，但因其没有纯物质，应采用间接法配制，并通过标定确定其准确浓度。

（3）EDTA 用量的确定

配制 1000mL c(EDTA)＝0.02mol·L^{-1} EDTA 标准滴定溶液所需 EDTA 二钠盐的质量为：

$$m＝c(EDTA)×V×10^{-3}×M(EDTA)＝0.02×1×372.2≈7.4（g）$$

（4）配制过程

称取 7.5g $Na_2H_2Y·2H_2O$，溶于 300mL 水中，加热溶解，冷却后转移至试剂瓶中，用蒸馏水稀释至 1000mL，摇匀后放置待标定。

2. 0.02mol·L^{-1} EDTA 标准滴定溶液的标定

（1）仪器和药品

仪器：烧杯；容量瓶；移液管；锥形瓶；滴定管；分析天平等。

药品：基准 ZnO（A.R.）；EDTA 标准溶液（0.02mol·L^{-1}）；浓 HCl（C.P.）；HCl（1+2）；KOH（100g·L^{-1}）；$NH_3·H_2O$（1+1）；六亚甲基四胺（$(CH_2)_6N_4$（300g·L^{-1}）；NH_3-NH_4Cl 缓冲溶液（pH＝10）（称取固体 NH_4Cl 5.4g，加水 20mL，浓氨水 35mL，溶解后，用蒸馏水稀释至 100mL，摇匀，盛于试剂瓶中备用）；铬黑 T 指示液（5g·L^{-1}）（称取 0.25g 固体铬黑 T，2.5g 盐酸羟胺，溶于 50mL 无水乙醇中）。

（2）标定过程

准确称取 0.4g 已于 900℃温度下灼烧至恒重的基准物质氧化锌，溶于盛有 2mL 浓盐酸的 10mL 水中，溶解较慢时可适当加热促使其溶解，冷却后转移至 250mL 容量瓶中并稀释至刻度，摇匀。

用移液管吸取 25.00mL 上述 Zn^{2+} 标准溶液于 250mL 锥形瓶中，加约 25mL 水，滴加 (1+1) 氨水至刚出现浑浊（产生白色氢氧化锌沉淀，此时 pH 值约为 8），然后加入 10mL NH_3-NH_4Cl 缓冲溶液，4 滴铬黑 T 指示液，用 EDTA 标准溶液滴定至溶液由酒红色刚好变为纯蓝色为终点。记录消耗的 EDTA 标准溶液的体积，同时做空白试验。

$$c(EDTA) = \frac{m(ZnO) \times 10^3}{(V - V_0) \times M(ZnO)} \tag{7-20}$$

式中　$m(ZnO)$——基准物质 ZnO 的质量，g；

　　　　V——滴定时消耗 EDTA 标准滴定溶液的体积，mL；

　　　　V_0——空白试验消耗 EDTA 标准滴定溶液的体积，mL；

　$M(ZnO)$——ZnO 的摩尔质量，$g \cdot L^{-1}$。

三、数据记录及处理

项目	1	2	3
基准物质 ZnO 的质量/g			
EDTA 溶液初读数/mL			
EDTA 溶液终读数/mL			
消耗 EDTA 溶液体积/mL			
$c(EDTA)$/mol·L^{-1}			—
$\bar{c}(EDTA)$/mol·L^{-1}			
相对平均偏差/%			

四、注意事项

1. 基准物质氧化锌溶解要完全，且要全部转移至容量瓶中。

2. 滴加 (1+1) 氨水调整溶液酸度时要逐滴加入，且边加边摇动锥形瓶，防止滴加过量，以出现浑浊为限。滴加过快时，可能会使浑浊立即消失，误以为还没有出现浑浊。

3. 加入 NH_3-NH_4Cl 缓冲溶液后应尽快滴定，不宜放置过久。

4. 防止终点过量。

思　考　题

1. 配制 EDTA 标准溶液通常使用乙二胺四乙酸二钠，而不使用乙二胺四乙酸，为什么？

2. 用 Zn^{2+} 标定 EDTA 标准溶液时为什么要在调节溶液的 pH 值后再加缓冲溶液？

3. 用 Zn^{2+} 标定 EDTA 标准溶液，用氨水调节 pH 值时，先有白色沉淀生成，加入氨-氯化铵缓冲溶液后，沉淀又消失，这是为什么？

4. 在用基准物质 ZnO 标定 EDTA 标准溶液时，为什么不直接称取 ZnO 后进行标定，而是溶解后转移至容量瓶中再标定？

实验 7-11 EDTA 滴定法测定填料碳酸钙的纯度

一、实验目的

1. 掌握 EDTA 配位滴定测定金属离子的原理与计算方法。
2. 掌握 EDTA 配位滴定法测定填料碳酸钙纯度的方法。

二、仪器和药品

仪器：烘箱；称量瓶；容量瓶；表面皿；移液管；锥形瓶；滴定管；分析天平；烧杯等。

药品：EDTA 标准滴定溶液（0.02mol·L^{-1}）；钙指示剂 [2-羟基-1-(2-羟基-磺酸-1-偶氮萘基)-3-萘酸] [称取 10g 于 (105±5)℃下烘干 2h 的 NaCl，置于研钵中研细，加入 0.1g 钙指示剂，研细，混合均匀]；6mol·L^{-1}盐酸溶液；10％NaOH 溶液；30％三乙醇胺溶液。

三、实验步骤

1. 溶解定容

称取 0.6g 在 105～110℃烘箱中烘至恒重的试样（准确至 0.0002g），置于 25mL 烧杯中，用少量水润湿，盖上表面皿，滴加 6mol·L^{-1}盐酸溶液至试样完全溶解，加蒸馏水 50mL，全部移入 250.0mL 容量瓶中，加水至刻度，摇匀。

2. 调节滴定

移取试样溶液 25.00mL 于 250mL 锥形瓶中。加入 5mL 30％三乙醇胺溶液，加入 25mL 水、5mL 10％NaOH 溶液和少量钙指示剂。用 0.02mol·L^{-1} EDTA 标准滴定溶液滴定至溶液由红色变为纯蓝色为终点，记录消耗的 EDTA 标准滴定溶液的体积，平行测定 3 次。

四、数据记录与处理

碳酸钙的含量为：

$$x = \frac{c(\text{EDTA})V(\text{EDTA})M(\text{CaCO}_3) \times 10^{-3}}{m} \times 100\% \tag{7-21}$$

式中 $c(\text{EDTA})$——EDTA 标准滴定溶液的浓度，mol·L^{-1}；

     $V(\text{EDTA})$——消耗 EDTA 标准滴定溶液的体积，mL；

     $M(\text{CaCO}_3)$——碳酸钙的摩尔质量，g·mol^{-1}；

       m——试样的质量，g。

五、注意事项

1. 钙指示液应是新近配制的。
2. 试样要溶解完全并全部转移。

思 考 题

1. 测定时为什么要加盐酸？
2. 测定时加三乙醇胺溶液的目的是什么？
3. 此体系的 pH 有何要求？如何调节的？

实验 7-12　EDTA 滴定法测定水的硬度

一、实验目的

1. 掌握 EDTA 配位滴定法测定水中硬度的方法。
2. 掌握水中硬度的计算方法。

二、仪器和药品

仪器：移液管；锥形瓶；滴定管等。

药品：EDTA 标准滴定溶液（$0.02\,mol \cdot L^{-1}$）；铬黑 T 指示液（$5g \cdot L^{-1}$）；NH_3-NH_4Cl 缓冲溶液（pH=10）。

三、实验步骤

用 50mL 移液管移取 50.00mL 水样置于 250mL 锥形瓶中，加入 5mL NH_3-NH_4Cl 缓冲溶液（pH=10），3 滴铬黑 T 指示液，用 $0.02\,mol \cdot L^{-1}$ EDTA 标准滴定溶液滴定至溶液由酒红色刚好变为纯蓝色为终点，记录消耗的 EDTA 标准滴定溶液的体积 V。

四、数据记录与处理（以 $CaCO_3$ 计）

项目	1	2	3
EDTA 溶液初读数/mL			
EDTA 溶液终读数/mL			
消耗 EDTA 溶液体积/mL			
c(EDTA)/mol · L^{-1}			
硬度/(°)			
硬度的平均值/(°)			
相对平均偏差/%			

$$c(CaCO_3) = \frac{c(EDTA)V(EDTA)M(CaCO_3)}{V(水)} \times 1000 \qquad (7\text{-}22)$$

式中　c(EDTA)——EDTA 标准滴定溶液的浓度，$mol \cdot L^{-1}$；

　　　　V(EDTA)——消耗 EDTA 标准滴定溶液的体积，mL；

　　　　$M(CaCO_3)$——碳酸钙的摩尔质量，$g \cdot mol^{-1}$；

　　　　V(水)——水样的体积，mL。

五、注意事项

1. 铬黑 T 指示液不能长期保存，使用时间较长时会失效。
2. NH_3-NH_4Cl 易挥发，最好是临使用时加入。
3. 由于消耗 EDTA 标准溶液体积较小，本方法测定的相对误差稍大。

思 考 题

1. 测定钙硬度时为什么要加盐酸？加盐酸后加热煮沸是为什么？

2. 在测水中总硬度时，在什么情况下要加三乙醇胺溶液和 Na_2S 溶液？

3. 使用铬黑 T 指示剂的酸度条件是什么？在测定硬度时终点颜色变化如何？在配制时有哪些注意事项？

7.6 氧化还原滴定法

实验 7-13 硫代硫酸钠标准滴定溶液的配制和标定

一、实验目的

1. 学会 $Na_2S_2O_3$ 标准滴定溶液的配制和标定方法。
2. 能正确使用淀粉指示液确定碘量法的滴定终点。

二、实验内容

1. 配制 $c(Na_2S_2O_3)=0.05mol \cdot L^{-1}$ 硫代硫酸钠标准溶液

（1）仪器和药品

仪器：烧杯，架盘天平等。

药品：$Na_2S_2O_3 \cdot 5H_2O$（固体）；无水 Na_2CO_3（固体）。

（2）配制方法

市售硫代硫酸钠 $Na_2S_2O_3 \cdot 5H_2O$，一般都含有少量杂质如 Na_2SO_3、Na_2SO_4、Na_2CO_3、$NaCl$、S 等，并易风化，不易制得纯物质，所以，不能用直接法配制，而应用间接法配制，然后用重铬酸钾基准物质（或重铬酸钾标准溶液）进行标定。

硫代硫酸钠溶液易发生水解，其水溶液不稳定，在配制时要加入碳酸钠防止其水解。

（3）硫代硫酸钠用量的确定

配制 $1L$ $c(Na_2S_2O_3)=0.05mol \cdot L^{-1}$ 硫代硫酸钠标准溶液需称取硫代硫酸钠的质量为：

$$m=c(Na_2S_2O_3)VM(Na_2S_2O_3 \cdot 2H_2O)=0.05 \times 1 \times 248 \approx 12 \ (g)$$

若选用无水硫代硫酸钠时，$M(Na_2S_2O_3)=158g \cdot mol^{-1}$，结果为8g。

（4）配制过程

称取硫代硫酸钠 $12g$（或无水硫代硫酸钠 $8g$）溶于加入适量固体无水碳酸钠的 $1000mL$ 水中，缓缓煮沸 $10min$，冷却，放置两周，若有沉淀，过滤后进行标定。

2. 硫代硫酸钠标准滴定溶液的标定

（1）仪器和药品

仪器：烧杯；碘量瓶；滴定管；架盘天平；分析天平等。

药品：$Na_2S_2O_3$ 标准溶液（$0.05mol \cdot L^{-1}$）；$K_2Cr_2O_7$（基准物质）；KI（固体）；H_2SO_4 溶液（$200g \cdot L^{-1}$）；淀粉指示液（$5g \cdot L^{-1}$）。

（2）标定过程

① 基准物质用量的确定　标定 $0.1mol \cdot L^{-1}$ 硫代硫酸钠标准溶液所需的重铬酸钾的质量为：

$$m=c(\mathrm{Na_2S_2O_3})VM(1/6\mathrm{K_2Cr_2O_7})=0.1\times25\times10^{-3}\times49\approx0.12\ (\mathrm{g})$$

若要保证称量误差不大于 0.1%，称样量应在 0.2g 以上。称取 0.12g 左右的物品时，称量误差较大。

② 标定过程　准确称取于 120℃烘至恒重的基准物质 $\mathrm{K_2Cr_2O_7}$ 0.06～0.08g [或移取 $c(1/6\mathrm{K_2Cr_2O_7})=0.05\mathrm{mol\cdot L^{-1}}$ 的标准溶液 25.00mL]于碘量瓶中，加 25mL 煮沸并冷却的蒸馏水，溶解后，加 1g 固体 KI 及 10mL 20% $\mathrm{H_2SO_4}$，盖上瓶塞摇匀后，用少量 KI 溶液或蒸馏水封口，于暗处放置 10min，取出后用水冲洗瓶塞及瓶内壁，加 150mL 煮沸并冷却的蒸馏水，用待标定的硫代硫酸钠标准溶液滴定至近终点时（溶液为浅黄绿色），加入 3mL 淀粉指示液，继续滴定至溶液由蓝色变为亮绿色为终点。记录消耗的硫代硫酸钠标准溶液的体积。同时做空白试验。

三、数据记录处理

硫代硫酸钠标准溶液浓度的计算：

$$c(\mathrm{Na_2S_2O_3})=\frac{m}{(V-V_0)\times10^{-3}\times M(1/6\mathrm{K_2Cr_2O_7})} \tag{7-23}$$

式中　$c(\mathrm{Na_2S_2O_3})$——硫代硫酸钠标准滴定溶液的浓度，$\mathrm{mol\cdot L^{-1}}$；

　　　　m——基准物质重铬酸钾的质量，g；

$M(1/6\mathrm{K_2Cr_2O_7})$——以 $1/6\mathrm{K_2Cr_2O_7}$ 为基本单元的摩尔质量，$\mathrm{g\cdot mol^{-1}}$；

　　　　V——滴定时消耗 $\mathrm{Na_2S_2O_3}$ 标准滴定溶液的体积，mL；

　　　　V_0——空白试验消耗 $\mathrm{Na_2S_2O_3}$ 标准滴定溶液的体积，mL。

当用 $c(1/6\mathrm{K_2Cr_2O_7})=0.05\mathrm{mol\cdot L^{-1}}$ 的标准溶液标定时硫代硫酸钠标准溶液的浓度计算如下：

$$c(\mathrm{Na_2S_2O_3})=\frac{c(1/6\mathrm{K_2Cr_2O_7})V(1/6\mathrm{K_2Cr_2O_7})}{V(\mathrm{Na_2S_2O_3})} \tag{7-24}$$

式中　$c(\mathrm{Na_2S_2O_3})$——硫代硫酸钠标准滴定溶液的浓度，$\mathrm{mol\cdot L^{-1}}$；

$c(1/6\mathrm{K_2Cr_2O_7})$——重铬酸钾标准溶液的浓度，$\mathrm{mol\cdot L^{-1}}$；

$V(1/6\mathrm{K_2Cr_2O_7})$——重铬酸钾标准溶液的体积，mL；

$V(\mathrm{Na_2S_2O_3})$——滴定时消耗 $\mathrm{Na_2S_2O_3}$ 标准滴定溶液的体积，mL。

四、注意事项

1. 配制硫代硫酸钠要使用新煮沸的水，去除 $\mathrm{CO_2}$ 及消除微生物的影响。
2. 应加少量的碳酸钠防止硫代硫酸钠水解。
3. 硫代硫酸钠溶液配制后至少要放置一周后才能进行标定，否则有部分不稳定的还原性物质存在而影响其浓度。
4. 硫代硫酸钠标准溶液应保存在棕色试剂瓶中。
5. 酸度控制要适当，酸度不能过大，否则空气中的氧气会将 $\mathrm{I^-}$ 氧化为 $\mathrm{I_2}$ 而产生误差。
6. 生成碘的反应要在碘量瓶中进行，且要在暗处放置，使反应进行完全，碘量瓶要用 KI 溶液或蒸馏水封口，防止碘的挥发损失。

思 考 题

1. $\mathrm{Na_2S_2O_3}$ 标准溶液采用什么方法配制？为什么？
2. $\mathrm{Na_2S_2O_3}$ 滴定 $\mathrm{I_2}$ 的反应应在什么条件下进行？为什么？
3. 用基准物质 $\mathrm{K_2Cr_2O_7}$ 标定 $\mathrm{Na_2S_2O_3}$ 标准溶液时，为什么要加入 KI？为何反应

要在碘量瓶中进行？

4. 淀粉指示液为何要在近终点时加入？加入过早对测定结果有何影响？

5. 用基准物质 $K_2Cr_2O_7$ 标定 $Na_2S_2O_3$ 标准溶液时，为什么终点颜色不是无色而是绿色？

实验 7-14　天然橡胶不饱和度的测定

一、实验目的

1. 学会间接碘量法测天然橡胶不饱和度的测定原理与方法。
2. 掌握生胶的不饱和度的计算方法。

二、仪器和药品

仪器：索氏脂肪抽提器；表面皿；烘箱；碘量瓶；滴定管；分析天平等。

药品：天然烟片胶试样；丙酮；石油醚；二硫化碳；KI 溶液（15%）；淀粉溶液（1%）；$Na_2S_2O_3$ 标准滴定溶液（0.05mol·L^{-1}）；韦氏溶液。

三、实验步骤

取适量的天然橡胶在开炼机中压薄、剪碎后用丙酮-石油醚（3∶1）在索氏脂肪抽提器中抽提 24h 以上后，在 50℃ 真空烘箱中干燥至恒重；称取 0.1g（准确至 0.0002g）试样放入 500mL 碘量瓶中，加入 75mL 二硫化碳，放置过夜，加入 25mL 韦氏溶液，充分摇匀；以 15% KI 溶液润湿瓶塞（勿使溶液流入瓶中），在暗处放置 1h，加入 25mL 新配制的 15% KI 溶液和 50mL 煮沸过的蒸馏水，同时洗净瓶塞。用 0.05mol·L^{-1} 的 $Na_2S_2O_3$ 标准溶液滴定游离的碘，至溶液呈淡黄色时，加入 5mL 1% 淀粉指示剂，再继续滴定至蓝色消失，同时做空白试验。

四、数据记录与处理

天然橡胶不饱和度的计算：

$$\mu = \frac{c(\mathrm{Na_2S_2O_3})V(\mathrm{Na_2S_2O_3})}{2m_s} \qquad (7\text{-}25)$$

式中　　　μ——不饱和度，mol·kg^{-1}；

$c(\mathrm{Na_2S_2O_3})$——硫代硫酸钠标准滴定溶液的浓度，mol·L^{-1}；

$V(\mathrm{Na_2S_2O_3})$——滴定时消耗硫代硫酸钠标准滴定溶液的体积，mL；

　　　　　m_s——试样的质量，g。

五、注意事项

1. 天然橡胶抽提时应尽量粉碎，以利于抽提完全并利于称量。
2. 二硫化碳挥发性较大，使用时注意密封。
3. 硫代硫酸钠标准溶液应保存在棕色试剂瓶中。
4. 必要时用硫酸控制酸度且酸度不能过大。
5. 生成碘的反应要在碘量瓶中进行，且要在暗处放置，使反应进行完全，碘量瓶要用

KI 溶液或蒸馏水封口，防止碘的挥发损失。

思　考　题

1. 天然橡胶抽提的目的是什么？
2. 天然橡胶实验前置入二硫化碳中的目的是什么？
3. 什么是韦氏溶液？测试中起何作用？
4. 测试过程中为什么要加入足量 KI？

实验 7-15　高锰酸钾标准滴定溶液的配制和标定

一、实验目的

1. 掌握 $KMnO_4$ 标准溶液的配制、保存和标定方法。
2. 掌握标定 $KMnO_4$ 标准溶液的原理和浓度的计算。

二、仪器和药品

仪器：烧杯；托盘天平；锥形瓶；滴定管；分析天平；棕色瓶；G_4 玻璃砂芯漏斗等。

药品：$KMnO_4$ 固体（C. P.）；$Na_2C_2O_4$（基准试剂）；H_2SO_4（3mol·L^{-1}）。

三、实验步骤

1. 高锰酸钾标准滴定溶液的配制

（1）配制方法

高锰酸钾固体常含有少量杂质，如二氧化锰、氯化物、硫酸盐、硝酸盐等，同时高锰酸钾在保存等过程中，受光照易发生分解，不易制得纯物质，所以配制高锰酸钾标准溶液，应采用间接法配制，再标定其准确浓度。

（2）高锰酸钾称取量的确定

配制 1000mL $c(1/5KMnO_4)=0.1$mol·L^{-1}［或 $c(KMnO_4)=0.02$mol·L^{-1}］的标准溶液需要称取高锰酸钾试剂的质量为：

$$m=c(1/5KMnO_4)V\times10^{-3}\times M(1/5KMnO_4) \tag{7-26}$$

或
$$m=c(KMnO_4)V\times10^{-3}\times M(KMnO_4)$$

两个公式计算的结果应是相等的。

例如，配制 1000mL $c(1/5KMnO_4)=0.1$mol·L^{-1}［或 $c(KMnO_4)=0.02$mol·L^{-1}］的标准溶液，应称取高锰酸钾固体的质量为：

$$m=c(1/5KMnO_4)V\times10^{-3}\times M(1/5KMnO_4)=0.1\times1\times158/5\approx3.2\ (g)$$

或
$$m=c(KMnO_4)V\times10^{-3}\times M(KMnO_4)=0.02\times1\times158\approx3.2\ (g)$$

考虑到高锰酸钾的纯度等因素，实际称量时可多称一些。

（3）配制过程

称取 3.3g 高锰酸钾，溶于 1000mL 水中，缓缓煮沸 15min，冷却后置于暗处保存 2～3 天。用 G_4 玻璃砂芯漏斗或玻璃纤维过滤，除去 MnO_2 杂质，溶液保存于棕色试剂瓶中，待标定。

2. KMnO$_4$ 标准滴定溶液的标定

（1）标定过程

准确称取 $0.15\sim0.2$g 已于 $105\sim110$℃烘至恒重的基准物质 Na$_2$C$_2$O$_4$，放入 250mL 锥形瓶中，加 30mL 蒸馏水使其溶解，加入 10mL 3mol·L^{-1} H$_2$SO$_4$，加热到 $75\sim85$℃（开始冒蒸气），趁热用待标定的高锰酸钾标准溶液滴定。开始滴定时，反应很慢，MnO$_4^-$ 颜色消失很慢，可多摇动锥形瓶或加入二价锰离子作催化剂加速反应，待第一滴高锰酸钾的颜色消失后，再继续滴加高锰酸钾标准溶液，至溶液呈淡粉红色，并保持 30s 不褪色即为终点。记录消耗的高锰酸钾标准溶液的体积。同时做空白试验。

（2）高锰酸钾溶液的浓度的计算

$$c(1/5KMnO_4) = \frac{m}{(V-V_0) \times M(1/2Na_2C_2O_4) \times 10^{-3}} \tag{7-27}$$

式中　　　　　　m——称取基准物质 Na$_2$C$_2$O$_4$ 的质量，g；

V——滴定消耗高锰酸钾标准滴定溶液的体积，mL；

V_0——空白试验消耗高锰酸钾标准滴定溶液的体积，mL；

$M(1/2Na_2C_2O_4)$——以 1/2Na$_2$C$_2$O$_4$ 为基本单元的摩尔质量，g·mol^{-1}。

四、注意事项

1. KMnO$_4$ 溶液见光易分解，要保存在棕色试剂瓶中，滴定时使用棕色酸式滴定管；

2. 刚滴定时，KMnO$_4$ 的颜色迟迟不消失，并不是终点，是因为初始反应速率较慢，当反应开始后生成的 Mn^{2+} 是反应的催化剂，促使反应快速进行；

3. 使用 KMnO$_4$ 溶液的滴定管要及时清洗。

五、数据记录与处理

项目	1	2	3
NaC$_2$O$_4$ 的质量/g			
KMnO$_4$ 溶液初读数/mL			
KMnO$_4$ 溶液终读数/mL			
消耗 KMnO$_4$ 溶液体积/mL			
$c(1/5KMnO_4)$/mol·L^{-1}			
$\bar{c}(1/5KMnO_4)$/mol·L^{-1}			
相对平均偏差/%			

相对平均偏差应不超过 0.2%，否则继续标定。

$$c(1/5KMnO_4) = \frac{m(Na_2C_2O_4)}{M(1/2Na_2C_2O_4)V(KMnO_4) \times 10^{-3}} \tag{7-28}$$

式中　$c(1/5KMnO_4)$——以 1/5KMnO$_4$ 为基本单元的标准溶液的浓度，mol·L^{-1}；

$m(NaC_2O_4)$——基准物质重铬酸钾的质量，g；

V——滴定时消耗 KMnO$_4$ 标准滴定溶液的体积，mL；

$M(1/2NaC_2O_4)$——以 1/2NaC$_2$O$_4$ 为基本单元的摩尔质量，g·mol^{-1}。

六、问题讨论

1. 基准物如何选择？

标定高锰酸钾标准溶液可选择的基准物质有草酸（H$_2$C$_2$O$_4$·2H$_2$O）、草酸钠（Na$_2$C$_2$O$_4$）、硫酸亚铁铵［(NH$_4$)$_2$Fe(SO$_4$)$_2$·6H$_2$O］和纯铁丝等。其中草酸钠使用最为方便，性质较为稳定，所以实验室中标定高锰酸钾标准溶液时，常选用草酸钠。

2. 如何确定滴定终点？

高锰酸钾自身的紫红色较深，人眼的视觉对其比较敏感，对于无色溶液可以用高锰酸钾自身的颜色指示终点，但对其他有色的溶液不一定能作指示剂用，这是要注意的一个方面；另一方面，使用高锰钾自身指示剂指示终点时，终点颜色不宜过深，以淡淡的紫红色为好，否则将会产生较大的误差。

3. 使用 $KMnO_4$ 溶液后的滴定管极易挂珠，如何处理？

使用 $KMnO_4$ 溶液后挂水珠的滴定管，可用 $H_2C_2O_4$ 洗涤。

思 考 题

1. 配制 $KMnO_4$ 标准溶液时，为什么要煮沸一定时间？为什么要过滤？能否用滤纸过滤？

2. $KMnO_4$ 标准溶液应如何保存？为什么？

3. 用基准物质 $Na_2C_2O_4$ 标定 $KMnO_4$ 标准溶液浓度时，为什么使用硫酸溶液调整酸度而不使用盐酸或硝酸溶液？

4. 在酸性条件下，用 $KMnO_4$ 标准溶液滴定 $Na_2C_2O_4$ 时，滴定初期，紫色褪去很慢，之后褪色较快，为什么？

实验 7-16　过氧化氢含量的测定

一、实验目的

1. 掌握用 $KMnO_4$ 法测定过氧化氢含量的方法。
2. 学会易挥发液体样品的称量方法。

二、仪器和药品

仪器：具塞小锥形瓶；容量瓶；移液管；锥形瓶；滴定管；分析天平等。

药品：$KMnO_4$ 标准滴定溶液（0.1mol·L^{-1}）；硫酸溶液（20%）；双氧水试样。

三、实验步骤

量取 1.8mL（约 2g）30% 过氧化氢，注入已准确称其质量的具塞小锥形瓶中，经准确称量后移至已加有约 100mL 蒸馏水的 250mL 容量瓶中，洗涤小锥形瓶 3～4 次，将洗涤液一并转移至容量瓶中并稀释至刻度，充分摇匀。

用移液管吸取试液 25.00mL，放入锥形瓶中，加入 20% H_2SO_4 10mL，用 $c(1/5 KMnO_4)=0.1mol·L^{-1}$ 标准滴定溶液滴定至溶液呈微红色，保持 30s 不褪色为终点，记录消耗 $KMnO_4$ 标准滴定溶液的体积 V，计算试样中过氧化氢的含量。

四、数据记录与处理

项目	1	2	3
H_2O_2 的质量/g			
$KMnO_4$ 溶液初读数/mL			
$KMnO_4$ 溶液终读数/mL			

续表

项目	1	2	3
消耗 KMnO$_4$ 溶液体积/mL			
H$_2$O$_2$ 的含量/%			
H$_2$O$_2$ 的含量的平均值/%			
相对平均偏差/%			

$$w(\text{H}_2\text{O}_2) = \frac{c(1/5\text{KMnO}_4)V(\text{KMnO}_4)M(1/2\text{H}_2\text{O}_2) \times 10^{-3}}{m_s \times \dfrac{25.00}{250.0}} \tag{7-29}$$

式中 $c(1/5\text{KMnO}_4)$——KMnO$_4$ 标准滴定溶液的浓度，mol·L^{-1}；

$V(\text{KMnO}_4)$——滴定消耗 KMnO$_4$ 标准滴定溶液的体积，mL；

$M(1/2\text{H}_2\text{O}_2)$——以 1/2H$_2O_2$ 为基本单元的摩尔质量，g·mol^{-1}；

m_s——试样的质量，g。

五、注意事项

1. 在量取过氧化氢时，速度要快些，以避免过氧化氢挥发损失。

2. 在容量瓶中要预先加入一定的蒸馏水，防止过氧化氢挥发。

3. 滴定速度不宜太快，防止滴定过量。

六、问题讨论

1. 挥发的液体样品如何称量？

在称取较易挥发的液体样品时，也可以将适量样品置于 30mL 小滴瓶中，准确称量，然后用滴管向接收容器中滴出需要量的样品（一般情况下，1mL 样品为 20～25 滴），再准确称其质量，两次质量差即为滴出样品的质量。但在滴出样品时要尽可能快一点操作，且操作只做一次，不管样品是否已到所需的质量，以免样品挥发损失。

2. 过氧化氢试样中如果含有稳定剂己酰苯胺对测定结果有否影响？

若样品中含有稳定剂己酰苯胺，也将消耗一定量的高锰酸钾，使测定结果偏高。如遇此情况，可改用碘量法或铈量法进行测定。

思 考 题

1. 量取过氧化氢样品时，为什么要用具塞锥形瓶？

2. KMnO$_4$ 法测定过氧化氢含量时，能否用硝酸、盐酸和乙酸控制酸度？为什么？

3. KMnO$_4$ 标准溶液滴定过氧化氢试样时，若出现棕色浑浊物，这是什么原因引起的？如遇此现象，该如何处理？

7.7 分光光度法

实验 7-17 分光光度法测定微量铁

一、实验目的

1. 熟悉并掌握紫外可见分光光度计的使用及维护方法。

2. 学会吸收曲线、标准曲线的绘制和选择波长的方法。

3. 掌握邻菲罗啉铁显色原理和方法。

4. 学会用标准曲线法进行定量分析技术。

二、实验原理

邻菲罗啉是测定微量铁较好的试剂。在 pH = 2～9 的溶液中，Fe^{2+} 与显色剂邻菲罗啉反应，生成稳定的橙色配合物，显色反应为：

Fe^{3+} 与邻菲罗啉作用生成蓝色配合物，稳定性较差。因此实验中常加入还原剂盐酸羟胺使 Fe^{3+} 还原为 Fe^{2+}：

$$2Fe^{3+} + 2NH_2OH \longrightarrow 2Fe^{2+} + 2H^+ + N_2 \uparrow + 2H_2O$$

在紫外可见分光光度计上，从 450nm 开始依次改变波长，测定邻菲罗啉铁标准液吸光度，绘制 A-λ 吸收曲线，确定 λ_{max}（510nm 左右），然后在 λ_{max} 处采用标准曲线法依次进行定量分析。

三、仪器与药品

仪器：紫外可见分光光度计（752 型）；容量瓶；吸量管（10mL，1 支）；烧杯。

药品：

① $10\mu g \cdot mL^{-1}$ Fe^{2+} 标准液：准确称取 0.7021g 分析纯 $(NH_4)_2Fe(SO_4)_2 \cdot 6H_2O$ 置于烧杯中，加入浓度为 $2mol \cdot L^{-1}$ HCl 溶液 30mL 溶解后转入 1000mL 容量瓶中，用水稀释至刻度，从此溶液中吸取 50mL 于 500mL 容量瓶中，加入 20mL 浓度为 $2mol \cdot L^{-1}$ HCl 溶液后以水稀释至刻度。

② 10%盐酸羟胺溶液（用时配制）：称取 100g 分析纯盐酸羟胺置于烧杯中加少量水溶解后再用水稀释至 1L。

③ 0.15%邻菲罗啉溶液（用时配制）：称取 1.5g 分析纯邻菲罗啉置于烧杯中，用少许酒精溶解后再用水稀释至 1L。

④ HAc-NaAc 缓冲溶液（pH=4.5）：取无水 NaAc 164g 溶于水中，加冰醋酸 240mL，稀释至 1000mL。

⑤ 含铁水样。

四、实验步骤

1. 标准系列及试液的配制

准确移取 $10\mu g \cdot mL^{-1}$ Fe^{2+} 标准液 0.00mL、1.00mL、2.00mL、3.00mL、4.00mL、5.00mL，分别置于已经编号（1～6 号）的 6 个 50mL 容量瓶中，在另一容量瓶中准确加入 Fe^{2+} 试液适量，在上述标准溶液及试液中依次分别加入 5mL HAc-NaAc 缓冲液、2.5mL 盐酸羟胺溶液、2.5mL 邻菲罗啉溶液，然后用蒸馏水稀至刻度，摇匀，放置 15min。

2. 邻菲罗啉铁吸收曲线的绘制

以标准系列中 1 号溶液为参比，以 3 号溶液为测定液，用 2cm 比色皿在紫外可见分光光度计上，在 450～600nm 范围内从 450nm 开始，每次增加 10nm，测定一次吸光度，然后以吸光度为纵坐标，以波长为横坐标，绘制 A-λ 吸收曲线，找出 λ_{max} 作为测定波长。

3. 标准曲线绘制及试液测定

用分光光度计在其最大吸收波长（510nm）处，依次测定上述标准溶液和试液的吸光度，然后以吸光度为纵坐标，以浓度为横坐标，绘制标准曲线，并从曲线上查出 Fe^{2+} 试液浓度。

五、数据记录与处理

1. A-λ 数据记录

波长/nm	吸光度 A	波长/nm	吸光度 A
450		530	
460		540	
470		550	
480		560	
490		570	
500		580	
510		590	
520		600	

利用上述数据绘制吸收曲线。

2. A-c 数据记录

容量瓶编号	$1^{\#}$	$2^{\#}$	$3^{\#}$	$4^{\#}$	$5^{\#}$	$6^{\#}$	试液
浓度/$\mu g \cdot mL^{-1}$							
A							

利用上述数据绘制标准曲线，从标准曲线上查出试液浓度 ρ_x，并计算出原始试液中铁的质量浓度（$\mu g \cdot L^{-1}$）。

六、注意事项

1. 手拿取比色皿磨砂面，不能接触透光面，防止沾污，影响测定的准确度。放入样品池前，用滤纸轻轻吸干外部液滴，再用擦镜纸擦拭。

2. 样品溶液的量以吸收池体积的 3/4 为宜，不宜过满。注入被测溶液前，比色皿要用被测溶液润洗，以免影响溶液浓度。

3. 凡含有腐蚀玻璃的物质（如 F^-、$SnCl_2$、H_3PO_4 等）的溶液，不得长时间盛放在吸收池中。

4. 吸收池使用前后应彻底清洗。有色物污染可以用 $3mol \cdot L^{-1}$ 的 HCl 和等体积乙醇的混合液浸泡洗涤，生物样品、胶体或其他在吸收池光学面上形成薄膜的物质要用适当的溶剂洗涤。

5. 同组比色皿间透光度误差要求小于 0.5%，各台仪器所配套的比色皿不能互换。

6. 仪器使用完毕后，应在样品室内应放数袋硅胶，以免灯室受潮，反射镜发霉或沾污影响仪器准确度。

7. 经常注意仪器左部干燥筒内的防潮硅胶是否变色，如发现硅胶颜色变红，应将其取出调换或烘干至蓝色，待冷却后再放入。

8. 每套仪器所配套的比色皿不能与其他仪器上的比色皿单个调换。比色皿每次使用完毕后，应立即用蒸馏水洗净，用细软而易吸水的布或镜头纸揩干，存于比色皿的盒内。

思 考 题

1. 分光光度计组成及其作用有哪些？
2. 吸收池的规格以什么作标志？吸收池按其材质分为哪几种？如何选择使用不同材质的吸收池？
3. 在可见分光光度法中，影响显色反应的因素有哪些？

实验 7-18　水分测定（卡尔费休水分仪法）

一、实验目的

1. 掌握用 $KMnO_4$ 法测定过氧化氢含量的方法。
2. 学会易挥发液体样品的称量方法。

二、仪器和药品

仪器：容量卡尔费休水分仪；注射器；电子分析天平；反应杯。

药品：样品（标明含水量范围）；卡尔费休试剂；甲醇；超纯水。

三、实验步骤

按 ASTM D1364—2002（2012）《Standard Test Method for Water in Volatile Solvents (Karl Fischer Reagent Titration Method)》和《V20S 型容量卡尔费休水分仪使用说明书》进行样品中水含量的测定，并填写水分测定实验记录。

① 于反应杯中加一定体积的甲醇（浸没电极），在搅拌下用卡尔费休试剂打空白。

② 注射约 10mg 超纯水到反应杯中，精确至 0.1mg，用卡尔费休试剂滴定至终点，并记录卡尔费休试剂的用量 V_0（mL）和 F 值（mg $H_2O \cdot mL^{-1}$）。

③ 在进样前首先用试样清洗注射器 5～7 次，然后根据试样含水量的多少决定取样量大小，并用分析天平称量（m）后注射到反应杯中，精确至 0.1mg。

④ 用卡尔费休试剂滴定试样至终点，并记录卡尔费休试剂的用量 V_1（mL）和水分含量 w（%）；排空反应杯的溶液到废液瓶中。

四、数据记录与处理

试验条件	序号	m_0(高纯水质量)/g	F(卡尔·费休试剂浓度)/mg $H_2O \cdot mL^{-1}$	m(试样质量)/g	V_1(卡尔·费休试剂用量)/mL	水分含量 w/%	实验结果（平均值）
甲醇体积							
水分仪转数	1						
	2						
	3						

附　录

附录 1　元素的原子量

原子序数	元素名称	元素符号	原子量
1	氢	H	1.0079
2	氦	He	4.0026
3	锂	Li	6.9411
4	铍	Be	9.0122
5	硼	B	10.811
6	碳	C	12.011
7	氮	N	14.0067
8	氧	O	15.9994
9	氟	F	18.9984
10	氖	Ne	20.1797
11	钠	Na	22.9898
12	镁	Mg	24.3050
13	铝	Al	26.9815
14	硅	Si	28.0855
15	磷	P	30.9738
16	硫	S	32.06
17	氯	Cl	35.453
18	氩	Ar	39.948
19	钾	K	39.0983
20	钙	Ca	40.08
21	钪	Sc	44.9559
22	钛	Ti	47.90
23	钒	V	50.9415
24	铬	Cr	51.996
25	锰	Mn	54.9380
26	铁	Fe	55.847
27	钴	Co	58.9332

原子序数	元素名称	元素符号	原子量
28	镍	Ni	58.70
29	铜	Cu	63.546
30	锌	Zn	65.38
31	镓	Ga	69.72
32	锗	Ge	72.59
33	砷	As	74.9216
34	硒	Se	78.96
35	溴	Br	79.904
36	氪	Kr	83.80
37	铷	Rb	85.4678
38	锶	Sr	87.62
39	钇	Y	88.9059
40	锆	Zr	91.22
41	铌	Nb	92.9064
42	钼	Mo	95.94
43	锝	Tc	97.907
44	钌	Ru	101.07
45	铑	Rh	102.9055
46	钯	Pd	106.4
47	银	Ag	107.868
48	镉	Cd	112.41
49	铟	In	114.82
50	锡	Sn	118.69
51	锑	Sb	121.75
52	碲	Te	127.60
53	碘	I	126.9045
54	氙	Xe	131.30
55	铯	Cs	132.9045
56	钡	Ba	137.33
57	镧	La	138.9055
58	铈	Ce	140.12
59	镨	Pr	140.9077
60	钕	Nd	144.24
61	钷	Pm	144.91
62	钐	Sm	150.4
63	铕	Eu	151.96
64	钆	Gd	157.25
65	铽	Tb	158.9254
66	镝	Dy	162.50
67	钬	Ho	164.9304

续表

原子序数	元素名称	元素符号	原子量
68	铒	Er	167.26
69	铥	Tm	168.9304
70	镱	Yb	173.04
71	镥	Lu	174.967
72	铪	Hf	178.49
73	钽	Ta	180.9479
74	钨	W	183.85
75	铼	Re	186.20
76	锇	Os	190.2
77	铱	Ir	192.22
78	铂	Pt	195.09
79	金	Au	196.9665
80	汞	Hg	200.59
81	铊	Tl	204.37
82	铅	Pb	207.2
83	铋	Bi	208.9804
84	钋	Po	208.98
85	砹	At	209.99
86	氡	Rn	222.02
87	钫	Fr	223.02
88	镭	Ra	226.0254
89	锕	Ac	227.0278
90	钍	Th	232.0381
91	镤	Pa	231.0359
92	铀	U	238.029
93	镎	Np	237.0482
94	钚	Pu	244.06
95	镅	Am	243.06
96	锔	Cm	247.07
97	锫	Bk	247.07
98	锎	Cf	251.08
99	锿	Es	252.08
100	镄	Fm	257.1
101	钔	Md	258.10
102	锘	No	259.10
103	铹	Lr	260.11

附录 2　常见化合物的分子量

化合物	分子量	化合物	分子量
AgBr	187.77	CaC_2O_4	128.10
AgCl	143.32	$CaCl_2$	110.98
AgCN	133.89	$CaCl_2 \cdot 2H_2O$	147.01
Ag_2CrO_4	331.73	CaF_2	78.08
AgI	234.77	$Ca(NO_3)_2$	164.09
$AgNO_3$	169.87	CaO	56.08
AgSCN	165.95	$Ca(OH)_2$	74.09
Ag_2SO_4	311.80	$CaSO_4$	136.14
Ag_3PO_4	418.58	$Ca_3(PO_4)_2$	310.18
$AlBr_3$	266.69	$CdCl_2$	183.32
$AlCl_3$	133.34	$CdCO_3$	172.42
$AlCl_3 \cdot 6H_2O$	241.41	CdS	144.48
$Al(NO_3)_3$	213.00	$Ce(SO_4)_2$	332.24
$Al(NO_3)_3 \cdot 9H_2O$	375.13	$Ce(SO_4)_2 \cdot 4H_2O$	404.30
Al_2O_3	101.96	CH_4	16.04
$Al(OH)_3$	78.00	C_2H_6	30.07
$Al_2(SO_4)_3$	342.15	C_2H_4	28.05
As_2O_3	197.84	C_2H_2	26.04
As_2O_5	229.84	C_6H_6	78.11
As_2S_3	246.04	CH_3COCH_3	58.08
B_2O_3	69.62	CH_3COOH	60.05
$BaBr_2$	297.14	CH_3COONa	82.03
$BaCO_3$	197.34	$CH_3COONa \cdot 3H_2O$	136.08
BaC_2O_4	225.35	C_6H_5COOH	122.12
$BaCl_2$	208.23	C_6H_5COONa	144.10
$BaCl_2 \cdot 2H_2O$	244.26	$C_6H_4COOHCOOK$(邻苯二甲酸氢钾)	204.22
$BaCrO_4$	253.32	CH_3OH	32.04
BaO	153.33	C_2H_5OH	46.07
$Ba(OH)_2$	171.34	C_6H_5OH	94.11
$BaSO_4$	233.39	CO	28.01
BeO	25.01	$CO(NH_2)_2$	60.06
$BiCl_3$	315.34	CO_2	44.01
$Bi(NO_3)_3 \cdot 5H_2O$	485.07	$CoCl_2$	129.84
Bi_2O_3	465.96	$Co(NO_3)_2$	182.94
$CaCO_3$	100.09	$Co(NO_3)_2 \cdot 6H_2O$	291.03

续表

化合物	分子量	化合物	分子量
CoS	91.00	$H_2C_2O_4$	90.04
$CoSO_4$	155.00	$H_2C_2O_4 \cdot 2H_2O$	126.07
$CoSO_4 \cdot 7H_2O$	281.10	HCOOH	46.03
CoO_3	165.86	HF	20.01
$CrCl_3$	158.35	HI	127.91
$CrCl_3 \cdot 6H_2O$	266.45	HNO_2	47.01
$Cr(NO_3)_3$	238.01	HNO_3	63.01
Cr_2O_3	151.99	H_2O	18.01
$Cr_2(SO_4)_3$	392.19	H_2O_2	34.01
CuCl	99.00	H_3PO_4	98.00
$CuCl_2$	134.45	H_2S	34.08
$Cu(NO_3)_2$	187.56	H_2SO_3	82.08
CuO	79.55	H_2SO_4	98.08
Cu_2O	143.09	$HgCl_2$	271.50
CuSCN	121.63	Hg_2Cl_2	472.09
$CuSO_4$	159.61	$KAl(SO_4)_2 \cdot 12H_2O$	474.39
$CuSO_4 \cdot 5H_2O$	249.69	KBr	119.00
$FeCl_2$	126.75	$KBrO_3$	167.00
$FeCl_3$	162.21	K_2CO_3	138.21
$FeCl_3 \cdot 6H_2O$	270.30	$KMnO_4$	158.03
$Fe(NO_3)_3$	241.86	KNO_2	85.10
$Fe(NO_3)_3 \cdot 9H_2O$	404.00	KNO_3	101.20
FeO	71.84	K_2O	94.29
Fe_2O_3	159.69	KOH	56.11
Fe_3O_4	231.54	KSCN	97.18
$FeSO_4$	151.91	K_2SO_4	174.26
$FeSO_4 \cdot H_2O$	169.93	K_3PO_4	212.27
$FeSO_4 \cdot 7H_2O$	278.02	LiCl	42.39
$Fe_2(SO_4)_3$	399.88	LiOH	23.95
$FeSO_4 \cdot (NH_4)_2SO_4 \cdot 6H_2O$	392.14	Li_2CO_3	73.89
H_3BO_3	61.83	Li_2O	29.88
HBr	80.91	$MgCO_3$	84.31
$H_2C_4H_4O_6$(酒石酸)	150.09	MgC_2O_4	112.32
HCN	27.03	$MgCl_2$	95.21
HCl	36.46	$MgCl_2 \cdot 6H_2O$	203.30
$HClO_4$	100.46	$MgNH_4PO_4$	137.31
H_2CO_3	62.02	$Mg(NO_3)_2 \cdot 6H_2O$	256.41

续表

化合物	分子量	化合物	分子量
MgO	40.30	$Na_2SO_4 \cdot 10H_2O$	322.20
$Mg(OH)_2$	58.32	$Na_2S_2O_3$	158.11
$MgSO_4$	120.37	$Na_2S_2O_3 \cdot 5H_2O$	248.19
$MgSO_4 \cdot 7H_2O$	246.48	Na_2SiF_6	188.06
MgP_2O_7	222.55	NH_3	17.03
$MnCO_3$	114.95	$NH_3 \cdot H_2O$	35.05
$MnCl_2 \cdot 4H_2O$	197.90	$(NH_4)_2CO_2$	96.09
$Mn(NO_3)_2 \cdot 6H_2O$	287.04	$(NH_4)_2C_2O_2$	124.10
MnO	70.94	$(NH_4)_2C_2O_4 \cdot H_2O$	142.11
MnO_2	86.94	NH_4Cl	53.49
MnS	87.00	$NH_4Fe(SO_4)_2 \cdot 12H_2O$	482.18
$MnSO_4$	151.00	NH_4HCO_3	79.06
$Na_2B_4O_7$	201.22	$(NH_4)_2HPO_4$	132.06
$Na_2B_4O_7 \cdot 10H_2O$	381.37	$NH_2OH \cdot HCl$	69.49
$NaBiO_2$	279.97	$(NH_4)_3PO_4 \cdot 12MoO_3$	1876.36
NaBr	102.89	NH_4SCN	76.12
NaCN	49.01	$(NH_4)_2SO_4$	132.14
Na_2CO_3	105.99	$NiC_8H_{14}O_4N_4$（丁二酮肟镍）	288.90
$Na_2C_2O_4$	134.00	$NiCl_2$	129.60
NaCl	58.44	$NiCl_2 \cdot 6H_2O$	237.69
NaClO	74.44	$Ni(NO_3)_2$	182.70
NaF	41.99	$Ni(NO_3)_2 \cdot 6H_2O$	290.79
$NaHCO_3$	84.01	NiO	74.69
NaH_2PO_4	119.98	NiS	90.76
Na_2HPO_4	141.96	$NiSO_4 \cdot 7H_2O$	280.86
$Na_2H_2Y \cdot 2H_2O$（EDTA 二钠盐）	372.24	P_2O_5	141.94
NaI	149.89	$PbCO_3$	267.22
$NaNO_2$	69.00	PbC_2O_4	295.23
$NaNO_3$	84.99	$Pb(CH_3COO)_2$	325.30
Na_2O	61.98	$Pb(CH_3COO)_2 \cdot 3H_2O$	379.34
Na_2O_2	77.98	$PbCl_2$	278.12
NaOH	40.01	$PbCrO_4$	323.19
Na_3PO_4	163.94	PbI_2	461.02
Na_2S	78.05	$Pb(IO_3)_2$	556.98
$Na_2S \cdot 9H_2O$		$Pb(NO_3)_2$	331.22
Na_2SO_3	126.04	PbO	223.21
Na_2SO_4	142.04	PbO_2	239.20

化合物	分子量	化合物	分子量
Pb_3O_4	685.60	$SrCO_3$	147.63
PbS	239.28	SrC_2O_4	175.64
$PbSO_4$	303.26	$SrCl_2 \cdot 6H_2O$	266.62
SO_2	64.06	$Sr(NO_3)_2$	211.63
SO_3	80.06	$Sr(NO_3)_2 \cdot 4H_2O$	283.69
$SbCl_3$	228.12	SrO	103.62
$SbCl_5$	299.02	$SrSO_4$	183.69
Sb_2O_3	291.52	$Sr_3(PO_4)_2$	452.81
Sb_2S_3	339.72	$ThCl_4$	373.85
$SiCl_4$	169.90	$Th(NO_3)_4$	480.06
SiF_4	104.08	$Th(SO_4)_2$	424.17
SiO_2	60.08	$TiCl_3$	154.23
$SnCl_2$	189.62	$TiCl_4$	189.68
$SnCl_2 \cdot 2H_2O$	225.65	TiO_2	79.87
$SnCO_3$	178.72	$TiOSO_4$	159.93
SnO_2	150.71	$UO_2(CH_3COO)_2$	688.12
SnS	150.78	VO_2	82.94

附录 3　国际单位制（SI）

表 1　国际单位制的基本单位及导出单位

量的名称	单位名称	单位符号
长度	米	m
质量	千克	kg
时间	秒	s
电流	安[培]	A
热力学温度	开[尔文]	K
物质的量	摩[尔]	mol
发光强度	坎[德拉]	Cd
能[量]、功、热量	焦[尔]	J
电压、电动势、电势	伏[特]	V
压力	帕[斯卡]	Pa
电量	库[仑]	C
频率	赫[兹]	Hz
力	牛[顿]	N

注：方括号中的字可以省略。去掉方括号中的字即为其名称的简称。下同。

表2 习惯中用到的可与国际单位制并用的我国法定计量单位

量的名称	单位名称	单位符号	与SI单位的关系
时间	分	min	$1min=60s$
	[小]时	h	$1h=60min=3600s$
摄氏温度	摄氏度	℃	$273.15+t(℃)=T(K)$
质量	吨	t	$1t=10^3 kg$
体积	升	L	$1L=10^{-3}m^3$

附录4 我国选定的非国际单位制单位

量的名称	单位名称	单位符号	换算关系和说明
时间	分	min	$1min=60s$
	[小]时	h	$1h=60min=3600s$
	天[日]	d	$1d=24h=86400s$
平面角	[角]秒	($''$)	$1''=(\pi/64800)rad(\pi$ 为圆周率)
	[角]分	($'$)	$1'=60''=(\pi/10800)rad$
	度	(°)	$1°=60'=(\pi/180)rad$
旋转速度	转每分	$r \cdot min^{-1}$	$1r \cdot min^{-1}=(1/60)s^{-1}$
长度	海里	n mile	$1n\ mile=1852m$(只用于航程)
速度	节	kn	$1kn=1n\ mile \cdot h^{-1}=(1852/3600)m \cdot s^{-1}$(只用于航程)
质量	吨	t	$1t=10^3 kg$
	原子质量单位	u	$1u\approx1.6605655\times10^{-27}kg$
体积	升	L	$1L=1dm^3=10^{-3}m^3$
能	电子伏	eV	$1eV\approx1.6021892\times10^{-19}J$
级差	分贝	dB	

附录5 常见弱酸和弱碱的解离平衡常数

表1 常见弱酸的解离平衡常数

名称	温度/℃	解离常数 $K_a^\ominus$	$pK_a^\ominus$
氢氰酸 HCN	25	$K_a^\ominus=6.2\times10^{-10}$	9.21
碳酸 H_2CO_3	25	$K_{a_1}^\ominus=4.2\times10^{-7}$	6.38
		$K_{a_2}^\ominus=5.6\times10^{-11}$	10.25
铬酸 H_2CrO_4	25	$K_{a_1}^\ominus=1.8\times10^{-1}$	0.74
		$K_{a_2}^\ominus=3.2\times10^{-7}$	6.49
氢氟酸 HF	25	$K_a^\ominus=3.5\times10^{-4}$	3.46
亚硝酸 HNO_2	25	$K_a^\ominus=4.6\times10^{-4}$	3.37
磷酸 H_3PO_4	25	$K_{a_1}^\ominus=7.6\times10^{-3}$	2.12
		$K_{a_2}^\ominus=6.3\times10^{-8}$	7.20
		$K_{a_3}^\ominus=4.4\times10^{-12}$	12.36

续表

名称	温度/℃	解离常数 $K_a^{\ominus}$	$pK_a^{\ominus}$
氢硫酸 H_2S	25	$K_{a_1}^{\ominus}=1.3\times10^{-7}$	6.89
		$K_{a_2}^{\ominus}=7.1\times10^{-15}$	14.15
亚硫酸 H_2SO_3	18	$K_{a_1}^{\ominus}=1.3\times10^{-2}$	1.90
		$K_{a_2}^{\ominus}=6.3\times10^{-8}$	7.20
硫酸 H_2SO_4	25	$K_a^{\ominus}=1.0\times10^{-2}$	1.99
甲酸 HCOOH	20	$K_a^{\ominus}=1.8\times10^{-4}$	3.74
乙酸 CH_3COOH	20	$K_a^{\ominus}=1.8\times10^{-5}$	4.74
草酸 $H_2C_2O_4$	25	$K_{a_1}^{\ominus}=5.9\times10^{-2}$	1.23
		$K_{a_2}^{\ominus}=6.4\times10^{-5}$	4.19
柠檬酸 CH_2COOH 　　　　| 　　　$CH(OH)COOH$ 　　　　| 　　　CH_2COOH	18	$K_{a_1}^{\ominus}=7.4\times10^{-4}$ $K_{a_2}^{\ominus}=1.7\times10^{-5}$ $K_{a_3}^{\ominus}=4.0\times10^{-7}$	3.13 4.76 6.40
苯酚 C_6H_5OH	20	$K_a^{\ominus}=1.1\times10^{-10}$	9.95
苯甲酸 C_6H_5COOH	25	$K_a^{\ominus}=6.2\times10^{-5}$	4.21
邻苯二甲酸 $C_6H_4(COOH)_2$	25	$K_{a_1}^{\ominus}=1.12\times10^{-3}$	2.95
		$K_{a_2}^{\ominus}=3.89\times10^{-6}$	5.41

表2　常见弱碱的解离平衡常数

名称	温度/℃	解离常数 $K_b^{\ominus}$	$pK_b^{\ominus}$
氨水 $NH_3 \cdot H_2O$	25	$K_b^{\ominus}=1.8\times10^{-5}$	4.74
羟胺 NH_2OH	20	$K_b^{\ominus}=9.1\times10^{-9}$	8.04
苯胺 $C_6H_5NH_2$	25	$K_b^{\ominus}=4.6\times10^{-10}$	9.34
乙二胺 $H_2NCH_2CH_2NH_2$	25	$K_{b_1}^{\ominus}=8.5\times10^{-5}$	4.07
		$K_{b_2}^{\ominus}=7.1\times10^{-8}$	7.15
六亚甲基四胺 $(CH_2)_6N_4$	25	$K_b^{\ominus}=1.4\times10^{-9}$	8.85

附录6　常见难溶及微溶电解质的溶度积常数

物质	$K_{sp}^{\ominus}$	物质	$K_{sp}^{\ominus}$	物质	$K_{sp}^{\ominus}$
AgAc	2×10^{-3}	AgI	9.3×10^{-17}	$BaCO_3$	5.1×10^{-9}
Ag_3AsO_4	1×10^{-22}	$Ag_2C_2O_4$	3.5×10^{-11}	$BaCrO_4$	1.2×10^{-10}
AgBr	5.0×10^{-13}	Ag_3PO_4	1.4×10^{-16}	BeF_2	1×10^{-6}
Ag_2CO_3	8.1×10^{-12}	Ag_2SO_4	1.4×10^{-5}	$BaC_2O_4 \cdot H_2O$	2.3×10^{-8}
AgCl	1.8×10^{-10}	Ag_2S	2×10^{-49}	$BaSO_4$	1.1×10^{-10}
Ag_2CrO_4	2.0×10^{-12}	AgSCN	1.0×10^{-12}	$Bi(OH)_3$	4×10^{-31}
AgCN	1.2×10^{-16}	$Al(OH)_3$ 无定形	1.3×10^{-23}	BiOOH	4×10^{-10}
AgOH	2.0×10^{-8}	As_2S_3	2.1×10^{-22}	BiI_3	8.1×10^{-19}

物质	$K_{sp}^{\ominus}$	物质	$K_{sp}^{\ominus}$	物质	$K_{sp}^{\ominus}$
BiOCl	1.8×10^{-31}	$Cu(OH)_2$	2.2×10^{-20}	$PbCO_3$	7.4×10^{-14}
$BiPO_4$	1.3×10^{-23}	CuS	6×10^{-36}	$PbCl_2$	1.6×10^{-5}
Bi_2S_3	1×10^{-47}	$FeCO_3$	3.2×10^{-11}	PbClF	2.4×10^{-9}
$CaCO_3$	2.9×10^{-9}	$Fe(OH)_2$	8×10^{-16}	$PbCrO_4$	2.8×10^{-13}
CaF_2	2.7×10^{-11}	FeS	6×10^{-18}	PbF_2	2.7×10^{-8}
$CaC_2O_4 \cdot H_2O$	2.0×10^{-8}	$Fe(OH)_3$	4×10^{-38}	$Pb(OH)_2$	1.2×10^{-15}
$Ca_3(PO_4)_2$	2.0×10^{-29}	$FePO_4$	1.3×10^{-22}	PbI_2	7.1×10^{-9}
$CaSO_4$	9.1×10^{-6}	Hg_2Br_7	5.8×10^{-23}	$PbMoO_4$	1×10^{-12}
$CaWO_4$	8.7×10^{-9}	Hg_2CO_3	8.9×10^{-17}	$Pb_3(PO_4)_2$	8.0×10^{-42}
$CdCO_3$	5.2×10^{-12}	Hg_2Cl_2	1.3×10^{-18}	$PbSO_4$	1.6×10^{-8}
$Cd_2[Fe(CN)_6]$	3.2×10^{-17}	$Hg_2(OH)_2$	2×10^{-24}	PbS	8×10^{-28}
$Cd(OH)_2$ 新析出	2.5×10^{-14}	Hg_2I_2	4.5×10^{-29}	$Pb(OH)_4$	3×10^{-66}
$CdC_2O_4 \cdot 3H_2O$	9.1×10^{-8}	Hg_2SO_4	7.4×10^{-7}	$Sb(OH)_3$	4×10^{-42}
CdS	8×10^{-27}	Hg_2S	1×10^{-47}	Sb_2S_3	2×10^{-43}
$CoCO_3$	1.4×10^{-18}	$Hg(OH)_2$	3×10^{-26}	$Sn(OH)_2$	1.4×10^{-28}
$Co_2[Fe(CN)_6]$	1.8×10^{-15}	HgS 红色	5×10^{-54}	SnS	1×10^{-25}
$Co(OH)_2$ 新析出	2×10^{-15}	HgS 黑色	2×10^{-33}	$Sn(OH)_4$	1×10^{-34}
$Co(OH)_3$	2×10^{-44}	$MgNH_4PO_4$	2×10^{-13}	SnS_2	2×10^{-27}
$Co[Hg(SCN)_4]$	1.5×10^{-8}	$MgCO_3$	3.5×10^{-8}	$SrCO_3$	1.1×10^{-10}
α-CoS	4×10^{-21}	MgF_2	6.4×10^{-9}	$SrCrO_4$	2.2×10^{-5}
β-CoS	2×10^{-25}	$Mg(OH)_2$	1.8×10^{-11}	SrF_2	2.4×10^{-9}
$Co_3(PO_4)_2$	2×10^{-35}	$MnCO_3$	1.8×10^{-11}	$SrC_2O_4 \cdot H_2O$	1.6×10^{-7}
$Cr(OH)_3$	6×10^{-31}	$Mn(OH)_2$	1.9×10^{-13}	$Sr_3(PO_4)_2$	4.1×10^{-28}
CuBr	5.2×10^{-9}	MnS 无定形	2×10^{-10}	$SrSO_4$	3.2×10^{-7}
CuCl	1.2×10^{-6}	MnS 晶形	22×10^{-13}	$Ti(OH)_3$	1×10^{-40}
CuCN	3.2×10^{-20}	$NiCO_3$	6.6×10^{-9}	$TiO(OH)_2$	1×10^{-29}
CuI	1.1×10^{-12}	$Ni(OH)_2$ 新析出	2×10^{-15}	$ZnCO_3$	1.4×10^{-11}
CuOH	1×10^{-14}	$Ni_3(PO_4)_2$	5×10^{-31}	$Zn_2[Fe(CN)_6]$	4.1×10^{-16}
Cu_2S	2×10^{-48}	α-NiS	3×10^{-18}	$Zn(OH)_2$	1.2×10^{-17}
CuSCN	4.8×10^{-15}	β-NiS	1×10^{-24}	$Zn_3(PO_4)$	9.1×10^{-33}
$CuCO_3$	1.4×10^{-10}	γ-NiS	2×10^{-26}	ZnS	2×10^{-22}

附录 7　常见配离子的稳定常数（298K）

配离子	$K_{稳}$	配离子	$K_{稳}$
$[Ag(CN)_2]^-$	1.3×10^{21}	$[Fe(CN)_6]^{4-}$	1.0×10^{35}
$[Cd(CN)_4]^{2-}$	6.02×10^{18}	$[Fe(CN)_6]^{3-}$	1.0×10^{42}

配离子	$K_{稳}$	配离子	$K_{稳}$
$[Hg(CN)_4]^{2-}$	2.5×10^{41}	$[Ag(NH_3)_2]^+$	1.12×10^7
$[Zn(CN)_4]^{2-}$	5.0×10^{16}	$[Co(NH_3)_6]^{3+}$	1.58×10^{35}
$[Cu(EDTA)]^{2-}$	5.0×10^{18}	$[Cu(NH_3)_4]^{2+}$	2.09×10^{13}
$[Zn(EDTA)]^{2-}$	2.5×10^{16}	$[Fe(NH_3)_2]^{2+}$	1.6×10^2
$[Ag(En)_2]^+$	5.00×10^7	$[Ni(NH_3)_6]^{2+}$	5.49×10^8
$[Zn(En)_3]^2$	1.29×10^{14}	$[Zn(NH_3)_4]^{2+}$	2.88×10^9
$[FeF_6]^{3-}$	1.0×10^{16}	$[Ag(S_2O_3)_2]^{3-}$	2.88×10^{13}

注：配位体的简写符号 En 为乙二胺 $(NH_2CH_2—CH_2NH_2)$；EDTA 为乙二胺四乙酸。

附录 8　常用酸碱的浓度

试剂名称	密度/$g\cdot cm^{-3}$	质量分数/%	物质的量浓度/$mol\cdot dm^{-3}$
浓硫酸	1.84	98	18
稀硫酸	1.1	9	2
浓盐酸	1.19	38	12
稀盐酸	1.0	7	2
浓硝酸(32%)	1.4	68	16
稀硝酸(12%)	1.2	32	6
稀硝酸	1.1	12	2
浓磷酸	1.7	85	14.7
稀磷酸	1.05	9	1
浓高氯酸	1.67	70	11.6
稀高氯酸	1.12	19	2
浓氢氟酸	1.13	40	23
氢溴酸	1.38	40	7
氢碘酸	1.70	57	7.5
冰醋酸	1.05	99	17.5
稀乙酸(30%)	1.04	30	5
稀乙酸(12%)	1.0	12	2
浓氢氧化钠	1.44	41	14.4
稀氢氧化钠	1.1	8	2
浓氨水	0.91	28	14.8
稀氨水	1.0	3.5	2
氢氧化钙水溶液		0.15	
氢氧化钡水溶酸		2	0.1

附录 9　标准电极电势（位）（298K）

电对	电极反应	$\varphi^{\ominus}/V$
Li^+/Li	$Li^+ + e^- \rightleftharpoons Li$	-3.045
K^+/K	$K^+ + e^- \rightleftharpoons K$	-2.925

续表

电对	电极反应	$\varphi^{\ominus}/V$
Ba^{2+}/Ba	$Ba^{2+}+2e^- \rightleftharpoons Ba$	-2.910
Ca^{2+}/Ca	$Ca^{2+}+2e^- \rightleftharpoons Ca$	-2.870
Na^+/Na	$Na^++e^- \rightleftharpoons Na$	-2.714
Mg^{2+}/Mg	$Mg^{2+}+2e^- \rightleftharpoons Mg$	-2.370
Al^{3+}/Al	$Al^{3+}+3e^- \rightleftharpoons Al$	-1.660
Mn^{2+}/Mn	$Mn^{2+}+2e^- \rightleftharpoons Mn$	-1.170
Zn^{2+}/Zn	$Zn^{2+}+2e^- \rightleftharpoons Zn$	-0.763
Cr^{3+}/Cr	$Cr^{3+}+3e^- \rightleftharpoons Cr$	-0.740
Fe^{2+}/Fe	$Fe^{2+}+2e^- \rightleftharpoons Fe$	-0.440
Cd^{2+}/Cd	$Cd^{2+}+2e^- \rightleftharpoons Cd$	-0.403
$PbSO_4/Pb$	$PbSO_4+2e^- \rightleftharpoons Pb+SO_4^{2-}$	-0.356
Co^{2+}/Co	$Co^{2+}+2e^- \rightleftharpoons Co$	-0.290
Ni^{2+}/Ni	$Ni^{2+}+2e^- \rightleftharpoons Ni$	-0.250
Sn^{2+}/Sn	$Sn^{2+}+2e^- \rightleftharpoons Sn$	-0.136
Pb^{2+}/Pb	$Pb^{2+}+2e^- \rightleftharpoons Pb$	-0.126
Fe^{3+}/Fe	$Fe^{3+}+3e^- \rightleftharpoons Fe$	-0.032
H^+/H_2	$2H^++2e^- \rightleftharpoons H_2$	0.000
Sn^{4+}/Sn^{2+}	$Sn^{4+}+2e^- \rightleftharpoons Sn^{2+}$	0.154
Cu^{2+}/Cu^+	$Cu^{2+}+e^- \rightleftharpoons Cu^+$	0.170
Cu^{2+}/Cu	$Cu^{2+}+2e^- \rightleftharpoons Cu$	0.340
O_2/OH^-	$O_2+2H_2O+4e^- \rightleftharpoons 4OH^-$	0.401
Cu^+/Cu	$Cu^++e^- \rightleftharpoons Cu$	0.520
I_2/I^-	$I_2+2e^- \rightleftharpoons 2I^-$	0.535
Fe^{3+}/Fe^{2+}	$Fe^{3+}+e^- \rightleftharpoons Fe^{2+}$	0.771
Ag^+/Ag	$Ag^++e^- \rightleftharpoons Ag$	0.799
Hg^{2+}/Hg	$Hg^{2+}+2e^- \rightleftharpoons Hg$	0.854
Br_2/Br^-	$Br_2+2e^- \rightleftharpoons 2Br^-$	1.065
O_2/H_2O	$O_2+4H^++4e^- \rightleftharpoons 2H_2O$	1.229
MnO_2/Mn^{2+}	$MnO_2+4H^++2e^- \rightleftharpoons Mn^{2+}+2H_2O$	1.230
$Cr_2O_7^{2-}/Cr^{3+}$	$Cr_2O_7^{2-}+14H^++6e^- \rightleftharpoons 2Cr^{3+}+7H_2O$	1.330
Cl_2/Cl^-	$Cl_2+2e^- \rightleftharpoons 2Cl^-$	1.360
PbO_2/Pb^{2+}	$PbO_2+4H^++2e^- \rightleftharpoons Pb^{2+}+2H_2O$	1.455
MnO_4^-/Mn^{2+}	$MnO_4^-+8H^++5e^- \rightleftharpoons Mn^{2+}+4H_2O$	1.510
MnO_4^-/MnO_2	$MnO_4^-+4H^++3e^- \rightleftharpoons MnO_2+2H_2O$	1.680
$PbO_2/PbSO_4$	$PbO_2+SO_4^{2-}+4H^++2e^- \rightleftharpoons PbSO_4+2H_2O$	1.690
H_2O_2/H_2O	$H_2O_2+2H^++2e^- \rightleftharpoons 2H_2O$	1.770
Co^{3+}/Co^{2+}	$Co^{3+}+e^- \rightleftharpoons Co^{2+}$	1.800
O_3/O_2	$O_3+2H^++2e^- \rightleftharpoons O_2+H_2O$	2.070

附录 10   水在不同温度下的饱和蒸气压

$t/℃$	$p/mmHg$	p/Pa	$t/℃$	$p/mmHg$	p/Pa
0	4.579	610.5	21	18.650	2466.5
1	4.926	656.7	22	19.827	2643.4
2	5.294	705.8	23	21.068	2808.8
3	5.685	757.9	24	22.377	2983.3
4	6.101	813.4	25	23.756	3167.2
5	6.543	872.3	26	25.209	3360.9
6	7.013	935.0	27	26.738	3564.9
7	7.513	1001.6	28	28.349	3779.5
8	8.045	1072.6	29	30.043	4005.2
9	8.609	1147.8	30	31.824	4242.8
10	9.209	1227.8	31	33.695	4492.3
11	9.844	1312.4	32	35.663	4754.7
12	10.518	1402.3	33	37.729	5030.1
13	11.231	1497.3	34	39.898	5319.3
14	11.987	1598.1	35	42.175	5622.9
15	12.788	1704.9	40	55.324	7375.9
16	13.634	1817.7	45	71.88	9583.2
17	14.630	1937.2	50	92.51	12334
18	15.477	2063.4	60	149.38	19916
19	16.477	2196.7	80	355.1	47343
20	17.535	2337.8	100	760	101325

附录 11   水在不同温度下的黏度

温度 $t/℃$	0	1	2	3	4	5	6	7	8	9
0	1.787	1.728	1.671	1.618	1.567	1.519	1.472	1.428	1.386	1.346
10	1.307	1.271	1.235	1.202	1.169	1.139	1.109	1.081	1.053	1.027
20	1.002	0.9779	0.9548	0.9325	0.9111	0.8904	0.8705	0.8513	0.8327	0.8148
30	0.7975	0.7808	0.7647	0,7491	0.7340	0.7194	0.7052	0.6915	0.6783	0.6654
40	0.6529	0.6408	0.6291	0.6178	0.6067	0.5960	0.5856	0.5755	0.5656	0.5561

附录 12   水在不同温度下的折射率

$t/℃$	n_D	$t/℃$	n_D	$t/℃$	n_D	$t/℃$	n_D
14	1.33348	22	1.33281	32	1.33164	42	1.33023
15	1.33341	24	1.33262	34	1.33136	44	1.32992
16	1.33333	26	1.33241	36	1.33107	46	1.32959
18	1.33317	28	1.33219	38	1.33079	48	1.32927
20	1.33299	30	1.33192	40	1.33051	50	1.32894

附录 13　常用加热介质

介质	沸点/℃	介质	沸点/℃	介质	沸点/℃
水	100	乙二醇	197	二缩三乙二醇	282
甲苯	111	间甲酚	202	邻苯二甲酸二甲酯	283
正丁醇	117	四氢化萘	206	邻苯基联苯	285
氯苯	133	萘	218	二苯酮	305
间二甲苯	139	正癸醇	231	对羟基联苯	308
环己酮	156	甲基萘	242	六氯苯	310
乙基苯基醚	166	一缩二乙二醇	245	邻联三苯	330
对异丙基甲苯	176	联苯	255	蒽	340
邻二氯苯	179	二苯基甲烷	265	蒽醌	380
苯酚	181	甲基萘基醚	275	邻苯二甲酸二辛酯	370
十氢化萘	190	苊烯	277	真空泵油	

附录 14　常用冷却剂的配方

配方	冷却温度/℃	配方	冷却温度/℃
冰-水混合物	0	冰(100 份)-碳酸钾(33 份)	−46
冰(100 份)-氯化铵(25 份)	−15	冰(100 份)-六水氯化钙(143 份)	−55
冰(100 份)-硝酸钠(50 份)	118	干冰-乙醇	−70
冰(100 份)-氯化钠(33 份)	−21	干冰-丙酮	−76
冰(100 份)-氯化钠(40 份)-氯化铵(20 份)	−25	液氨-丙酮	−76
冰(100 份)-六水氯化钙(100 份)	−29		

附录 15　常用的干燥剂

干燥剂	酸碱性质	特点和使用注意事项
$CaCl_2$	中	脱水量大,作用快,易分离,不可用于干燥醇、胺、酚、酸和酯
Na_2SO_4	中	脱水量大,作用慢,价格低,效率高
$MgSO_4$	中	比 Na_2SO_4 作用快,效率高;为一般良好的干燥剂
$CaSO_4$	中	比 Na_2SO_4 作用快
$CuSO_4$	中	脱水量小,作用快,效率高,易分离
K_2CO_3	碱性	效率高,价格昂贵
H_2SO_4	碱性	脱水效率高,适用于烷基卤化物和脂肪烃,不能用于碱性化合物
P_2O_3	碱性	参见 H_2SO_4,脱水效率高
CaH_2	碱性	作用慢,效率高,适用于碱性、中性和弱酸性化合物

续表

干燥剂	酸碱性质	特点和使用注意事项
Na	碱性	作用慢,效率高,不可用于卤代烃、醇和胺等敏感物的干燥
CaO、BaO	碱性	作用慢,效率高,适用于醇、胺
KOH、NaOH	碱性	快速有效,几乎限于干燥胺
3A 分子筛、4A 分子筛	中	快速有效,需要在 300~320℃加热火化

附录 16　常见单体的物理性质

单体	分子量	密度(20℃)/g·mL⁻¹	熔点/℃	沸点/℃	折射率(20℃)
乙烯	28.05	0.384(−10℃)	−169.2	−103.7	1.365(−100℃)
丙烯	42.07	0.5193(−20℃)	−185.4	−47.8	1.3567(−70℃)
异丁烯	56.11	0.5951	−185.4	−6.3	1.3962(−20℃)
丁二烯	54.09	0.6211	−108.9	−4.4	1.429(−25℃)
异戊二烯	68.12	0.6710	−146	34	1.4220
氯乙烯	62.50	0.9918(−15℃)	−153.8	−13.4	1.380
乙酸乙烯酯	86.09	0.9317	−93.2	72.5	1.3959
丙烯酸甲酯	86.09	0.9535	<−70	80	1.3984
丙烯酸乙酯	100.1	0.92	−71	99	1.4034
丙烯酸正丁酯	128.17	0.898		14.5	1.4185
甲基丙烯酸甲酯	100.12	0.9440	−48	100.5	1.4142
甲基丙烯酸正丁酯	142.20	0.894		160~163	1.423
丙烯酸羟乙酯	116.12	1.10		92(1.6kPa)	1.4500
甲基丙烯酸羟乙酯	130.14	1.196		135~137(9.33kPa)	
甲基丙烯酸乙二醇酯	198.2	1.05			
丙烯腈	53.06	0.8086	−83.8	77.3	1.3911
丙烯酰胺	71.08	1.122(30℃)	84.8	125(3.33kPa)	
苯乙烯	104.15	0.90	−30.6	145	1.5468
2-乙烯基吡啶	105.14	0.975		48~50(1.46kPa)	1.549
4-乙烯基吡啶	105.14	0.976		62~65(3.3kPa)	1.550
顺丁烯二酸酐	98.06	1.48	52.8	200	
乙烯基吡咯烷酮	113.16	1.25			1.53
环氧丙烷	58	0.830		34	
环氧氯丙烷	92.53	1.181	−57.2	116.2	1.4375
四氢呋喃	72.11	0.8818		66	1.4070
己内酰胺	113.16	1.02	70	139(1.67kPa)	1.4784
己二酸	146.14	1.366	153	265(13.3kPa)	
癸二酸	202.3	1.2705	134.5	185~195(4kPa)	
邻苯二甲酸酐	148.12	1.527(4℃)	130.8	284.5	

续表

单体	分子量	密度(20℃)/g·mL⁻¹	熔点/℃	沸点/℃	折射率(20℃)
己二胺	116.2		39~40	100(2.67kPa)	
癸二胺	144.3				
乙二醇	62.07	1.1088	-12.3	197.2	1.4318
双酚 A	228.20	1.195	153.5	250(1.73kPa)	
甲苯二异氰酸酯	174.16	1.22	20~21	251	

附录 17　常用引发剂的主要数据

引发剂	反应温度/℃	溶剂	分解速率常数 k_d/s^{-1}	半衰期 $t_{1/2}$/h	分解活化能/kJ·mol⁻¹	储存温度/℃	一般使用温度/℃
过氧化苯甲酰	49.4		5.28×10^{6}	364.5	124.3	25	60~100
	61.0	苯乙烯	2.58×10^{7}	74.6			
	74.8		1.83×10^{6}	10.5			
	100.0		4.58×10^{6}	0.42			
	60.0		2.0×10^{6}	96.0			
	80.0	苯	2.5×10.6	7.7			
	85.0		8.9×10^{6}	2.2			
过氧化二(2-甲基苯甲酰)	50		6.0×10^{5}	3.2	113.8	5	
	70	苯乙酮	9.02×10^{6}	2.1			
	80		2.15×10^{6}	0.09			
过氧化二(2,4-二氯苯甲酰)	34.8		3.88×10^{-5}	49.6	117.6	20	30~80
	49.4		2.39×10^{-5}	8.1			
	61.0	苯乙烯	7.78×10^{5}	2.5			
	74.0		2.78×10^{-1}	0.69			
	100		4.17×10^{-3}	0.046			
过氧化二月桂酰	50		2.19×10^{6}	88	127.2	25	60~120
	60	苯	9.17×10^{-6}	21			
	70		2.86×10^{5}	6.7			
过氧化二碳酸二环己酯	50	苯	5.4×10^{-5}	3.6		5	
过氧化二碳酸二异丙酯	40	苯	6.39×10^{6}	30.1	117.6	-10	
	54		5.0×10^{-6}	3.85			
过氧化特戊酸叔丁酯	50		9.77×10^{-6}	19.7	119.7	0	
	70	苯	1.24×10^{-1}	1.6			
	85		7.64×10^{4}	0.25			
过氧化苯甲酸叔丁酯	100		1.07×10^{-5}	18	145.2	20	
	115		6.22×10^{5}	3.1			
	130		3.50×10^{4}	0.6			
过氧化苯甲酸叔丁酯	100		1.07×10^{-5}	18	145.2	20	
	115		6.22×10^{5}	3.1			
	130		3.50×10^{4}	0.6			
叔丁基过氧化氢	154.4		4.29×10^{6}	44.8	170.7	25	20~60(常与还原剂一起使用)
	172.3		1.09×10^{-6}	17.7			
	182.6		3.1×10^{5}	6.2			
异丙苯过氧化氢	125		9.0×10^{6}	21	101.3	25	
	139		3.0×10^{-6}	6.4			
	182		6.5×10^{5}	3.0			

引发剂	反应温度/℃	溶剂	分解速率常数 k_d/s^{-1}	半衰期 $t_{1/2}$/h	分解活化能/kJ·mol^{-1}	储存温度/℃	一般使用温度/℃
过氧化二异丙苯	115		1.56×10^6	12.3	170.3	25	120~150
	130		1.05×10^{-5}	1.8			
	145		6.86×10^{-4}	0.3			
偶氮二异丁腈	70	甲苯	4.0×10^{-5}	4.8	121.3	10	50~90
	80		1.55×10^4	1.2			
	90		4.86×10^4	0.4			
	100		1.60×10^3	1.0			
偶氮二异庚腈	69.8	苯	1.98×10^4	0.97	121.3	0	20~80
	80.2		7.1×10^4	0.27			
过硫酸钾	50	0.1mol·L^{-1} KOH	9.1×10^{-2}	212	140	25	50(与还原剂一起使用)
	60		3.16×10^{-6}	61			
	70		2.33×10^{-6}	8.3			

参 考 文 献

[1] 高职高专化学教材编写组编. 物理化学. 第 3 版. 北京：高等教育出版社，2009.

[2] 林俊杰，王静. 无机化学实验. 北京：化学工业出版社，2013.

[3] 初玉霞. 有机化学实验. 北京：化学工业出版社，2008.

[4] 侯文顺. 高聚物生产技术. 北京：化学工业出版社，2012.

[5] 高职高专化学教材编写组编. 有机化学实验. 第 4 版. 北京：高等教育出版社，2013.

[6] 李厚金. 石建新. 邹小勇. 基础化学实验. 第 2 版. 北京：科学出版社，2015.

[7] 郭建民. 化学实验. 北京：化学工业出版社，2005.

[8] 朱云. 化学实验技术基础. 上海：上海交通大学出版社，2006.

[9] 杨善中. 王华林. 吴晓静，等. 基础化学实验. 北京：化学工业出版社，2009.

[10] 黄若峰. 分析化学. 长沙：国防科技大学出版社，2010.

[11] 张兴英. 高分子科学实验. 第 2 版. 北京：化学工业出版社，2007.

[12] 韩哲文. 高分子科学实验. 上海：华东理工大学出版社，2012.

[13] 武汉大学主编. 分析化学实验. 第 5 版. 北京：高等教育出版社，2011.

[14] 武汉大学主编. 分析化学实验. 武汉：武汉大学出版社，2013.

[15] 何卫东. 金邦坤. 郭丽萍. 高分子化学实验. 合肥：中国科学技术大学出版社，2012.

[16] 梁晖. 庐江. 高分子化学实验. 北京：化学工业出版社，2014.

[17] 任鑫. 胡文全. 高分子材料分析技术. 北京：北京大学出版社，2012.

[18] 付丽丽. 高分子材料分析检测技术. 北京：化学工业出版社，2014.

[19] 化学实验教材编写组. 化学基本操作技术实验. 北京：化学工业出版社，2014.

[20] 徐志珍. 现代基础化学. 北京：化学工业出版社，2015.

[21] 马文英. 吕亚臻. 李玲. 有机化学. 武汉：华中科技大学出版社，2012.

[22] 史启桢. 无机化学与化学分析. 北京：高等教育出版社，2012.